微分几何（修订版）

胡和生（左）、苏步青（中）两位编者与谷超豪教授（右）的合影

微分几何（修订版）

Differential Geometry

苏步青　胡和生　沈纯理
潘养廉　张国樑

高等教育出版社·北京

内容提要

本书以经典微分几何为主，同时也适当地介绍一些整体微分几何的概念。经典微分几何主要是三维欧氏空间的曲线和曲面的局部性质的基本内容；整体微分几何内容包括平面和空间曲线的一些整体性质，以及曲面的一些整体性质，同时简单地介绍了微分流形和黎曼流形的一些概念。

全书共有三章和三个附录：第一章三维欧氏空间的曲线论（包括平面和空间曲线的一些整体性质），第二章曲面论讲三维欧氏空间中曲面的局部几何性质，第三章曲面的整体性质初步，这三章是本书的主要内容；附录 1 向量函数及其运算，附录 2 欧氏空间的点集拓扑，附录 3 微分几何的发展简史，这三个附录供学习本书时参考。

本书可供综合性大学数学类专业作为教材。

修订版前言

编 者　　二零一六年六月

初版至今已过了三十多年了。回想在 1978 年左右，大学已恢复招生，各门课程都需要教材，高等教育出版社（当时称人民教育出版社）就约我们编写微分几何的教材，上世纪五六十年代国内出版的微分几何教材一般只介绍三维欧氏空间中曲线、曲面的局部几何性质，并不涉及它们的整体性质。因当时整体微分几何学的研究进展神速，人们对几何对象的整体性质的研究有着浓厚的兴趣。我们在 1963—1964 年左右就试图将曲线、曲面的整体性质引入到教材中去，但是 1965 年后这个设想就被中断了。

我们在 1978 年接受了编写教材的任务后就自然地计划将曲线和曲面的整体性质纳入到教材的内容中去。于是在第一章的曲线论中，除了曲线的局部几何性质外，我们加入了曲线论的一些有趣的、经典的整体结果。在第二章讲授了曲面的局部几何理论后，我们在第三章中就介绍了整体曲面理论中的一些基础性的结果，同时也结合拓扑学的基础知识，对微分流形的基本概念作了一些初步的介绍。

编写量较多的部分是第二章，按什么方式去阐述曲面的局部理论成为我们首先面临的问题。我们参考了当时能找到的一些国外微分几何教材，曲面论的阐述方式大致有三种：用向量方式、用张量方式或用外微分形式（简称外形式）来叙述曲面论。

五六十年代国内的微分几何教材一般是用向量表述

的方式来阐述曲面论的局部几何性质的，这种表述方法的优点是直观易懂，但缺点是涉及的几何公式比较繁复，不宜于记忆。而用外形式来阐述的话，虽然理论推导简洁，所得到的几何结果与坐标系的选取无关，但对初学者来说，外微分形式过于抽象，较难理解其几何本质。而用张量方式去阐述就可使理论的表述比较清晰，也便于记忆，而且读者今后在学习力学、理论物理学等后继学科时也会用到张量分析。具体的张量计算当然与坐标系选取有关，但由于张量的协变性，所得出的几何性质本质上是与坐标系的选取无关的。所以我们最终采用的阐述方法是从向量表述出发，逐步过渡到张量表述，而不涉及外形式。多年来的教学实践表明，这是一种有效可行的选择。

这次修订主要是对原书中的一些印刷错误和个别文字表述作了修正，对数学内容基本上没有更动。唯一有较大改动的地方是将第二章2.4节共形对应中的定理（即等温坐标系存在性定理）的证明部分（即原书从第83页倒数第4行起至第84页倒数第2行止）予以重写，使得大学生在已有知识范围内能更好地接受和理解。

原先的证明用到了下列结果：

对任何一次微分形式，总存在一个积分因子，即一次微分形式乘这个积分因子后所得到的微分形式必为某个函数的全微分。

这个结果的证明在一般的常微分方程的教科书中都能找到，但是要注意，这时要求微分形式是实的，积分因子也要求是实的函数。但原书中等温坐标系存在性定理的证明中所出现的微分形式及积分因子都不是实值的，而是复值的。当微分形式和积分因子都是复的情形，积分因子存在性的结论虽然还是正确的，但证明就不是那么简单了。这是因为复数是由实部和虚部两个部分组成的，所以积分因子存在性证明中涉及的方程就不再是常微分方程，而是偏微分方程组。因此等温坐标系存在性的严格证明是一个长时期内受到数学大师们关注的难题，直至20世纪50年代才得以解决，并用到了偏微分方程的一整套理论。

因为微分几何课程一般总是开设在偏微分方程课程的前面，所以在微分几何课程中不可能对等温坐标系存在性给出详细完整的论证。但是等温坐标系存在性定理又是局部微分几何学中不能不提到的一个重要的定理。所以解决的办法是把证明的关键点归纳到去套用一个在偏微分方程理论中起点较低的、而且在偏微分方程的书籍中容易查到的结果，而不去涉及偏微分方程的整套理论。在学过了偏微分方程课程后，有兴趣的读者可自行补全证明的全过程。

编者热忱地欢迎读者对本书提出宝贵意见。

第一版前言

微分几何是以数学分析为工具来研究空间形式的一门数学分科，主要讨论光滑曲线与曲面的性质。经典微分几何主要讨论曲线与曲面的局部性质，随着对物质运动认识的深入，19世纪开始开展了高维空间微分几何的研究。20世纪以来，整体微分几何的研究逐渐发展起来，近二三十年来发展非常迅速，并且与微分方程、代数、拓扑相互渗透成为数学的一个重要分科。微分几何在机械工程、力学、引力理论及理论物理等其他领域都有广泛应用。

本课程以经典微分几何为主，但同时也适当地介绍一些整体微分几何的概念。教材中除必须讲授的内容外，还添加一些加“*”的材料，它们可作为讲授内容也可作为课外阅读参考材料，各校可根据不同情况灵活掌握。这些加“*”的材料，也是整体微分几何中难度较高的基本内容，可在有了欧氏空间的点集拓扑的初步知识（本书附录2）后再学习。

在学习微分几何时，要力求了解与掌握几何概念与方法，注意培养几何直观和图形想象的能力，从具体到抽象的能力。由于学习微分几何需要在数学上已有了一定的素养，因而本课程以三年级开设为宜。但如果除去了加“*”内容，也可以安排在二年级下学期，而把加“*”内容作为讲座或选修课形式开设。

本教材共分三章：

第一章　三维欧氏空间的曲线论；

第二章　三维欧氏空间中曲面的局部几何性质；

第三章　曲面的整体性质初步。

本教材与过去的微分几何教材的区别主要是添加了一些整体的几何性质。例如，在曲线论中增加切线的旋转指标定理、计算曲线长度的 Crofton 公式以及凸曲线的整体性质等；对曲面的整体性质作了一定的讨论，首先讨论了曲面片与整块曲面的区别及联系，接着介绍了向量场奇点的指标定理、球面的刚性定理、整体曲面的 Gauss-Bonnet 公式、Hopf-Rinow 定理等；最后引进了微分流形及黎曼流形的概念。此外，在第二章处理曲面的局部性质时，我们引用了活动标架法，同时充分利用和式约定，使叙述较简洁，几何概念更为清晰。

为使读者便于阅读起见，我们写了三个附录，其一是向量的微分与积分，其二是欧氏空间的点集拓扑，另一是微分几何的发展简史。

在本教材的编写过程中，得到南开大学、杭州大学、南京大学、郑州大学、北京师范大学及人民教育出版社的支持与帮助，提出了宝贵意见，特此谢意。

目　录

第一章　三维欧氏空间的曲线论

第二章　三维欧氏空间中曲面的局部几何性质

第三章 曲面的整体性质初步

第一章 三维欧氏空间的曲线论

§1 曲线 曲线的切向量 弧长

物理学中,曲线常被看作质点运动的轨迹,时间 t 是描述质点运动的参数.在微分几何中,也常常采用参数方程来表示曲线.

设 $\{O;xyz\}$ 是 E^3 中的笛卡儿直角坐标系,

$$\begin{cases}x=x(t)\\y=y(t)\\z=z(t)\end{cases}\tag{1-1}$$

都是 t 的连续可微函数(今后我们总假定它们有三阶连续导数),设这些函数的定义域是直线 $\mathbf{R}^1$ 中的一个区间 (a,b)(区间的端点 a 可以是 $-\infty$,b 可以是 $+\infty$),(1-1)式给出了从 (a,b) 到 E^3 中的一个连续可微映射

$$t\longrightarrow(x(t),y(t),z(t))$$

在这个映射下,t 被映到点 $P(x(t),y(t),z(t))$,(a,b) 的像集就构成了 E^3 中的一条**连续可微曲线** C,简称**曲线**(见图 1).我们把 t 称为曲线 C 的**参数**.(1-1)式就是曲线 C 的参数方程.今后常把(1-1)式写成向量形式

$$\boldsymbol{r}=\boldsymbol{r}(t)=(x(t),y(t),z(t))\tag{1-2}$$

而把曲线上参数为 t 的点 P 称为点 $\boldsymbol{r}(t)$,简称为 t 点或 $P(t)$ 点.

按照参数增加的方向可以确定出曲线的正向(见图 1).称向量

$$\frac{\mathrm{d}\boldsymbol{r}(t)}{\mathrm{d}t}=\left(\frac{\mathrm{d}x(t)}{\mathrm{d}t},\frac{\mathrm{d}y(t)}{\mathrm{d}t},\frac{\mathrm{d}z(t)}{\mathrm{d}t}\right)$$

为曲线在 t 处的**切向量**.如果在 $t=t_0$ 处 $\dfrac{\mathrm{d}\boldsymbol{r}(t_0)}{\mathrm{d}t}\neq\mathbf{0}$,则称参数为 t_0 的点是曲线 $\boldsymbol{r}(t)$ 的**正则点**,否则就称为**奇点**.曲线 C 上所有点都是正则点时,则称 C 为**正则曲线**.

例 1 曲线 $\boldsymbol{r}=\boldsymbol{r}(t)=(a\cos t,a\sin t,bt)$ 的轨迹是柱面 $x^2+y^2=a^2$ 上间距为 $2\pi b$ 的一条**圆柱螺线**(见图 2),它是一条正则曲线.

例 2 曲线 $\boldsymbol{r}(t)=(t^3,t^2,0)$,$t\in E^1$,在 $t=0$ 处,

$$\frac{\mathrm{d}\boldsymbol{r}(0)}{\mathrm{d}t}=(0,0,0)$$

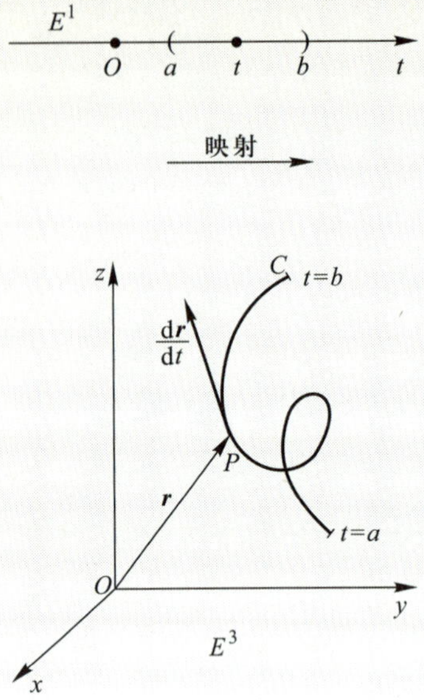

图1

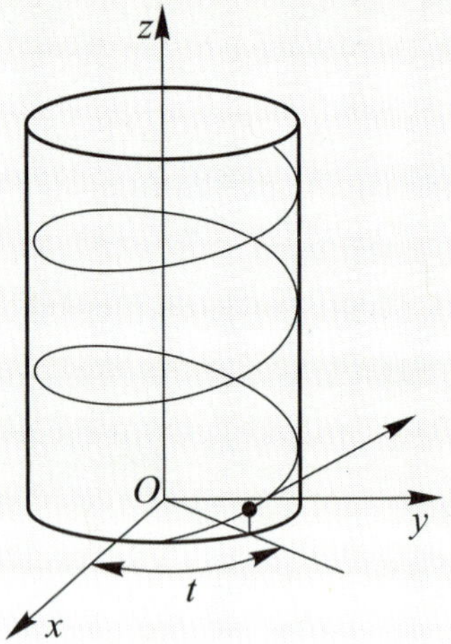

图2

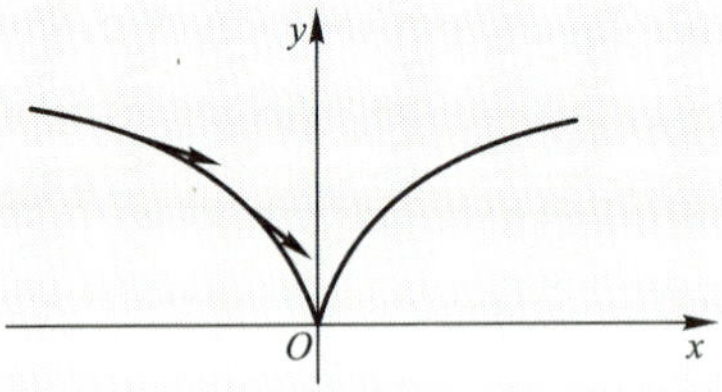

图3

所以 $t=0$ 点不是正则点(见图3).

如果采用另一个参数 $\bar{t}$,则曲线 C 的方程为 $\boldsymbol{r}=\bar{\boldsymbol{r}}(\bar{t})$.为了保证 t 和 $\bar{t}$ 一一对应,参数变换式 $\bar{t}=\bar{t}(t)$ 必须满足

$$\frac{\mathrm{d}\bar{t}}{\mathrm{d}t}\neq 0$$

为了使 $t,\bar{t}$ 的增加方向都相应于曲线的正向,则要求

$$\frac{\mathrm{d}\bar{t}}{\mathrm{d}t}>0 \tag{1-3}$$

于是由$\dfrac{\mathrm{d}\boldsymbol{r}}{\mathrm{d}\bar{t}}=\dfrac{\mathrm{d}\boldsymbol{r}}{\mathrm{d}t}\ \dfrac{\mathrm{d}t}{\mathrm{d}\bar{t}}$知道，曲线 C 上一点如在取参数 t 时为正则点，则在取参数 $\bar{t}$ 时也必为正则点.

对于正则曲线 $\boldsymbol{r}=\boldsymbol{r}(t)$，称

$$s(t)=\int_{t_0}^{t}\left|\frac{\mathrm{d}\boldsymbol{r}(t)}{\mathrm{d}t}\right|\mathrm{d}t \tag{1-4}$$

为曲线从参数 t_0 到 t 处的**弧长**，其中

$$\left|\frac{\mathrm{d}\boldsymbol{r}(t)}{\mathrm{d}t}\right|=\sqrt{\left[\frac{\mathrm{d}x(t)}{\mathrm{d}t}\right]^2+\left[\frac{\mathrm{d}y(t)}{\mathrm{d}t}\right]^2+\left[\frac{\mathrm{d}z(t)}{\mathrm{d}t}\right]^2}$$

是切向量$\dfrac{\mathrm{d}\boldsymbol{r}(t)}{\mathrm{d}t}$的长度.

设曲线 C 上两点 P_0，P 在曲线的不同参数 t，$\bar{t}$ 的选取下，P_0 点的参数分别为 t_0，$\bar{t}_0$，点 P 的参数分别为 t，$\bar{t}$.令 $s(t)$ 是曲线从 t_0 到 t 的弧长，$\bar{s}(\bar{t})$ 为曲线从 $\bar{t}_0$ 到 $\bar{t}$ 的弧长.设在参数变换下，$\dfrac{\mathrm{d}t}{\mathrm{d}\bar{t}}>0$，则有

$$\begin{aligned}s(t)&=\int_{t_0}^{t}\left|\frac{\mathrm{d}\boldsymbol{r}}{\mathrm{d}t}\right|\mathrm{d}t=\int_{\bar{t}_0}^{\bar{t}}\left|\frac{\mathrm{d}\bar{\boldsymbol{r}}}{\mathrm{d}\bar{t}}\cdot\frac{\mathrm{d}\bar{t}}{\mathrm{d}t}\right|\cdot\left|\frac{\mathrm{d}t}{\mathrm{d}\bar{t}}\right|\mathrm{d}\bar{t}\\&=\int_{\bar{t}_0}^{\bar{t}}\left|\frac{\mathrm{d}\bar{\boldsymbol{r}}}{\mathrm{d}\bar{t}}\right|\mathrm{d}\bar{t}=\bar{s}(\bar{t})\end{aligned}$$

因此弧长只依赖于曲线上的点 P_0、P，而与参数的选取无关.

显然，弧长 s 是 t 的可微函数，且

$$\frac{\mathrm{d}s}{\mathrm{d}t}=\left|\frac{\mathrm{d}\boldsymbol{r}(t)}{\mathrm{d}t}\right| \tag{1-5}$$

对正则曲线，$\dfrac{\mathrm{d}\boldsymbol{r}(t)}{\mathrm{d}t}\neq\boldsymbol{0}$，所以 $\dfrac{\mathrm{d}s}{\mathrm{d}t}>0$，于是可取弧长 s 作为新的参数.这时由

$$1=\frac{\mathrm{d}s}{\mathrm{d}s}=\left|\frac{\mathrm{d}\boldsymbol{r}(s)}{\mathrm{d}s}\right|$$

知道，以弧长为参数时曲线的切向量$\dfrac{\mathrm{d}\boldsymbol{r}(s)}{\mathrm{d}s}$为单位向量.反之，当切向量为单位向量时$\left(\left|\dfrac{\mathrm{d}\boldsymbol{r}}{\mathrm{d}t}\right|=1\right)$，从(1-4)式积出

$$s=\int_{t_0}^{t}\left|\frac{\mathrm{d}\boldsymbol{r}}{\mathrm{d}t}\right|\mathrm{d}t=\int_{t_0}^{t}\mathrm{d}t=t-t_0$$

当式中 t_0 取 0 时，可看出 t 就是从 $t=0$ 处起算的弧长(见图 4).

今后如无特别说明，曲线总是指正则曲线，而且 $\boldsymbol{r}(s)$ 中的 s 为**弧长参**

数，并用"撇"表示关于 s 的导数，如

$$\boldsymbol{r}'(s)=\frac{\mathrm{d}\boldsymbol{r}}{\mathrm{d}s},\quad \boldsymbol{r}''(s)=\frac{\mathrm{d}^2\boldsymbol{r}}{\mathrm{d}s^2}$$

等等.

下面我们证明一个定理.

定理 设曲线 $C:\boldsymbol{r}=\boldsymbol{r}(s)$（$s$ 是弧长参数）的每点有一个单位向量 $\boldsymbol{a}(s)$(见图5(a))，则有

$$|\boldsymbol{a}'(s)|=\lim_{\Delta s\to 0}\left|\frac{\Delta\theta}{\Delta s}\right|$$

其中 $\Delta\theta$ 表示 $\boldsymbol{a}(s+\Delta s)$ 与 $\boldsymbol{a}(s)$ 的夹角(见图5(b)).

证明

$$|\boldsymbol{a}'(s)|=\left|\lim_{\Delta s\to 0}\frac{\boldsymbol{a}(s+\Delta s)-\boldsymbol{a}(s)}{\Delta s}\right|$$

$$=\lim_{\Delta s\to 0}\frac{|\boldsymbol{a}(s+\Delta s)-\boldsymbol{a}(s)|}{|\Delta s|}=\lim_{\Delta s\to 0}\left|\frac{2\sin\frac{\Delta\theta}{2}}{\Delta s}\right|$$

$$=\lim_{\Delta s\to 0}\left(\left|\frac{\sin\frac{\Delta\theta}{2}}{\frac{\Delta\theta}{2}}\right|\cdot\left|\frac{\Delta\theta}{\Delta s}\right|\right)=\lim_{\Delta s\to 0}\left|\frac{\Delta\theta}{\Delta s}\right|$$

定理证毕.

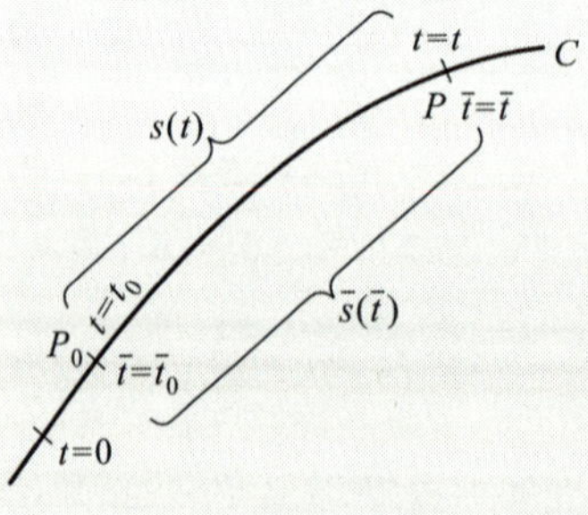

图4

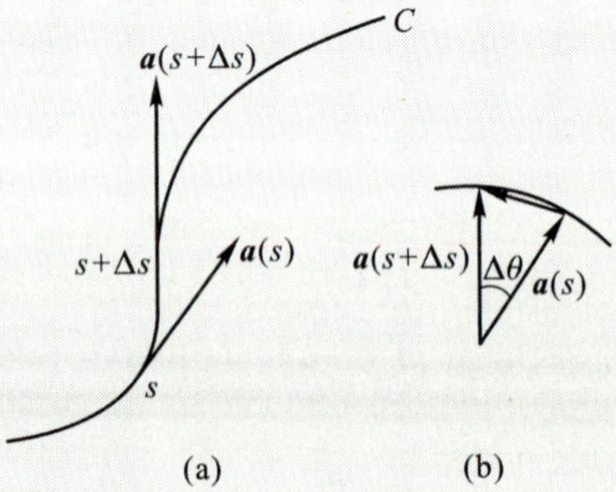

图5

习题

1. 计算下列曲线从 $t=0$ 起的弧长：

(1) 双曲螺线 $\boldsymbol{r}=(a\operatorname{ch} t, a\operatorname{sh} t, bt)$；

(2) 悬链线 $\boldsymbol{r}=\left(t, a\operatorname{ch}\dfrac{t}{a}, 0\right)$；

(3) 曳物线 $\boldsymbol{r}=(a\cos t, a\ln(\sec t+\tan t)-a\sin t, 0)$.

2. 求平面曲线的极坐标方程 $\rho=\rho(\theta)$ 下的弧长公式，其中 ρ 为极径，θ 为极角.

3. 用弧长参数表示圆柱螺线与双曲螺线.

4. 设曲线 C：$\boldsymbol{r}=\boldsymbol{r}(t)$ 不通过原点，$\boldsymbol{r}(t_0)$ 是 C 距原点最近的点.且 $\boldsymbol{r}'(t_0)\neq\boldsymbol{0}$.证明 $\boldsymbol{r}(t_0)$ 正交于 $\boldsymbol{r}'(t_0)$.

5. 设 C：$\boldsymbol{r}=\boldsymbol{r}(t)$ 是参数曲线，$\boldsymbol{m}$ 是固定向量.若对任何 t，$\boldsymbol{r}'(t)$ 正交于 $\boldsymbol{m}$，且 $\boldsymbol{r}(0)$ 正交于 $\boldsymbol{m}$.证明对任何 t，$\boldsymbol{r}(t)$ 正交于 $\boldsymbol{m}$.

6. 设平面曲线 C 在同一平面内直线 l 的同侧，且与 l 只交于曲线 C 的正则点 P.证明：直线 l 是曲线 C 在点 P 处的切线.

§2 主法向量与从法向量　曲率与挠率

对曲线 $\boldsymbol{r}=\boldsymbol{r}(s)$，用 $\boldsymbol{T}(s)$ 表示单位切向量，即

$$\boldsymbol{T}(s)=\boldsymbol{r}'(s) \tag{1-6}$$

由上节末的定理，我们可用 $|\boldsymbol{T}'(s)|=|\boldsymbol{r}''(s)|$ 来表示曲线上两邻近点 $s, s+\Delta s$ 的切向量 $\boldsymbol{T}(s)$，$\boldsymbol{T}(s+\Delta s)$ 之间的夹角与 Δs 之比在 $\Delta s\to 0$ 时的变化情况，它度量了曲线上邻近两点的切向量的夹角对弧长的变化率，反映了曲线的“弯曲程度”.

定义　称 $k(s)=|\boldsymbol{r}''(s)|$ 为曲线 $\boldsymbol{r}(s)$ 在 s 点的**曲率**.当 $k(s)\neq 0$ 时，其倒数 $\rho(s)=\dfrac{1}{k(s)}$ 称为曲线在 s 点的**曲率半径**.

例 1　对于直线 $\boldsymbol{r}(s)=\boldsymbol{u}s+\boldsymbol{v}$，其中 $\boldsymbol{u},\boldsymbol{v}$ 为常向量，$|\boldsymbol{u}|=1$.于是 $k\equiv 0$.反之，若曲线 C 的曲率 $k=|\boldsymbol{r}''(s)|\equiv 0$，则从微分方程 $\dfrac{\mathrm{d}^2\boldsymbol{r}}{\mathrm{d}s^2}=\boldsymbol{0}$ 中解得 $\boldsymbol{r}(s)=\boldsymbol{u}s+\boldsymbol{v}$，其中 $\boldsymbol{u},\boldsymbol{v}$ 是常向量，因而曲线 C 是直线.所以直线的特征是 $k\equiv 0$.

例 2　对于圆周 $\boldsymbol{r}(s)=\left(r\cos\dfrac{s}{r}, r\sin\dfrac{s}{r}\right)$，其中 r 为圆的半径，这

时 $k(s)=\frac{1}{r}$.

一般地说,如向量 $\boldsymbol{a}(s)$ 具有定长,则对 $\boldsymbol{a}(s)\cdot\boldsymbol{a}(s)=c$(常数)两边求导后就得到 $\boldsymbol{a}'(s)\cdot\boldsymbol{a}(s)=0$,即 $\boldsymbol{a}'(s)$ 与 $\boldsymbol{a}(s)$ 正交.现在 $\boldsymbol{T}(s)$ 是单位向量,所以 $\boldsymbol{T}(s)$ 与它的导向量 $\boldsymbol{T}'(s)=\boldsymbol{r}''(s)$ 正交.

定义 当 $\boldsymbol{r}''(s)\neq\boldsymbol{0}$ 时,在 $\boldsymbol{T}'(s)=\boldsymbol{r}''(s)$ 方向上的单位向量 $\boldsymbol{N}(s)$ 称为曲线在 s 处的**主法向量**,于是有 $\boldsymbol{T}'(s)=k(s)\boldsymbol{N}(s)$.通过点 $\boldsymbol{r}(s)$,由单位切向量 $\boldsymbol{T}(s)$ 与主法向量 $\boldsymbol{N}(s)$ 所张成的平面称为 s 处的**密切平面**.单位向量 $\boldsymbol{B}(s)=\boldsymbol{T}(s)\times\boldsymbol{N}(s)$ 称为点 $\boldsymbol{r}(s)$ 处的**从法向量**,它正交于密切平面.通过点 $\boldsymbol{r}(s)$ 由 $\boldsymbol{T}(s)$ 与从法向量 $\boldsymbol{B}(s)$ 所张成的平面称为点 $\boldsymbol{r}(s)$ 处的**从切平面**.通过点 $\boldsymbol{r}(s)$,由主法向量 $\boldsymbol{N}(s)$ 与从法向量 $\boldsymbol{B}(s)$ 所张成的平面称为 s 处的**法平面**(图 6).

对 $\boldsymbol{B}\cdot\boldsymbol{T}=0$ 求导,得 $\boldsymbol{B}'\cdot\boldsymbol{T}=0$.又因 $\boldsymbol{B}$ 是单位向量,所以 $\boldsymbol{B}'\cdot\boldsymbol{B}=0$,因此 $\boldsymbol{B}'(s)$ 平行于 $\boldsymbol{N}(s)$.

定义 设 $\boldsymbol{r}''\neq\boldsymbol{0}$,则由 $\boldsymbol{B}'(s)=-\tau(s)\boldsymbol{N}(s)$ 所确定的函数 $\tau(s)$ 称为曲线在 s 处的**挠率**.

显然有

$$\tau(s)=-\boldsymbol{B}'(s)\cdot\boldsymbol{N}(s) \tag{1-7}$$

及

$$|\tau(s)|=|\boldsymbol{B}'(s)|$$

从上节末的定理知道,$|\tau(s)|=|\boldsymbol{B}'(s)|$ 度量了曲线上邻近两点的从法向量的夹角(即密切平面的夹角)对弧长的变化率.

由于曲线的弧长 s 与曲线的参数选取无关,所以曲率 $k(s)=|\boldsymbol{r}''(s)|$ 及挠率 $\tau(s)=-\boldsymbol{B}'(s)\cdot\boldsymbol{N}(s)$ 都与曲线的参数选取无关.

图6

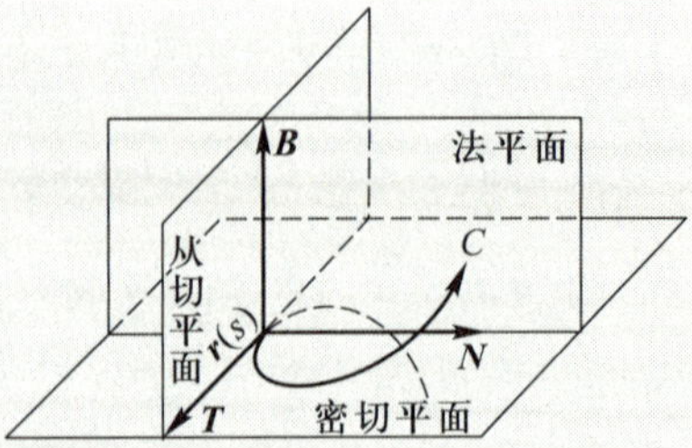

定义　通过 $\boldsymbol{r}(s)$ 点，以 $\boldsymbol{T}(s)$，$\boldsymbol{N}(s)$ 或 $\boldsymbol{B}(s)$ 为方向的直线分别称为曲线 $\boldsymbol{r}(s)$ 在 s 处的**切线**、**主法线**或**从法线**.

我们有下列定理.

定理　曲线是平面曲线的充要条件是曲线上每一点的挠率都为 0.

证明　必要性：设曲线 $\boldsymbol{r}(s)$ 位于一个平面上，设 $\boldsymbol{B}_0$ 是这个平面的法向量.于是有 $[\boldsymbol{r}-\boldsymbol{r}(0)]\cdot\boldsymbol{B}_0=0$.两边求导后得到 $\boldsymbol{T}\cdot\boldsymbol{B}_0=0$，$\boldsymbol{T}'\cdot\boldsymbol{B}_0=0$，因此 $\boldsymbol{T}$，$\boldsymbol{N}$ 都与 $\boldsymbol{B}_0$ 垂直，所以 $\boldsymbol{B}(s)=\boldsymbol{T}\times\boldsymbol{N}$ 是与常向量 $\boldsymbol{B}_0$ 平行的单位向量，故 $\boldsymbol{B}'(s)=\boldsymbol{0}$，即 $\tau=0$.

充分性：设 $\tau\equiv0$（不妨设 $k\neq0$，否则此曲线为直线，当然是平面曲线）.则 $\boldsymbol{B}(s)=\boldsymbol{B}_0$（常向量），因而

$$(\boldsymbol{r}(s)\cdot\boldsymbol{B}_0)'=\boldsymbol{r}'(s)\cdot\boldsymbol{B}_0=0$$

即 $\boldsymbol{r}(s)\cdot\boldsymbol{B}_0$ 为常数，于是

$$\boldsymbol{r}(s)\cdot\boldsymbol{B}_0=\boldsymbol{r}(0)\cdot\boldsymbol{B}_0$$

即

$$[\boldsymbol{r}(s)-\boldsymbol{r}(0)]\cdot\boldsymbol{B}_0=0$$

所以 $\boldsymbol{r}(s)$ 为一平面曲线.定理证毕.

当曲线改变定向（即弧长的度量方向颠倒）时，曲率与挠率不变.事实上，此时弧长参数 $\bar{s}=s_0-s$，$\mathrm{d}\bar{s}=-\mathrm{d}s$，因此切向量 $\boldsymbol{T}$ 反向，而 $\boldsymbol{T}'$ 不变，从而曲率不变；从法向量 $\boldsymbol{B}(s)$ 反向，而 $\boldsymbol{B}'(s)$ 不变，从而挠率不变.

例 3　求圆柱螺线 $\boldsymbol{r}(s)=(r\cos\omega s,r\sin\omega s,h\omega s)$ 的曲率和挠率，其中 r,h 及 $\omega=(r^2+h^2)^{-\frac{1}{2}}$ 均为常数.

容易验证 $|\boldsymbol{r}'(s)|=1$，所以 s 是弧长参数.

$$\boldsymbol{T}(s)=\omega(-r\sin\omega s,r\cos\omega s,h)$$

$$\boldsymbol{T}'(s)=-\omega^2r(\cos\omega s,\sin\omega s,0)$$

因此，曲率 $k(s)=\omega^2r$.

$$\boldsymbol{N}(s)=(-\cos\omega s,-\sin\omega s,0)$$

$$\boldsymbol{B}(s)=\boldsymbol{T}\times\boldsymbol{N}=\omega(h\sin\omega s,-h\cos\omega s,r)$$

$$\boldsymbol{B}'(s)=\omega^2h(\cos\omega s,\sin\omega s,0)$$

所以，挠率 $\tau(s)=\omega^2h$.因而圆柱螺线的曲率、挠率均为常数.

例 4　一般螺线　如果一条曲线的切向量始终与一固定方向交于定角，则称此曲线为**一般螺线**.现在证明：曲率不等于零的曲线 $\boldsymbol{r}(s)$ 是一般螺线的充要条件为：$\dfrac{\tau(s)}{k(s)}=c$（常数）.

证明 必要性：设螺线的切向量与固定方向 $\boldsymbol{u}$ 成定角 θ，$|\boldsymbol{u}|=1$，则有 $\boldsymbol{T}\cdot\boldsymbol{u}=\cos\theta$.

因为 $k\neq 0$，由

$$0=(\boldsymbol{T}\cdot\boldsymbol{u})'=\boldsymbol{T}'\cdot\boldsymbol{u}=k\boldsymbol{N}\cdot\boldsymbol{u}$$

知 $\boldsymbol{N}$ 正交于 $\boldsymbol{u}$.这时，$\boldsymbol{u}=x\boldsymbol{T}+y\boldsymbol{B}$，其中

$$x=\cos\theta,\quad y=\pm\sin\theta$$

则

$$\boldsymbol{0}=\boldsymbol{u}'=\cos\theta k\boldsymbol{N}\mp\sin\theta\tau\boldsymbol{N}$$

即

$$k\cos\theta=\pm\tau\sin\theta$$

从而

$$\frac{\tau}{k}=\pm\cot\theta=\pm c\quad（常数）$$

充分性：设 $\tau=ck$，c 为常数.取 θ 使 $\cot\theta=c$，$0<\theta<\pi$.设 $\boldsymbol{u}=\cos\theta\boldsymbol{T}+\sin\theta\boldsymbol{B}$，计算可得 $\boldsymbol{u}'=\boldsymbol{0}$，$\boldsymbol{T}\cdot\boldsymbol{u}=\cos\theta$，即 $\boldsymbol{u}$ 是一固定向量，且与 $\boldsymbol{r}(s)$ 的切向量成定角 θ，所以 $\boldsymbol{r}(s)$ 为一般螺线.命题证毕.

在例 3 中，挠率是按定义直接计算得到的，实际上，成立如下的公式

$$\tau(s)=(\boldsymbol{r}'(s),\ \boldsymbol{r}''(s),\ \boldsymbol{r}'''(s))/|\boldsymbol{r}''(s)|^2 \qquad (1-7')$$

这是因为，由 $\boldsymbol{r}''=k\boldsymbol{N}$，$\boldsymbol{r}'''=k'\boldsymbol{N}+k\boldsymbol{N}'$，再由 $\boldsymbol{B}\cdot\boldsymbol{N}=0$ 就可得

$$\begin{aligned}\tau&=-\boldsymbol{B}'\cdot\boldsymbol{N}=\boldsymbol{N}'\cdot\boldsymbol{B}=\boldsymbol{N}'\cdot(\boldsymbol{r}'\times\boldsymbol{N})\\&=\frac{(\boldsymbol{r}',\boldsymbol{r}'',\boldsymbol{r}''')}{k^2}=\frac{(\boldsymbol{r}',\boldsymbol{r}'',\boldsymbol{r}''')}{|\boldsymbol{r}''|^2}\end{aligned}$$

这里 $(\boldsymbol{r}',\boldsymbol{r}'',\boldsymbol{r}''')$ 表示三个向量 $\boldsymbol{r}',\boldsymbol{r}'',\boldsymbol{r}'''$ 的混合积.

当不以弧长 s 为参数时，读者可利用

$$\boldsymbol{r}'(s)=\frac{\mathrm{d}\boldsymbol{r}(s)}{\mathrm{d}t}\frac{\mathrm{d}t}{\mathrm{d}s}$$

及其导数的式子，不难推得在任意参数下，曲率及挠率的计算公式：

$$\begin{cases}k(t)=\dfrac{\left|\dfrac{\mathrm{d}\boldsymbol{r}}{\mathrm{d}t}\times\dfrac{\mathrm{d}^2\boldsymbol{r}}{\mathrm{d}t^2}\right|}{\left|\dfrac{\mathrm{d}\boldsymbol{r}}{\mathrm{d}t}\right|^3}\\[2ex]\tau(t)=\dfrac{\left(\dfrac{\mathrm{d}\boldsymbol{r}}{\mathrm{d}t},\dfrac{\mathrm{d}^2\boldsymbol{r}}{\mathrm{d}t^2},\dfrac{\mathrm{d}^3\boldsymbol{r}}{\mathrm{d}t^3}\right)}{\left|\dfrac{\mathrm{d}\boldsymbol{r}}{\mathrm{d}t}\times\dfrac{\mathrm{d}^2\boldsymbol{r}}{\mathrm{d}t^2}\right|^3}\end{cases} \qquad (1-8)$$

如果两条曲线 $\boldsymbol{r}(t)$，$\boldsymbol{r}_1(t)$ 的值及其直至 n 阶导数的值在 $t=t_0$ 处相等，则称这两条曲线在 $t=t_0$ 处是 n **阶接触的**.由(1-8)式可见，两条曲线在 t_0 处如果是三阶接触，则在这点的曲率、挠率都相等.

例 5 求椭圆 $\boldsymbol{r}(t)=(a\cos t,b\sin t,0)$ 的曲率与挠率.

$$\frac{\mathrm{d}\boldsymbol{r}(t)}{\mathrm{d}t}=(-a\sin t,b\cos t,0),\quad \left|\frac{\mathrm{d}\boldsymbol{r}}{\mathrm{d}t}\right|=\sqrt{a^2\sin^2 t+b^2\cos^2 t}\neq 1$$

因此 t 不是弧长参数.

$$\frac{\mathrm{d}^2\boldsymbol{r}(t)}{\mathrm{d}t^2}=(-a\cos t,-b\sin t,0)$$

$$\frac{\mathrm{d}^3\boldsymbol{r}(t)}{\mathrm{d}t^3}=(a\sin t,-b\cos t,0)$$

$$\frac{\mathrm{d}\boldsymbol{r}(t)}{\mathrm{d}t}\times\frac{\mathrm{d}^2\boldsymbol{r}(t)}{\mathrm{d}t^2}=(0,0,ab)$$

代入公式(1-8)，计算后得到

$$k(t)=\frac{ab}{(a^2\sin^2 t+b^2\cos^2 t)^{3/2}}$$

$$\tau=0\quad（平面曲线）$$

我们要证明下面定理：

定理 曲线的弧长、曲率与挠率都是运动的不变量.

证明 设曲线 $\boldsymbol{r}_1(t)=(x_1(t),y_1(t),z_1(t))$ 与曲线 $\boldsymbol{r}(t)=(x(t),y(t),z(t))$ 只差一运动，即从 $\boldsymbol{r}(t)$ 到 $\boldsymbol{r}_1(t)$ 的变换为

$$\begin{pmatrix}x_1\\y_1\\z_1\end{pmatrix}=\boldsymbol{A}\begin{pmatrix}x\\y\\z\end{pmatrix}+\begin{pmatrix}b_1\\b_2\\b_3\end{pmatrix}$$

其中 $\boldsymbol{A}$ 为 3 阶正交矩阵，列向量 $\begin{pmatrix}b_1\\b_2\\b_3\end{pmatrix}$ 是常向量.

设曲线 $\boldsymbol{r}(t)$ 的弧长、曲率与挠率分别记为 s、k 与 τ，曲线 $\boldsymbol{r}_1(t)$ 相应的量分别记作 s_1、k_1 与 τ_1，则因

$$\begin{pmatrix}\frac{\mathrm{d}x_1}{\mathrm{d}t}\\\frac{\mathrm{d}y_1}{\mathrm{d}t}\\\frac{\mathrm{d}z_1}{\mathrm{d}t}\end{pmatrix}=\boldsymbol{A}\begin{pmatrix}\frac{\mathrm{d}x}{\mathrm{d}t}\\\frac{\mathrm{d}y}{\mathrm{d}t}\\\frac{\mathrm{d}z}{\mathrm{d}t}\end{pmatrix},\quad \begin{pmatrix}\frac{\mathrm{d}^2x_1}{\mathrm{d}t^2}\\\frac{\mathrm{d}^2y_1}{\mathrm{d}t^2}\\\frac{\mathrm{d}^2z_1}{\mathrm{d}t^2}\end{pmatrix}=\boldsymbol{A}\begin{pmatrix}\frac{\mathrm{d}^2x}{\mathrm{d}t^2}\\\frac{\mathrm{d}^2y}{\mathrm{d}t^2}\\\frac{\mathrm{d}^2z}{\mathrm{d}t^2}\end{pmatrix}$$

由此可知$\left|\dfrac{\mathrm{d}\boldsymbol{r}_1}{\mathrm{d}t}\right|=\left|\dfrac{\mathrm{d}\boldsymbol{r}}{\mathrm{d}t}\right|$，$\left|\dfrac{\mathrm{d}^2\boldsymbol{r}_1}{\mathrm{d}t^2}\right|=\left|\dfrac{\mathrm{d}^2\boldsymbol{r}}{\mathrm{d}t^2}\right|$.从而

$$s_1(t)=\int_{t_0}^{t}\left|\frac{\mathrm{d}\boldsymbol{r}_1(t)}{\mathrm{d}t}\right|\mathrm{d}t=\int_{t_0}^{t}\left|\frac{\mathrm{d}\boldsymbol{r}(t)}{\mathrm{d}t}\right|\mathrm{d}t=s(t)$$

因此弧长是运动的不变量.再用曲率与挠率的计算公式(1-8)，可知曲率与挠率也是运动的不变量.定理证毕.

习 题

1. 求曲线 $\boldsymbol{r}=(x(t),y(t),z(t))$ 在 t_0 处的切线与法平面方程.

2. 求以下曲线的曲率和挠率：

(1) $\boldsymbol{r}=(a\operatorname{ch} t,a\operatorname{sh} t,at)$；

(2) $\boldsymbol{r}=(\cos^3 t,\sin^3 t,\cos 2t)$；

(3) $\boldsymbol{r}=(a(3t-t^3),3at^2,a(3t+t^3))\ (a>0)$；

(4) $\boldsymbol{r}=(a(1-\sin t),a(1-\cos t),bt)$.

3. 求以下曲线的切线，主法线与密切平面方程：

(1) 三次挠曲线 $\boldsymbol{r}=(at,bt^2,ct^3)$；

(2) 圆柱螺线 $\boldsymbol{r}=(r\cos\omega s,r\sin\omega s,h\omega s)$，其中 r,h 为常数，$\omega=(r^2+h^2)^{-\frac{1}{2}}$.

4. 求平面曲线在极坐标下的曲率公式.

5. 设曲线 $C:\boldsymbol{r}=\boldsymbol{r}(t)$ 在 $P_0(t_0)$ 处满足 $\boldsymbol{r}'(t_0)\times\boldsymbol{r}''(t_0)\neq\boldsymbol{0}$.求当曲线 C 上邻近 P_0 的两点 P_1,P_2 独立地趋近于 P_0 时，由这三点所决定的平面的极限位置.

6. 证明：圆柱螺线的主法线与它的轴正交，而从法线则与它的轴交于定角.

§3 Frenet 标架 Frenet 公式

综上所述，在曲线 $\boldsymbol{r}(s)$ 的每点 s 处，都有三个互相正交的单位向量 $\boldsymbol{T}(s)$，$\boldsymbol{N}(s)$ 及 $\boldsymbol{B}(s)$.我们把 $\{\boldsymbol{r}(s);\boldsymbol{T}(s),\boldsymbol{N}(s),\boldsymbol{B}(s)\}$ 称为曲线在 s 处的 **Frenet 标架**.

因为 Frenet 标架是单位正交的右旋标架，所以可用它来作新的直角坐标系的标架，并用这个新的直角坐标系来研究曲线在一点邻近处的性质，这在 §4 中将要详细讨论.曲线上每点都有 Frenet 标架，所以就有必要研究在两个邻近点 $s,s+\Delta s$ 处两套 Frenet 标架 $\{\boldsymbol{T}(s),\boldsymbol{N}(s),\boldsymbol{B}(s)\}$ 及 $\{\boldsymbol{T}(s+\Delta s),\boldsymbol{N}(s+\Delta s),\boldsymbol{B}(s+\Delta s)\}$ 之间的变换关系.当 $\Delta s\to 0$ 时，这也相当

于要研究 $\boldsymbol{T}'(s),\boldsymbol{N}'(s),\boldsymbol{B}'(s)$.

从曲率 k 及挠率 τ 的定义可知

$$\boldsymbol{T}'=k\boldsymbol{N} \quad \text{及} \quad \boldsymbol{B}'=-\tau\boldsymbol{N}$$

又由 $\boldsymbol{N}=\boldsymbol{B}\times\boldsymbol{T}$ 可得

$$\boldsymbol{N}'=\boldsymbol{B}'\times\boldsymbol{T}+\boldsymbol{B}\times\boldsymbol{T}'=-\tau\boldsymbol{N}\times\boldsymbol{T}+\boldsymbol{B}\times k\boldsymbol{N}=\tau\boldsymbol{B}-k\boldsymbol{T}$$

这样,就可以将 Frenet 标架的三个单位向量的导向量写成下列公式

$$\begin{cases}\boldsymbol{T}'= & k\boldsymbol{N} & \\ \boldsymbol{N}'=-k\boldsymbol{T} & & +\tau\boldsymbol{B} \\ \boldsymbol{B}'= & -\tau\boldsymbol{N} & \end{cases} \tag{1-9}$$

通常称它为曲线论的**基本公式**(Frenet 公式).

从(1-9)式可见,当曲线 C 的曲率 k、挠率 τ 已知后,邻近点的 Frenet 标架之间的变化情况也就清楚了.

在平面曲线论中,我们可选取法向量 $\boldsymbol{N}_r(s)$,使 $\{\boldsymbol{T}(s),\boldsymbol{N}_r(s)\}$ 的定向与普通直角坐标系的 x 轴和 y 轴的定向相同,此时,Frenet 公式成为

$$\begin{cases}\boldsymbol{T}'=k_r\boldsymbol{N}_r \\ \boldsymbol{N}_r'=-k_r\boldsymbol{T}\end{cases} \tag{1-10}$$

但这里的 k_r 的正负由曲线的定向及平面的定向所确定,可能是正值,也可能是负值.为表示与空间曲线论中所定义的曲率 $k=|\boldsymbol{T}'(s)|$(总取正值)相区别,我们将这里的曲率称为平面曲线的**相对曲率**($|k_r|=k$).

下面举例说明如何应用 Frenet 公式去导出某些简单的几何性质.

例 1 若曲线的密切平面处处平行,则曲线是平面曲线.

证明 密切平面平行的条件为

$$\boldsymbol{B}=\text{常向量}$$

将等式两边求导,得 $\boldsymbol{B}'=\boldsymbol{0}$.设 $\boldsymbol{r}_0=\boldsymbol{r}(0)$,要证明 $\boldsymbol{r}(s)$ 是平面曲线,只要证明

$$\boldsymbol{B}\cdot(\boldsymbol{r}-\boldsymbol{r}_0)=0$$

就行了.由

$$[\boldsymbol{B}\cdot(\boldsymbol{r}-\boldsymbol{r}_0)]'=\boldsymbol{B}\cdot\boldsymbol{T}=0$$

可知 $\boldsymbol{B}(s)\cdot[\boldsymbol{r}(s)-\boldsymbol{r}_0]$ 为常数,但 $\boldsymbol{B}\cdot[\boldsymbol{r}(s)-\boldsymbol{r}_0]|_{s=0}=0$,故 $\boldsymbol{B}\cdot(\boldsymbol{r}-\boldsymbol{r}_0)\equiv 0$,这就证明了 $\boldsymbol{r}(s)$ 落在一平面内.

注 也可以从 $\boldsymbol{B}'=\boldsymbol{0}$ 导出 $\tau=0$,由此得出 $\boldsymbol{r}(s)$ 是平面曲线.

例 2 若曲线的所有法平面通过定点,则曲线是球面曲线(即此曲线落在一个球面上).

证明 不妨设曲线 $\boldsymbol{r}(s)$ 的法平面通过原点,则

$$\boldsymbol{T}(s)\cdot\boldsymbol{r}(s)=0$$

由

$$(\boldsymbol{r}\cdot\boldsymbol{r})'=2\boldsymbol{r}\cdot\boldsymbol{r}'=2\boldsymbol{r}\cdot\boldsymbol{T}=0$$

知道$|\boldsymbol{r}|^2=$常数,即曲线$\boldsymbol{r}(s)$落在一个球面上.

例3 设$\boldsymbol{r}(s)$是单位球面S^2上的一条曲线,s为弧长参数,它的曲率k、挠率τ都不等于0,则

$$\boldsymbol{r}=-\rho\boldsymbol{N}-\rho'\sigma\boldsymbol{B}$$

其中$\rho=\dfrac{1}{k}$(曲率半径),$\sigma=\dfrac{1}{\tau}$(挠率半径).

证明 设$\boldsymbol{r}=a\boldsymbol{T}+b\boldsymbol{N}+c\boldsymbol{B}$.因$\boldsymbol{r}(s)$在$S^2$上,故有

$$|\boldsymbol{r}|^2=1$$

将等式两边求导,得

$$2\boldsymbol{r}\cdot\boldsymbol{r}'=0 \quad 或 \quad a=\boldsymbol{r}\cdot\boldsymbol{T}=0$$

再对此等式两边求导,得

$$\boldsymbol{r}'\cdot\boldsymbol{T}+\boldsymbol{r}\cdot\boldsymbol{T}'=0 \quad 或 \quad |\boldsymbol{T}|^2+\boldsymbol{r}\cdot(k\boldsymbol{N})=0$$

因此$b=\boldsymbol{r}\cdot\boldsymbol{N}=-\dfrac{1}{k}=-\rho$.再对等式$-\rho=\boldsymbol{r}\cdot\boldsymbol{N}$两边求导,得

$$-\rho'=\boldsymbol{r}'\cdot\boldsymbol{N}+\boldsymbol{r}\cdot\boldsymbol{N}'=\boldsymbol{r}(-k\boldsymbol{T}+\tau\boldsymbol{B})=\tau\boldsymbol{r}\cdot\boldsymbol{B}$$

可知$c=\boldsymbol{r}\cdot\boldsymbol{B}=\dfrac{-\rho'}{\tau}=-\rho'\cdot\sigma$.从而求出了$\boldsymbol{r}$在Frenet标架下的分解式.

从上述例子可以初步看到,应用Frenet公式解这类问题的特点大致分为三步:

(1) 将几何条件表达为代数方程;

(2) 微分这些表达式(尽可能多次的次数),并将Frenet公式与几何条件代入;

(3) 解释所得结果的几何意义.

习 题

1. 若s为弧长,证明:

(1) $k\tau=-\boldsymbol{T}'\cdot\boldsymbol{B}'$;

(2) $(\boldsymbol{r}',\boldsymbol{r}'',\boldsymbol{r}''')=k^2\tau$.

2. 设s是单位球面上曲线C:$\boldsymbol{r}=\boldsymbol{r}(s)$的弧长,证明:存在一组向量$\boldsymbol{a}(s)$,$\boldsymbol{b}(s)$,$\boldsymbol{c}(s)$及函数$\lambda(s)$,使

$$\begin{aligned} \boldsymbol{a}' &= \quad \boldsymbol{b} \\ \boldsymbol{b}' &= -\boldsymbol{a} \quad +\lambda(s)\boldsymbol{c} \\ \boldsymbol{c}' &= \quad -\lambda(s)\boldsymbol{b} \end{aligned}$$

3. 设 s 是曲线 C:$\boldsymbol{r}=\boldsymbol{r}(s)$ 的弧长. $k,\tau>0$.曲线 C_1:$\boldsymbol{r}_1(s)=\int_0^s \boldsymbol{B}(\sigma)\mathrm{d}\sigma$ 的曲率、挠率分别为 k_1、τ_1,切向量、主法向量、从法向量分别为 $\boldsymbol{T}_1$、$\boldsymbol{N}_1$、$\boldsymbol{B}_1$.证明:

(1) s 是 C_1 的弧长;

(2) $k_1=\tau,\tau_1=k,\boldsymbol{T}_1=\boldsymbol{B},\boldsymbol{N}_1=-\boldsymbol{N},\boldsymbol{B}_1=\boldsymbol{T}$.

4. 设 $\boldsymbol{r}=(x(s),y(s))$ 是平面弧长参数曲线,$\{\boldsymbol{t}(s),\boldsymbol{n}(s)\}$ 是它的 Frenet 标架.证明:

$$\boldsymbol{n}(s)=(-y'(s),x'(s))$$

$$\boldsymbol{r}''(s)=k_r(s)(-y(s),x(s))$$

5. 求以下平面曲线的相对曲率 k_r(假定弧长 s 增加的方向就是参数增加的方向):

(1) 椭圆 $\boldsymbol{r}=(a\cos t,b\sin t)$, $0\leqslant t<2\pi$;

(2) 双曲线 $\boldsymbol{r}=(a\operatorname{ch} t,b\operatorname{sh} t)$;

(3) 抛物线 $\boldsymbol{r}=(t,t^2)$;

(4) 摆线 $\boldsymbol{r}=a(t-\sin t,1-\cos t)$;

(5) 悬链线 $\boldsymbol{r}=\left(t,a\operatorname{ch}\dfrac{t}{a}\right)$;

(6) 曳物线 $\boldsymbol{r}=(a\cos\varphi,a\ln(\sec\varphi+\tan\varphi)-a\sin\varphi),0\leqslant\varphi<\dfrac{\pi}{2}$.

6. 求平面上相对曲率等于常数的曲线.

7. 证明:(1) 若曲线的所有切线通过定点,则曲线是直线;

(2) 若曲线的所有切线平行于同一平面,或者所有密切平面通过定点,则曲线是平面曲线.

§4 曲线在一点邻近的性质

作为 Frenet 公式的直接应用,我们来研究曲线 C 在一点邻近的性质.不失一般性,取点 P_0 的弧长参数为 $s=0$.在 $s=0$ 邻近将 $\boldsymbol{r}(s)$ 按有限阶 Taylor 公式展开:

$$\boldsymbol{r}(s)=\boldsymbol{r}(0)+s\boldsymbol{r}'(0)+\frac{s^2}{2!}\boldsymbol{r}''(0)+\frac{s^3}{3!}\boldsymbol{r}'''(0)+\boldsymbol{R} \qquad (1-11)$$

其中余项 $\boldsymbol{R}$ 满足 $\lim\limits_{s\to 0}\dfrac{\boldsymbol{R}}{s^3}=\boldsymbol{0}$.因为 $\boldsymbol{r}'(s)=\boldsymbol{T},\boldsymbol{r}''(s)=k\boldsymbol{N}$ 及

$$\boldsymbol{r}'''(s)=(k\boldsymbol{N})'=k'\boldsymbol{N}+k\boldsymbol{N}'=k'\boldsymbol{N}-k^2\boldsymbol{T}+k\tau\boldsymbol{B}$$

所以有

$$
\begin{aligned}
&\boldsymbol{r}(s)-\boldsymbol{r}(0)\\
&=\left[s-\frac{k^2(0)s^3}{3!}\right]\boldsymbol{T}(0)+\left[\frac{s^2k(0)}{2!}+\frac{s^3k'(0)}{3!}\right]\boldsymbol{N}(0)\\
&\quad+\frac{s^3}{3!}k(0)\tau(0)\boldsymbol{B}(0)+\boldsymbol{R}
\end{aligned}\tag{1-12}
$$

现在取$\{P_0;\boldsymbol{T}(0),\boldsymbol{N}(0),\boldsymbol{B}(0)\}$为新的坐标系，则曲线上点的新坐标可由下式给出：

$$
\begin{cases}
x(s)=s-\dfrac{k^2(0)s^3}{6}+R_x\\
y(s)=\dfrac{k(0)}{2}s^2+\dfrac{k'(0)s^3}{6}+R_y\\
z(s)=\dfrac{k(0)\tau(0)}{6}s^3+R_z
\end{cases}\tag{1-13}
$$

其中$\boldsymbol{R}=(R_x,R_y,R_z)$.上述表达式称为 **Bouquet 公式**，亦称为曲线在点P_0的邻域内的**局部规范形式**.假定$k(0)\neq 0,\tau(0)\neq 0$，那么，我们只取上述各式中的第一项，就可得到P_0邻近和原曲线近似的曲线$C_1:\boldsymbol{r}=\boldsymbol{r}_1(s)$为

$$
\begin{cases}
x_1(s)=s\\
y_1(s)=\dfrac{k(0)}{2}s^2\\
z_1(s)=\dfrac{k(0)\tau(0)}{6}s^3
\end{cases}\tag{1-14}
$$

它与原曲线C在P_0处有相同的曲率和挠率，及相同的 Frenet 标架，于是它们在P_0点处的密切平面、法平面及从切平面都一致.

因此，曲线C在P_0的密切平面上的投影近似地为一条抛物线(图 7(a))

$$
\begin{cases}
x_1(s)=s\\
y_1(s)=\dfrac{k(0)}{2}s^2
\end{cases}\tag{1-15}
$$

在P_0点的法平面上的投影近似地为(图 7(b))

$$
\begin{cases}
y_1(s)=\dfrac{k(0)}{2}s^2\\
z_1(s)=\dfrac{k(0)\tau(0)}{6}s^3
\end{cases}\tag{1-16}
$$

而在P_0点的从切平面上的投影近似地为一条三次曲线(图 7(c))

$$
\begin{cases}
x_1(s)=s\\
z_1(s)=\dfrac{k(0)\tau(0)}{6}s^3
\end{cases}\tag{1-17}
$$

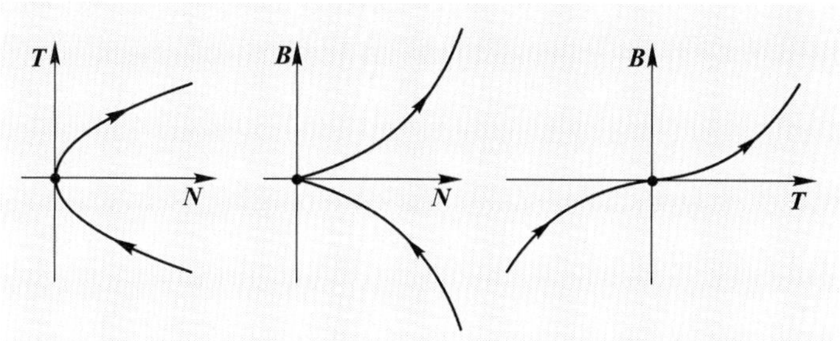

图 7

由局部规范形式可以直接得出:

1° 挠率符号的几何意义

我们规定 $\boldsymbol{B}$ 所指的方向为密切平面的正侧.那么当 s 充分小时,由 $z(s)$ 的表达式知:若 $\tau(0)>0$ 时,曲线沿弧长增加方向穿过密切平面指向正侧;而当 $\tau(0)<0$ 时,则相反.

2° 在 $s=0$ 的充分小邻域,曲线完全落在从切平面指向 $\boldsymbol{N}$ 的一侧.事实上,因为 $k(0)>0$,所以 $y(s)\geqslant 0$.而且仅当 $s=0$ 时,有 $y(s)=0$.

3° 曲线在 $s=0$ 处的密切平面就是 $s=0$ 处的切线与邻近点 $\boldsymbol{r}(s)$ 所决定的平面(当 $s\to 0$ 时)的极限位置.事实上,由点 $\boldsymbol{r}(s)$ 及 $s=0$ 处的切线所决定的平面方程是

$$Z=mY$$

其中

$$m=\frac{z(s)}{y(s)}=\frac{\dfrac{k\tau}{6}s^3+\cdots}{\dfrac{k}{2}s^2+\dfrac{k'}{6}s^3+\cdots}$$

当 $s\to 0$ 时,$m\to 0$.于是所决定的平面趋近于 $z=0$,即密切平面.

在正则曲线 $\boldsymbol{r}(s)$ 上,当参数 s 变化时,得到一族活动的 Frenet 标架 $\{\boldsymbol{r}(s);\boldsymbol{T}(s),\boldsymbol{N}(s),\boldsymbol{B}(s)\}$.在研究曲线在一点邻近的几何性质时,Frenet 标架是一个十分有力的工具.可以想象,如果在曲面的每一点也能附上一组与该曲面的特性密切相关的活动标架,则对揭示曲面的几何性质也将是十分有用的.今后我们将多次运用这种“活动标架法”.

习 题

1. 证明曲线在一点和它的近似曲线有相同的曲率和挠率.

2. 若两曲线关于一平面对称,证明:在对应点两曲线曲率相等,而挠率相差一符号.

3. 设P_0是两曲线C_1,C_2的交点.在P_0的一旁邻近取点P_1,P_2分别属于C_1,C_2,且使曲线弧长$\widehat{P_0P_1}=\widehat{P_0P_2}=\Delta s$.若$\lim\limits_{\Delta s\to 0}\dfrac{\overline{P_1P_2}}{\Delta s^n}=0$,则称曲线$C_1,C_2$在$P_0$点有$n$阶接触.证明:

(1) 两曲线具有n阶接触的充要条件为

$$\boldsymbol{r}_1'=\boldsymbol{r}_2',\quad \cdots,\quad \boldsymbol{r}_1^{(n)}=\boldsymbol{r}_2^{(n)}$$

(2) 曲线C的切线是在切点与曲线有一阶接触的唯一直线;

(3) 若曲线C每一点的切线与曲线有二阶接触,则曲线C是直线.

4. 求一个圆,使它在原点与抛物线$y=x^2$有二阶接触.

5. 设曲线C上一点P_0满足$\boldsymbol{r}'(0)\times\boldsymbol{r}''(0)\neq\boldsymbol{0}$,$P$是曲线$C$上与$P_0$邻近的一点,$l_0$与$l$分别是曲线在$P_0$,$P$处的切线,当$P$趋近于$P_0$时,求下列平面的极限位置:

(1) 过P与l_0的平面;

(2) 过P_0与l的平面;

(3) 过l_0而平行于l的平面;

(4) 过l而平行于l_0的平面.

6. 设P_0为曲线C上一点,P为曲线上P_0的邻近点,l为P_0处的切线,点Q为点P向切线l所引的垂足.记

$$d=d(P,P_0),\quad h=d(P,Q),\quad \rho=d(P_0,Q)$$

证明:

(1) $\lim\limits_{P\to P_0}\dfrac{h}{d}=0$;

(2) $k=\lim\limits_{\rho\to 0}\dfrac{2h}{\rho^2}$.

7. 设已给定中心在$\boldsymbol{m}$,半径为$r>0$的球. $\boldsymbol{r}=\boldsymbol{r}(s)$为曲线$C$的方程,

$$d(s)=[\boldsymbol{r}(s)-\boldsymbol{m}]^2$$

若在s_0处满足下列条件:

$$d(s_0)=r^2,\quad d'(s_0)=d''(s_0)=\cdots=d^{(n)}(s_0)=0$$

则称曲线C与已给球有n阶接触.证明:

(1) 若曲线C落在已给球面上,则C与球有任意阶接触;

(2) 若$\tau=0$,则曲线与某一球有三阶接触的充要条件为:$k'(s_0)=0$.从而平面曲线不能与球处处有三阶接触,除非曲线本身属于球面的一个圆.

8. 若$k(s_0)\neq 0$.证明:曲线C与已给球在s_0处有二阶接触的充要条件是

$$\boldsymbol{m}=\boldsymbol{r}(s_0)+\frac{1}{k(s_0)}\boldsymbol{N}(s_0)+\lambda\boldsymbol{B}(s_0)$$

其中λ可任意选取.

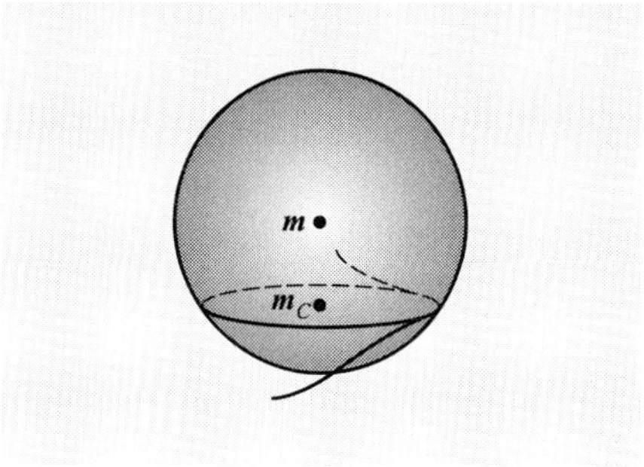

(第 8 题图)

(此时固定 s_0 得到一条直线,称为曲线在 s_0 处的极轴,而点

$$\boldsymbol{m}_C=\boldsymbol{r}(s_0)+\frac{1}{k(s_0)}\boldsymbol{N}(s_0)$$

称为曲率中心.以 $\boldsymbol{m}_C$ 为中心,$\frac{1}{k(s_0)}$为半径的圆落在密切平面上,称为 C 在 s_0 处的密切圆.)

9. 上题中若 $\tau(s_0)\neq0$,证明:曲线 C 与已给球在 s_0 处有三阶接触的充要条件是 $\lambda=\frac{\rho'(s_0)}{\tau(s_0)}$,其中 $\rho=\frac{1}{k}$是曲率半径.

(此时已给球的中心为 $\boldsymbol{m}_S=\boldsymbol{r}(s_0)+\rho(s_0)\boldsymbol{N}(s_0)+\frac{\rho'(s_0)}{\tau(s_0)}\boldsymbol{B}(s_0)$.称为曲线在 s_0 处的密切球.)

10. 设在曲线 C 上点 P_0 邻近任意取三点 P_1,P_2,P_3.证明:当 P_1,P_2,P_3 沿着曲线独立地趋近于 P_0 时,过 P_0,P_1,P_2,P_3 的球的极限位置就是曲线 C 在点 P_0 处的密切球.

11. 证明:圆柱螺线的曲率中心轨迹仍然是圆柱螺线.

§5 曲线论基本定理

前面我们已经看到,曲率 k 和挠率 τ 可以刻画某些曲线的特征:

直线: $k\equiv0$.

平面曲线: $k\neq0$, $\tau\equiv0$.

螺线: $\frac{k}{\tau}$=常数.

事实上,我们可以有进一步的结论:当 $k\neq0$ 时,k 与 τ 完全刻画了曲线的几何形状.下面的基本定理阐述了这一事实.

曲线论基本定理 给定 $I=(a,b)$ 上连续可微函数 $\bar{k}(s)>0$,及连续

函数$\bar{\tau}(s)$，则

(i) 必存在以弧长 s 为参数的正则曲线 $\boldsymbol{r}(s)$，使得它的曲率 $k(s)$ 与挠率 $\tau(s)$ 分别等于已给函数 $\bar{k}(s)$ 和 $\bar{\tau}(s)$；

(ii) 若给定了初始标架 $\{\boldsymbol{r}_0;\boldsymbol{T}_0,\boldsymbol{N}_0,\boldsymbol{B}_0\}$（其中 $\boldsymbol{T}_0,\boldsymbol{N}_0,\boldsymbol{B}_0$ 为相互正交成右旋的单位向量）后，则存在唯一的一条曲线，它的曲率、挠率分别为给定函数$\bar{k}(s)$、$\bar{\tau}(s)$，且在 $s=0$ 处的 Frenet 标架

$$\{\boldsymbol{r}(0);\boldsymbol{T}(0),\boldsymbol{N}(0),\boldsymbol{B}(0)\}=\{\boldsymbol{r}_0;\boldsymbol{T}_0,\boldsymbol{N}_0,\boldsymbol{B}_0\}$$

基本定理的证明相当于去求解下列常微分方程组

$$\begin{cases}\dfrac{\mathrm{d}\boldsymbol{r}}{\mathrm{d}s}=\boldsymbol{T}\\[2mm]\dfrac{\mathrm{d}\boldsymbol{T}}{\mathrm{d}s}=\bar{k}(s)\boldsymbol{N}\\[2mm]\dfrac{\mathrm{d}\boldsymbol{N}}{\mathrm{d}s}=-\bar{k}(s)\boldsymbol{T}+\bar{\tau}(s)\boldsymbol{B}\\[2mm]\dfrac{\mathrm{d}\boldsymbol{B}}{\mathrm{d}s}=-\bar{\tau}(s)\boldsymbol{N}\end{cases}$$

为此，需要用到关于常微分方程组的下述结论.

Picard 定理[①] 设取值于 E^n 的向量函数 $\boldsymbol{A}(\boldsymbol{x},t)$ 在闭区域 D：$|\boldsymbol{x}-\boldsymbol{c}|\leqslant K$，$|t-a|\leqslant T$ 内连续，且满足 Lipschitz 条件.设

$$\boldsymbol{M}=\sup_D|\boldsymbol{A}(\boldsymbol{x},t)|$$

则向量微分方程

$$\frac{\mathrm{d}\boldsymbol{x}}{\mathrm{d}t}=\boldsymbol{A}(\boldsymbol{x},t)$$

在闭区间 $|t-a|\leqslant\min\left(T,\dfrac{K}{M}\right)$ 内有唯一解，且满足初值条件 $\boldsymbol{x}(a)=\boldsymbol{c}$.

曲线论基本定理的证明 考察微分方程组

$$\boldsymbol{u}_j'(s)=\sum_{i=1}^{3}a_j^i(s)\boldsymbol{u}_i(s),\quad j=1,2,3$$

其中(a_j^i)为反称矩阵：

$$(a_j^i)=\begin{pmatrix}0&\bar{k}&0\\-\bar{k}&0&\bar{\tau}\\0&-\bar{\tau}&0\end{pmatrix}$$

① 其证明可见 N.M.Temme(ed.)，*Nonlinear Analysis*，V.2，p.69，定理 4.3.

及初值条件：$\boldsymbol{u}_1(0)=\boldsymbol{T}_0$，$\boldsymbol{u}_2(0)=\boldsymbol{N}_0$，$\boldsymbol{u}_3(0)=\boldsymbol{B}_0$，其中 $\boldsymbol{T}_0,\boldsymbol{N}_0,\boldsymbol{B}_0$ 为相互正交成右旋的单位向量.将$(\boldsymbol{u}_1,\boldsymbol{u}_2,\boldsymbol{u}_3)$视为 9 维空间中的向量，然后运用 Picard 定理可知，上述方程组有唯一解 $\boldsymbol{u}_j(s)$满足其初值条件.现在我们证明解 $\boldsymbol{u}_j(s)$具有下列性质：

1° 向量 $\boldsymbol{u}_1(s)$，$\boldsymbol{u}_2(s)$，$\boldsymbol{u}_3(s)$在 s 处相互正交.

记 $p_{ij}(s)=\boldsymbol{u}_i(s)\cdot\boldsymbol{u}_j(s)$，则

$$p'_{ij}(s)=\boldsymbol{u}'_i\cdot\boldsymbol{u}_j+\boldsymbol{u}_i\cdot\boldsymbol{u}'_j=\sum_k a_i^k p_{kj}+\sum_k a_j^k p_{ik}$$

且 p_{ij}满足初值条件：$p'_{ij}(0)=\delta_{ij}$，这儿 δ_{ij}是 Kronecker δ（当 $i\neq j$ 时，$\delta_{ij}=0$；当 $i=j$ 时，$\delta_{ij}=1$）.再次运用 Picard 定理后知道，这方程组有唯一解 p_{ij}，另一方面由于(a_j^i)为反称矩阵，所以有

$$\sum_k(a_i^k\delta_{kj}+a_j^k\delta_{ik})=a_i^j+a_j^i=0$$

因此，$p_{ij}=\delta_{ij}$就是所求的解.于是，$\boldsymbol{u}_i\cdot\boldsymbol{u}_j=p_{ij}=\delta_{ij}$，即 $\boldsymbol{u}_1(s)$，$\boldsymbol{u}_2(s)$，$\boldsymbol{u}_3(s)$是互相正交的单位向量.

2° 作 $\boldsymbol{r}(s)=\boldsymbol{r}_0+\int_0^s\boldsymbol{u}_1(\sigma)\mathrm{d}\sigma$，$s\in I$，则$\dfrac{\mathrm{d}\boldsymbol{r}}{\mathrm{d}s}=\boldsymbol{u}_1(s)$，且有

$$\frac{\mathrm{d}^2\boldsymbol{r}}{\mathrm{d}s^2}=\boldsymbol{u}'_1=\bar{k}(s)\boldsymbol{u}_2$$

因 $\left|\dfrac{\mathrm{d}\boldsymbol{r}}{\mathrm{d}s}\right|=|\boldsymbol{u}_1|=1$，故 $\boldsymbol{r}(s)$是以弧长为参数的正则曲线.且因 $\bar{k}$ 连续可微，所以

$$\frac{\mathrm{d}^3\boldsymbol{r}}{\mathrm{d}s^3}=\bar{k}'\boldsymbol{u}_2+\bar{k}\boldsymbol{u}'_2=\bar{k}'\boldsymbol{u}_2+\bar{k}(-\bar{k}\boldsymbol{u}_1+\bar{\tau}\boldsymbol{u}_3)$$

从而$\dfrac{\mathrm{d}^3\boldsymbol{r}}{\mathrm{d}s^3}$连续，即 $\boldsymbol{r}(s)$是三阶连续可微曲线.

3° 我们来证明 $k(s)=\bar{k}(s)$，$\tau(s)=\bar{\tau}(s)$，$\boldsymbol{T}(s)=\boldsymbol{u}_1(s)$，$\boldsymbol{N}(s)=\boldsymbol{u}_2(s)$，$\boldsymbol{B}(s)=\boldsymbol{u}_3(s)$.

事实上，由 2°知 $\boldsymbol{r}'=\boldsymbol{u}_1$，即 $\boldsymbol{T}=\boldsymbol{u}_1$，两边求导后得到

$$k\boldsymbol{N}=\boldsymbol{T}'=\boldsymbol{u}'_1=\bar{k}\boldsymbol{u}_2$$

因为 $\boldsymbol{N}$ 与 $\boldsymbol{u}_2$ 均为单位向量，k、$\bar{k}>0$，故有 $k=\bar{k}$，$\boldsymbol{N}=\boldsymbol{u}_2$.

在 $s=0$ 处，$(\boldsymbol{u}_1,\boldsymbol{u}_2,\boldsymbol{u}_3)=(\boldsymbol{T}_0,\boldsymbol{N}_0,\boldsymbol{B}_0)=1$，在 s 处，由 1°可得$(\boldsymbol{u}_1,\boldsymbol{u}_2,\boldsymbol{u}_3)=\pm1$，但因$(\boldsymbol{u}_1,\boldsymbol{u}_2,\boldsymbol{u}_3)$是 s 的连续函数，故$(\boldsymbol{u}_1,\boldsymbol{u}_2,\boldsymbol{u}_3)\equiv1$，即 $\boldsymbol{u}_1,\boldsymbol{u}_2,\boldsymbol{u}_3$成右旋.于是有

$$\boldsymbol{B}=\boldsymbol{T}\times\boldsymbol{N}=\boldsymbol{u}_1\times\boldsymbol{u}_2=\boldsymbol{u}_3$$

对它两边求导后得到

$$-\tau \boldsymbol{N}=\boldsymbol{B}'=\boldsymbol{u}_3'=-\bar{\tau}\boldsymbol{u}_2$$

于是 $\tau=\bar{\tau}$. 这就证明了曲线 $\boldsymbol{r}(s)$ 的存在性.由 Picard 定理知道，$\boldsymbol{r}(s)$ 也是满足 $\{\boldsymbol{r}(0);\boldsymbol{T}(0),\boldsymbol{N}(0),\boldsymbol{B}(0)\}=\{\boldsymbol{r}_0;\boldsymbol{T}_0,\boldsymbol{N}_0,\boldsymbol{B}_0\}$ 的唯一解.定理证毕.

系 设两条曲线 $\boldsymbol{r}(s)$，$\boldsymbol{r}_1(s)$ 在弧长参数的相同的点具有相同的曲率与挠率，则可用一个运动使它们重合.此时，这两条曲线称为相互**合同**.

证明 设两曲线 $\boldsymbol{r}(s)$ 与 $\boldsymbol{r}_1(s)$ 满足条件 $k(s)=k_1(s)$，$\tau(s)=\tau_1(s)$，$s\in I$.又设 $\{\boldsymbol{r}(0);\boldsymbol{T},\boldsymbol{N},\boldsymbol{B}\}$ 与 $\{\boldsymbol{r}_1(0);\boldsymbol{T}_1,\boldsymbol{N}_1,\boldsymbol{B}_1\}$ 分别是两曲线在 $s=0$ 处的 Frenet 标架.显然有 E^3 的运动，将 $\boldsymbol{r}(0)$ 搬到 $\boldsymbol{r}_1(0)$，并将 $\boldsymbol{T},\boldsymbol{N},\boldsymbol{B}$ 分别搬到 $\boldsymbol{T}_1,\boldsymbol{N}_1,\boldsymbol{B}_1$.因为在运动下，曲线的弧长、曲率、挠率都不变，故由曲线论的基本定理知道，这两条曲线在其余各点也相重合.系证毕.

根据曲线论基本定理，对于给定的 $k>0$ 和 τ，如果已求得满足某一初值条件的解曲线 $\boldsymbol{r}(s)$，那么对其他的初值条件的求解问题可化为寻找一运动的问题.这样往往可以避免去解烦琐的微分方程组.

例 求适合 $\tau=ck$（c 为常数，$k>0$）的曲线 $\boldsymbol{r}(s)$.

解 当 $c=0$ 时，$\tau=0$，由 §2 中的定理知道，它是平面曲线的特征.下面我们设 $c\neq 0$，根据已知条件写出 Frenet 公式

$$\begin{cases}\boldsymbol{T}'= & k\boldsymbol{N} \\ \boldsymbol{N}'=-k\boldsymbol{T} & +ck\boldsymbol{B} \\ \boldsymbol{B}'= & -ck\boldsymbol{N}\end{cases}$$

引进参数

$$t(s)=\int_0^s k(\sigma)\,\mathrm{d}\sigma$$

后，方程组化为

$$\begin{cases}\dfrac{\mathrm{d}\boldsymbol{T}}{\mathrm{d}t}= \boldsymbol{N} & (1-18) \\ \dfrac{\mathrm{d}\boldsymbol{N}}{\mathrm{d}t}=-\boldsymbol{T}+c\boldsymbol{B} & (1-19) \\ \dfrac{\mathrm{d}\boldsymbol{B}}{\mathrm{d}t}= -c\boldsymbol{N} & (1-20)\end{cases}$$

于是有

$$\frac{\mathrm{d}^2\boldsymbol{N}}{\mathrm{d}t^2}=-\boldsymbol{N}-c^2\boldsymbol{N}=-\omega^2\boldsymbol{N}$$

其中 $\omega=\sqrt{1+c^2}$.将上式积分后得到

$$\boldsymbol{N}=\cos\omega t\boldsymbol{a}+\sin\omega t\boldsymbol{b} \tag{1-21}$$

其中 $\boldsymbol{a},\boldsymbol{b}$ 为常向量.将(1-21)代入(1-18),再积分后就得到

$$\boldsymbol{T}=\frac{1}{\omega}(\sin\omega t\boldsymbol{a}-\cos\omega t\boldsymbol{b}+c\boldsymbol{f}) \tag{1-22}$$

其中 $\boldsymbol{f}$ 是常向量,$\boldsymbol{f}$ 前面乘常数 c 是为了以后运算的方便.再将(1-22)代入(1-19)后就得到

$$\boldsymbol{B}=-\frac{c}{\omega}(\sin\omega t\boldsymbol{a}-\cos\omega t\boldsymbol{b})+\frac{1}{\omega}\boldsymbol{f} \tag{1-23}$$

容易验证,当 $\boldsymbol{N}$、$\boldsymbol{B}$ 为(1-21)及(1-23)时,(1-20)也成立.于是我们得到方程组(1-18),(1-19),(1-20)的通解$\{\boldsymbol{T}(t),\boldsymbol{N}(t),\boldsymbol{B}(t)\}$.

但由曲线论基本定理的证明中知道,在初始点 $s=0$(即 $t=0$)时应保证$\{\boldsymbol{T}(0),\boldsymbol{N}(0),\boldsymbol{B}(0)\}$为单位正交右旋标架.因此对(1-21),(1-22),(1-23)中的常向量 $\boldsymbol{a},\boldsymbol{b},\boldsymbol{f}$ 还要加以一定的限制.因为

$$\begin{cases}\boldsymbol{T}(0)=\dfrac{-1}{\omega}\boldsymbol{b}+\dfrac{c}{\omega}\boldsymbol{f}\\ \boldsymbol{N}(0)=\boldsymbol{a}\\ \boldsymbol{B}(0)=\dfrac{c}{\omega}\boldsymbol{b}+\dfrac{1}{\omega}\boldsymbol{f}\end{cases}$$

其中 $\omega=\sqrt{1+c^2}$,所以标架$\{\boldsymbol{T}(0),\boldsymbol{N}(0),\boldsymbol{B}(0)\}$与标架$\{\boldsymbol{a},\boldsymbol{b},\boldsymbol{f}\}$之间的变换矩阵

$$\begin{pmatrix}0 & -\dfrac{1}{\sqrt{1+c^2}} & \dfrac{c}{\sqrt{1+c^2}}\\ 1 & 0 & 0\\ 0 & \dfrac{c}{\sqrt{1+c^2}} & \dfrac{1}{\sqrt{1+c^2}}\end{pmatrix}$$

是行列式等于 1 的正交矩阵,因此只需选取常向量标架$\{\boldsymbol{a},\boldsymbol{b},\boldsymbol{f}\}$为单位正交右旋标架就行了.

最后,由 $\dfrac{\mathrm{d}\boldsymbol{r}}{\mathrm{d}s}=\boldsymbol{T}$ 积分后就得到所求的曲线方程为

$$\boldsymbol{r}(s)=\frac{1}{\omega}\left(\int_0^s\sin\omega t(\sigma)\mathrm{d}\sigma\cdot\boldsymbol{a}-\int_0^s\cos\omega t(\sigma)\mathrm{d}\sigma\cdot\boldsymbol{b}+cs\boldsymbol{f}\right)+\boldsymbol{g}$$

其中 $\boldsymbol{g}$ 是常向量.

特别,当 $k(>0)$ 与 τ 均为常数时,$\boldsymbol{r}(s)$ 为圆柱螺线,这当然可以从上述 $\boldsymbol{r}(s)$ 的表达式通过积分求得.但也可用曲线论基本定理来证明,因为我们

事先已算得圆柱螺线 $\boldsymbol{r}_1(s)=(r\cos\omega s, r\sin\omega s, h\omega s)$ 的曲率与挠率为常数（见 §2 例 3），而除一运动外，$k(>0)$ 与 τ 又唯一地决定了曲线.

习 题

1. 证明：除直线外，一条曲线的所有切线不可能同时都是另一条曲线的切线.

2. 求平面弧长参数曲线，使它的曲率 $k(s)=\dfrac{1}{1+s^2}$.

3. 设两曲线可建立对应，使对应点有公共的主法线，则称两曲线为 Bertrand 曲线，其中一条称为另一条的共轭曲线. 证明以下曲线均为 Bertrand 曲线：

（1）平面上的同心圆；

（2）$C_1:\boldsymbol{r}_1=\dfrac{1}{2}(\cos^{-1}s-s\sqrt{1-s^2},1-s^2,0)$，

$$C_2:\boldsymbol{r}_2=\frac{1}{2}(\cos^{-1}s-s\sqrt{1-s^2}-s,1-s^2+\sqrt{1-s^2},0).$$

4. 设曲线 C_1，C_2 为 Bertrand 曲线. 证明：C_1 与 C_2 的对应点之间距离为常数，切线交定角.

5. 证明：（1）任何平面曲线都是 Bertrand 曲线；

（2）若 $k\tau\neq 0$，则空间曲线成为 Bertrand 曲线的充要条件是：存在常数 λ，$\mu(\lambda\neq 0)$，使

$$\lambda k+\mu\tau=1$$

6. 证明：若两条曲线可建立对应，使对应点的从法线重合，则这两条曲线或者重合，或者都是平面曲线.

7. 设曲线 $\boldsymbol{r}_2(t)$ 在 $\boldsymbol{r}_1(t)$ 的切线上，且 $\boldsymbol{r}_1(t)$ 与 $\boldsymbol{r}_2(t)$ 在 t 点的切线相互正交，则称 $\boldsymbol{r}_2(t)$ 为 $\boldsymbol{r}_1(t)$ 的**渐伸线**，而 $\boldsymbol{r}_1(t)$ 称为 $\boldsymbol{r}_2(t)$ 的**渐缩线**. 若 $\boldsymbol{r}_1(s)$ 为弧长参数曲线，证明

$$\boldsymbol{r}_2(s)=\boldsymbol{r}_1(s)+(c-s)\boldsymbol{T}(s),\quad \text{其中 } c \text{ 为常数}$$

8. 证明：平面曲线在同一平面内有一条渐伸线，有一条渐缩线的平面曲线是一般螺线.

9. 求圆的一条渐伸线.

10. 设 $\boldsymbol{r}(s)$ 是弧长参数曲线，$\boldsymbol{r}_1(s)$，$\boldsymbol{r}_2(s)$ 是 $\boldsymbol{r}(s)$ 的两条不同的渐伸线. 证明：$\boldsymbol{r}_1(s)$ 与 $\boldsymbol{r}_2(s)$ 是 Bertrand 曲线偶的充要条件是：$\boldsymbol{r}(s)$ 是平面曲线.

11. 设 $\boldsymbol{T}(s)$、$\boldsymbol{N}(s)$、$\boldsymbol{B}(s)$ 分别是曲线 C 的单位切向量、主法向量与从法向量，则以下曲线

$$C_1:\boldsymbol{r}=\boldsymbol{T}(s),\quad C_2:\boldsymbol{r}=\boldsymbol{N}(s),\quad C_3:\boldsymbol{r}=\boldsymbol{B}(s)$$

分别称为曲线 C 的切线、主法线与从法线的球面标线. 证明：

（1）若 s_i 为 $C_i(i=1,2,3)$ 的弧长，则

$$\left|\frac{\mathrm{d}s_1}{\mathrm{d}s}\right|=k,\quad \left|\frac{\mathrm{d}s_2}{\mathrm{d}s}\right|=\sqrt{k^2+\tau^2},\quad \left|\frac{\mathrm{d}s_3}{\mathrm{d}s}\right|=|\tau|$$

（2）切线的球面标线为常值曲线的充要条件是 C 为直线，切线的球面标线为大圆或大圆的一部分的充要条件是 C 为平面曲线；

(3) 从法线的球面标线为常值曲线的充要条件是 C 为平面曲线;

(4) 法线的球面标线永不为常值曲线.

§6 平面曲线的一些整体性质

在应用 Frenet 公式研究曲线在一点邻近处的性质时,我们把讨论的范围限制在一点的充分小邻域,这样得到的性质是曲线的局部性质.如果以曲线的全部或一段作为研究对象时,就得到曲线的整体性质.我们在这里列举曲线整体几何(或称大范围几何)的几个例子,从中可以初步看出局部和整体性质的区别和联系.

6.1 关于闭曲线的一些概念

如果可微映射$[a,b]\to E^3$ 将 t 映射为 $\boldsymbol{r}(t)$,$\boldsymbol{r}(t)$及其各阶导数在 a、b 两点相同,即

$$\boldsymbol{r}(a)=\boldsymbol{r}(b),\quad \boldsymbol{r}'(a)=\boldsymbol{r}'(b),\quad \boldsymbol{r}''(a)=\boldsymbol{r}''(b),\cdots$$

则称 $\boldsymbol{r}(t)$为**闭曲线**.如果曲线 $\boldsymbol{r}(t)$ 自身不相交,即从 $t_1\neq t_2$ 就有 $\boldsymbol{r}(t_1)\neq\boldsymbol{r}(t_2)$,则称为**简单曲线**.

特别,取 s 为闭曲线的弧长参数时,它的切向量 $\boldsymbol{T}(s)=(x'(s),y'(s),z'(s))$具有单位长,它的末端点形成了单位球面上的一条可微曲线 $\boldsymbol{T}(s)$,称它为 $\boldsymbol{r}(s)$的**切线像**.如果空间闭曲线的长度为 L,则切线像的全长为

$$K=\int_0^L|\boldsymbol{T}'(s)|\mathrm{d}s=\int_0^L k(s)\mathrm{d}s \tag{1-24}$$

我们称 K 为空间曲线 $\boldsymbol{r}(s)$的**全曲率**.

对平面闭曲线,再令 $K_r=\int_0^L k_r(s)\mathrm{d}s$,称 K_r 为平面曲线的**相对全曲率**.

对于平面闭曲线,切线像的轨迹显然落在单位球面的一个大圆弧上.反之,若一曲线的切线像落在单位球面的一个大圆弧上,则该曲线必为平面曲线.这只要将$\boldsymbol{T}(s)$具有固定平面的条件代入挠率计算公式即可得证.

考虑平面闭曲线 C:$\boldsymbol{r}(s)=(x(s),y(s))$,其中 s 为弧长参数.令 $\bar{\theta}(s)$表示$\boldsymbol{T}(s)$与 x 轴的夹角($0\leqslant\bar{\theta}<2\pi$,按逆时针方向计算).函数 $\bar{\theta}(s)$对每一 $s\in[0,L]$有定义,而在 $\bar{\theta}(s)=0$ 的那些 s 处可能不连续.我们来证明如下的

定理.

定理　设 $\bar{\theta}(s)$ 是平面曲线的切线 $\boldsymbol{T}(s)$ 与 x 轴的夹角,$0 \leqslant \bar{\theta}(s) < 2\pi$.我们可以用它来定义 $[0,L]$ 上的一个连续可微函数 $\theta(s)$,使得 $\theta(s)$ 与 $\bar{\theta}(s)$ 只相差 2π 的整数倍,即 $\theta(s) \equiv \bar{\theta}(s) (\mathrm{mod}\ 2\pi)$.

证明　在 (s,θ) 平面上曲线 $\bar{\theta}(s)$ 的不连续点把曲线分成若干条连通的弧段,按照弧段端点分属直线 $\theta=0$,$\theta=2\pi$ 的情况,它们可分成四种类型(见图 8).

由于 $\boldsymbol{T}(s)$ 是定义在闭集 $0 \leqslant s \leqslant L$ 上的连续函数,所以它是一致连续的,故可选到适当小的 δ,使得只要 s 的数值之差小于 δ 时,相应的 $\boldsymbol{T}$ 的夹角之差就小于 π.因而 $\bar{\theta}(s)$ 上的Ⅰ、Ⅱ型弧段只能是有限条.否则,这些弧段的端点就会有聚点,而在聚点附近,虽然 s 之差小于 δ,仍会使 $\boldsymbol{T}$ 的夹角之差大于 π.

现把 $\bar{\theta}(s)$ 上每条Ⅳ型的弧段下移 2π,就得到一条新的曲线 $\bar{\theta}_1(s)$,它至多只能在Ⅰ、Ⅱ型弧段的端点处才不连续,因此只能有有限个不连续点.设它们的参数依次为 $s_1, s_2, \cdots, s_k$.

现定义 $\theta(s)$ 如下.首先我们在 $[0,s_1)$ 上定义 $\theta(s)=\bar{\theta}_1(s)$.由 $\boldsymbol{T}$ 的连续性可知 $\lim\limits_{s\to s_1-0}\bar{\theta}_1(s)=\bar{\theta}_1(s_1)+2k_1\pi$,$k_1$ 是整数.再在 $[s_1,s_2)$ 上定义 $\theta(s)=\bar{\theta}_1(s)+2k_1\pi$.于是在 $[0,s_2)$ 上,$\theta(s)$ 是 s 的连续函数,且与 $\bar{\theta}(s)$ 至多只差 2π 的整数倍.依同样的方法可以在 $[0,L)$ 上定义 $\theta(s)$,最后定义 $\theta(L)=\lim\limits_{s\to L-0}\bar{\theta}(s)$.显然在 $[0,L]$ 上,$\theta(s)$ 是连续函数,且与 $\bar{\theta}(s)$ 只相差 2π 的整数倍.由于 $\boldsymbol{T}(s)=(x'(s),y'(s))=(\cos\theta(s),\sin\theta(s))$ 是可微的,可知 $\cos\theta(s)$ 和 $\sin\theta(s)$ 都是可微的,而 $\theta(s)$ 又是连续的,因此 $\theta(s)$ 也是可微的.定理证毕.

用上面定义的 $\theta(s)$,可将平面曲线 C:$\boldsymbol{r}=\boldsymbol{r}(s)$ 的切线像写成

图 8

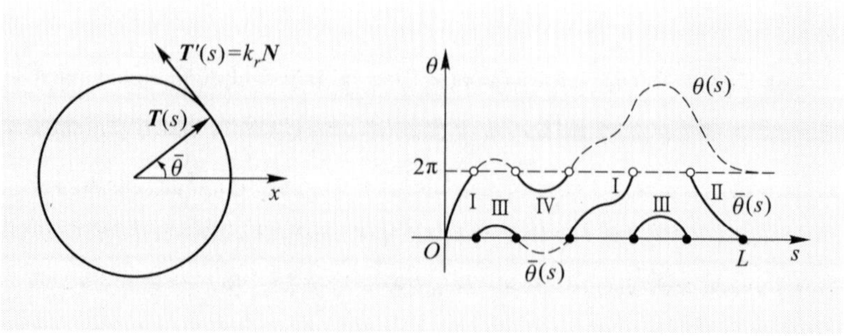

$$\boldsymbol{r}'=(x'(s),y'(s))=(\cos\theta,\sin\theta)$$

这时成立

$$k_r\boldsymbol{N}_r=\frac{\mathrm{d}\boldsymbol{T}}{\mathrm{d}s}=\frac{\mathrm{d}}{\mathrm{d}s}(\cos\theta,\sin\theta)=\theta'(-\sin\theta,\cos\theta)=\theta'\boldsymbol{N}_r$$

即得

$$\theta'=k_r$$

并且

$$K_r=\int_0^L k_r(s)\mathrm{d}s=\int_C\mathrm{d}\theta\quad(\text{沿曲线}\ \boldsymbol{r}(s)\ \text{的积分})\tag{1-25}$$

即沿着平面闭曲线走一圈时,相对全曲率就是角 θ 的总变化.

下面给出在一般参数时,求曲线的全曲率的例子.

例 求椭圆 $\boldsymbol{r}(t)=(a\cos t,b\sin t,0)$ 的全曲率.

解 我们曾经算得椭圆的曲率为

$$k(t)=\frac{ab}{(a^2\sin^2t+b^2\cos^2t)^{\frac{3}{2}}}$$

$$\frac{\mathrm{d}s}{\mathrm{d}t}=|\boldsymbol{r}'(t)|=(a^2\sin^2t+b^2\cos^2t)^{\frac{1}{2}}$$

全曲率

$$K=\int_0^L k(s)\mathrm{d}s=\int_0^{2\pi}k(s(t))\frac{\mathrm{d}s}{\mathrm{d}t}\mathrm{d}t$$

$$=4ab\int_0^{\frac{\pi}{2}}\frac{\mathrm{d}t}{a^2\sin^2t+b^2\cos^2t}=\frac{4a}{b}\int_0^{\frac{\pi}{2}}\frac{\sec^2t\mathrm{d}t}{1+\left(\frac{a}{b}\right)^2\tan^2t}$$

令 $u=\frac{a}{b}\tan t$,则 $\mathrm{d}u=\frac{a}{b}\sec^2t\mathrm{d}t$,得 $K=4\int_0^{\infty}\frac{\mathrm{d}u}{1+u^2}=4\cdot\frac{\pi}{2}=2\pi$.

6.2 切线的旋转指标定理

对于平面闭曲线 C,设 $\theta(s)$ 是从 x 轴正向到 s 处切向量 $\boldsymbol{T}(s)$ 的交角,从 6.1 节知道,可取 $\theta(s)$ 为 s 的连续可微函数,如果 L 为 C 的周长,因 $\boldsymbol{T}(0)=\boldsymbol{T}(L)$,故 $\theta(L)-\theta(0)$ 必为 2π 的整数倍,即曲线 C 的切线像 $\boldsymbol{T}(s)$ 在单位圆上环绕原点绕了若干圈(逆时针旋转时,圈数为正;顺时针旋转时,圈数为负).

定义 平面闭曲线 C 的切线像在单位圆上环绕原点 O 所绕的圈数 i_r 称为 C 的**旋转指标**(见图 9 中的例子).

显然,由旋转指标的定义中可以看出

图 9

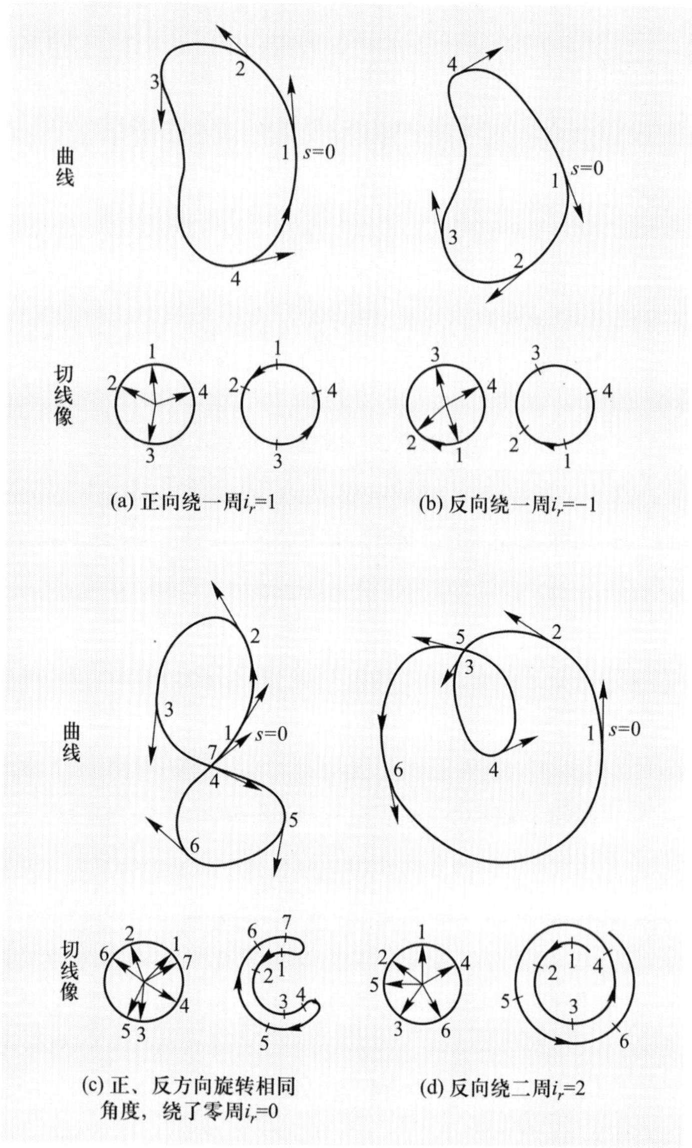

$$i_r = \frac{\theta(L) - \theta(0)}{2\pi} = \frac{1}{2\pi}\int_0^L \theta'(s)\mathrm{d}s = \frac{1}{2\pi}\int_C k_r \mathrm{d}s$$

从图 9 中的(a)、(b)看到，它们都是简单闭曲线，旋转指标是±1；曲线方向相反时，旋转指标取相反数；如果闭曲线有自交点，i_r 就不一定为±1. 一般地，我们有下述定理.

定理　简单闭曲线 C 的旋转指标等于±1.

证明　在曲线 C 上总可取到一点 O，使得整个曲线 C 都位于 O 点处切线的一侧.再取一个平面直角坐标系$\{O;xy\}$,使得原点为O,x轴的正向为曲线C在O点的切向.先不妨设曲线C位于上半平面①.在此坐标系下,曲线C的方程设为$\boldsymbol{r}=\boldsymbol{r}(s)$,其中$s$为弧长,$0\leqslant s\leqslant L$,$L$为$C$的周长.

在C上任取两点P、Q(见图10),设它们的弧长参数分别为u,v,其中$0\leqslant u\leqslant v\leqslant L$.如果$P$、$Q$是两个不同的点,作向量$\overrightarrow{PQ}$;如果$P=Q$,则作曲线$C$在$P$点的切向量$\boldsymbol{T}(u)$.于是在$(u,v)$平面的区域$\Delta=\{(u,v)\mid 0\leqslant u\leqslant v\leqslant L\}$上就可作出如下连续的单位向量函数$\boldsymbol{a}(u,v)$为

$$\boldsymbol{a}(u,v)=\begin{cases}\dfrac{\overrightarrow{PQ}}{|\overrightarrow{PQ}|}, & \text{当 } 0\leqslant u<v\leqslant L \text{ 时}\\ \boldsymbol{T}(u), & \text{当 } u=v \text{ 时}\\ -\boldsymbol{T}(0), & \text{当 } u=0,v=L \text{ 时}\end{cases}$$

令$\bar{\alpha}(u,v)(0\leqslant\bar{\alpha}\leqslant 2\pi)$为$x$轴正向到$\boldsymbol{a}(u,v)$的夹角,则$\bar{\alpha}(u,v)$为定义在区域$\Delta$上的函数,但它不一定连续.但是我们可以证明下列引理.

引理 可利用$\bar{\alpha}$作出Δ上的连续可微函数$\alpha(u,v)$,使得$\alpha(u,v)$和$\bar{\alpha}(u,v)$只相差2π的整数倍,即

$$\alpha(u,v)\equiv\bar{\alpha}(u,v)\ (\mathrm{mod}\ 2\pi)$$

因为引理的证明较长,我们将在最后证明这个引理.现在我们欲利用此引理中所得到的连续可微函数$\alpha(u,v)$去计算曲线的旋转指标.

因为$\boldsymbol{a}(u,u)$是曲线C在u处的切向量$\boldsymbol{T}(u)$,所以

$$\alpha(u,u)=\theta(u)$$

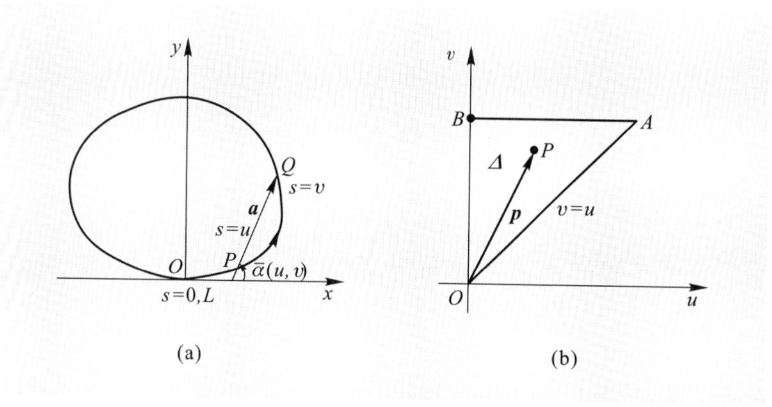

图 10

① 这时闭曲线C的方向是逆时针方向.

故

$$2\pi i_r = \theta(L)-\theta(0) = \int_0^L \mathrm{d}\theta = \int_{\overline{OA}} \mathrm{d}\alpha \quad \text{（线积分）}$$

由于 α 是在区域 Δ 上的连续可微函数，所以

$$\frac{\partial}{\partial v}\left(\frac{\partial \alpha}{\partial u}\right) = \frac{\partial}{\partial u}\left(\frac{\partial \alpha}{\partial v}\right)$$

因此对区域 Δ 应用 Green 公式后就可得到

$$\int_{\overline{OA}+\overline{AB}+\overline{BO}} \mathrm{d}\alpha = \iint_{\Delta}\left[\frac{\partial}{\partial u}\left(\frac{\partial \alpha}{\partial v}\right) - \frac{\partial}{\partial v}\left(\frac{\partial \alpha}{\partial u}\right)\right]\mathrm{d}u\mathrm{d}v = 0$$

于是

$$2\pi i_r = \int_{\overline{OA}} \mathrm{d}\alpha = \int_{\overline{OB}} \mathrm{d}\alpha + \int_{\overline{BA}} \mathrm{d}\alpha$$

先来计算 $\int_{\overline{OB}} \mathrm{d}\alpha$. 因为沿着 $\overline{OB}$，$u=0$，v 从 0 变到 L，所以

$$\int_{\overline{OB}} \mathrm{d}\alpha = \int_{v=0}^{v=L} \mathrm{d}\alpha(0,v)$$

但 $\alpha(0,v)$ 表示图 11(a) 中 x 轴正向到 $\overrightarrow{OQ}$ 的夹角，当 v 从 0 变到 L 时，相当于 Q 点从 O 点沿曲线方向旋转一周，因为 $\boldsymbol{r}(s)$ 在上半平面，$\overrightarrow{OQ}$ 不会指向下半平面，它从 $\boldsymbol{a}(0,0)=\boldsymbol{T}(0)$ 旋转到

$$\boldsymbol{a}(0,L) = -\boldsymbol{T}(0)$$

于是

$$\int_{\overline{OB}} \mathrm{d}\alpha = \int_{v=0}^{v=L} \mathrm{d}\alpha(0,v) = \pi$$

同理，$\int_{\overline{BA}} \mathrm{d}\alpha = \int_{u=0}^{u=L} \mathrm{d}\alpha(u,L)$. 当图 11(b) 中的 P 点从 O 点沿曲线方向旋转一周时，$\overrightarrow{PO}$ 总是指向下半平面，它从

$$\boldsymbol{a}(0,L) = -\boldsymbol{T}(0)$$

旋转到

$$\boldsymbol{a}(L,L) = \boldsymbol{T}(L) = \boldsymbol{T}(0)$$

于是

$$\int_{\overline{BA}} \mathrm{d}\alpha = \int_{u=0}^{u=L} \mathrm{d}\alpha(u,L) = \pi$$

因此

$$2\pi i_r = \int_{\overline{OB}} \mathrm{d}\alpha + \int_{\overline{BA}} \mathrm{d}\alpha = \pi + \pi = 2\pi$$

即

$$i_r = 1$$

如果曲线 C 位于下半平面①,则同样可得 $i_r = -1$.定理证毕.

下面我们给出引理的证明②.

对每点 $P \in \Delta$,我们用 $\boldsymbol{p}$ 表示向量$\overrightarrow{OP}$,在不致混淆的情况下,我们常用向量 $\boldsymbol{p}$ 来代表点 P.

前面我们曾利用曲线的切线与固定直线的夹角 $\bar{\theta}(0 \leqslant \bar{\theta} < 2\pi)$ 来定义连续可微函数 θ.按照同样的方法,对每点 $\boldsymbol{p} \in \Delta$,在线段$\overline{OP}$上,利用 $\bar{\alpha}(s\boldsymbol{p})$, $0 \leqslant s \leqslant 1$,可定义连续可微的函数 α.这样,α 就在 Δ 上的每一点 $\boldsymbol{p}$ 有了定义.下面要证明函数 $\alpha(\boldsymbol{p})$ 在任一点 $\boldsymbol{p}_0 \in \Delta$ 处连续.也就是说,对任何 $\varepsilon > 0$,要去找到 $\delta > 0$,使得当 $|\boldsymbol{p} - \boldsymbol{p}_0| < \delta$ 时,可推出 $|\alpha(\boldsymbol{p}) - \alpha(\boldsymbol{p}_0)| < \varepsilon$.我们分几步来讨论.

(i) 我们要证明必可找到数 $\eta > 0$,使对线段$\overline{OP_0}$上每点 $s\boldsymbol{p}_0 (0 \leqslant s \leqslant 1)$,只要 $|\boldsymbol{p}' - s\boldsymbol{p}_0| < \eta$,则 $\boldsymbol{a}(\boldsymbol{p}')$ 与 $\boldsymbol{a}(s\boldsymbol{p}_0)$ 的夹角小于 $\frac{\pi}{2}$ (见图 12).

为此,我们用反证法.如果这样的数 η 不存在,则对任何一列趋于 0 的数 $\{\eta_i\}$,总有点列 $\boldsymbol{p}_i \in \overline{OP_0}$,使得以 $\boldsymbol{p}_i$ 为中心,η_i 为半径的圆内总有一点

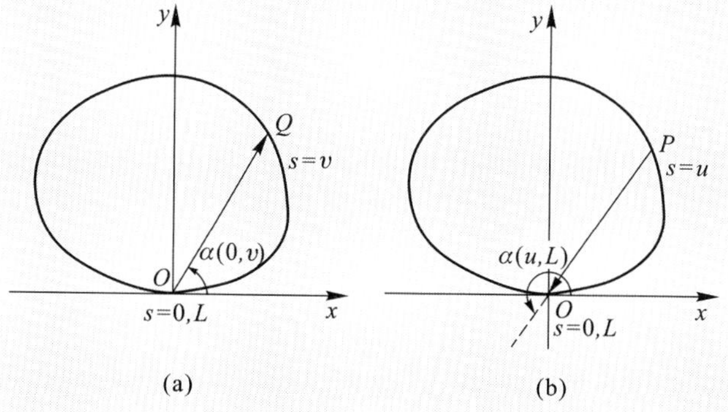

图11

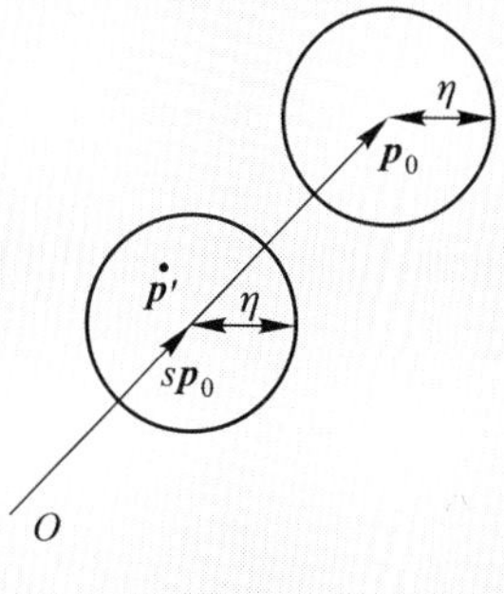

图12

① 这时闭曲线 C 的方向是顺时针方向.

② 引理的证明部分在初读时可以略去.

$\boldsymbol{p}'_i$,使得 $\boldsymbol{a}(\boldsymbol{p}'_i)$ 和 $\boldsymbol{a}(\boldsymbol{p}_i)$ 的夹角 $\geqslant \frac{\pi}{2}$.但因为 $\overline{OP_0}$ 是闭区间,所以在 $\{\boldsymbol{p}_i\}$ 中必可选到收敛子序列,仍记为 $\{\boldsymbol{p}_i\}$,且使 $\boldsymbol{p}_i \to \boldsymbol{p}^* \in \overline{OP_0}$,显然由 $\eta_i \to 0$ 知道,这时 $\boldsymbol{p}'_i \to \boldsymbol{p}^*$.即在点 $\boldsymbol{p}^*$ 的无限邻近处总存在着点 $\boldsymbol{p}'$,使得 $\boldsymbol{a}(\boldsymbol{p}')$ 与 $\boldsymbol{a}(\boldsymbol{p}^*)$ 的夹角 $\geqslant \frac{\pi}{2}$.但另一方面根据 $\boldsymbol{a}(\boldsymbol{p})$ 的连续性,知道在 $\boldsymbol{p}^*$ 点必能找到数 $\eta^* > 0$,使当 $|\boldsymbol{p}' - \boldsymbol{p}^*| < \eta^*$ 时,$\boldsymbol{a}(\boldsymbol{p}')$ 与 $\boldsymbol{a}(\boldsymbol{p}^*)$ 的夹角小于 $\frac{\pi}{2}$,这就引起了矛盾.

(ii) 因为 $\boldsymbol{a}(\boldsymbol{p})$ 在 Δ 上连续,所以必存在以 $\boldsymbol{p}_0$ 为中心,半径为 δ(不妨取 $\delta < \eta$)的一个小圆,使得对圆内的点 $\boldsymbol{p}$,$\boldsymbol{a}(\boldsymbol{p})$ 与 $\boldsymbol{a}(\boldsymbol{p}_0)$ 的夹角小于 ε,即当 $|\boldsymbol{p} - \boldsymbol{p}_0| < \delta$ 时,有

$$\alpha(\boldsymbol{p}) - \alpha(\boldsymbol{p}_0) = 2n\pi + \varepsilon_1 \tag{1-26}$$

其中 $|\varepsilon_1| < \varepsilon$,而 n 是一个(与 $\boldsymbol{p}$ 有关的)整数.

(iii) 现在将(ii)中的 $\boldsymbol{p}$ 点固定,再作函数.

$$\Phi(s) = \alpha(s\boldsymbol{p}) - \alpha(s\boldsymbol{p}_0)$$

其中 $0 \leqslant s \leqslant 1$. 显然 $\Phi(s)$ 为 s 的连续函数,而且 $\Phi(1) = 2n\pi + \varepsilon_1$,$\Phi(0) = 0$(见图 13).如果 $n \neq 0$(不妨设 $n > 0$),则如图 13 所示,必有 $0 < s^* < 1$,使得 $\Phi(s^*) = \frac{\pi}{2}$,即 $\alpha(s^*\boldsymbol{p}) - \alpha(s^*\boldsymbol{p}_0) = \frac{\pi}{2}$,也就是说 $\boldsymbol{a}(s^*\boldsymbol{p})$ 与 $\boldsymbol{a}(s^*\boldsymbol{p}_0)$ 的夹角为 $\frac{\pi}{2}$. 但因为

$$|s^*\boldsymbol{p} - s^*\boldsymbol{p}_0| = s^* |\boldsymbol{p} - \boldsymbol{p}_0| \leqslant |\boldsymbol{p} - \boldsymbol{p}_0| < \delta < \eta$$

所以由(i)知道,$\boldsymbol{a}(s^*\boldsymbol{p})$ 与 $\boldsymbol{a}(s^*\boldsymbol{p}_0)$ 的夹角应小于 $\frac{\pi}{2}$(见图 14).从而得出矛盾.因此 $n = 0$,故由(1-26)得到

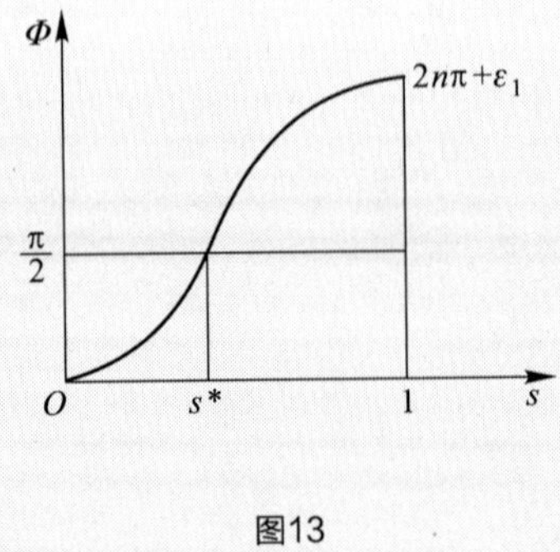

图13

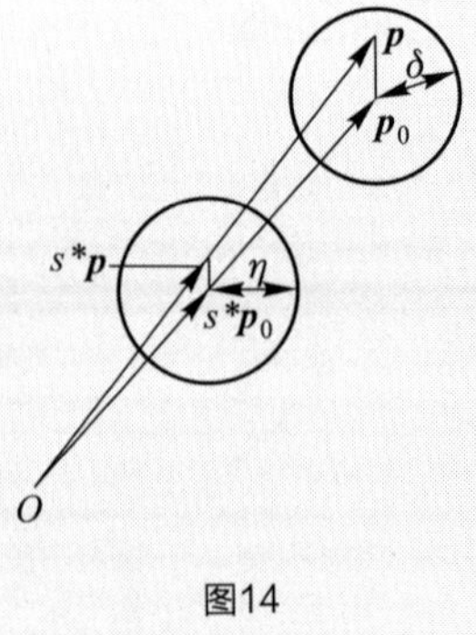

图14

$$|\alpha(\boldsymbol{p})-\alpha(\boldsymbol{p}_0)|=|\varepsilon_1|<\varepsilon$$

这样就证得了函数 $\alpha(\boldsymbol{p})$ 在区域 Δ 上是连续的.至于 α 的可微性的证明方法与 θ 的可微性完全相同.引理证毕.

我们已证明了当简单光滑闭曲线的方向是逆时针方向时,切向量绕此闭曲线一周的转角为 2π.对分段光滑的曲线也有类似的结果.

定理 设分段光滑闭曲线 C 是由若干段光滑曲线 $C_1,\cdots,C_n$ 所组成,在角点 $A_1,\cdots,A_n$ 处曲线 C 的外角分别为 $\theta_1,\cdots,\theta_n$ (见图 15),则

$$\sum_{i=1}^{n}\int_{C_i}\mathrm{d}\theta+\sum_{i=1}^{n}\theta_i = 2\pi$$

其中 $\theta(s)$ 是从 x 轴正向到曲线 C_i 上每点的切向量的正向夹角,在每一段弧 C_i 上(不包括角点),$\theta(s)$ 可取为可微分函数.

证明 为确定起见,设 C 的方向是逆时针方向.在每一角点 A_i 的近旁取点 $P_i\in C_{i-1}$(当 $i=1$ 时,取 $P_1\in C_n$),点 $Q_i\in C_i$.作一条在 P_i,Q_i 点与 C 相切的光滑曲线 $\widehat{P_iQ_i}$,并用它来代替 $\widehat{P_iA_i}+\widehat{A_iQ_i}$.且简记弧 C_i 中的 $\widehat{Q_iP_{i+1}}$ 部分(当 $i=n$ 时,记 $\widehat{Q_nP_1}$ 为 C_n')为 C_i',于是分段光滑曲线 C 被光滑曲线

$$C':\quad \widehat{P_1Q_1}+C_1'+\widehat{P_2Q_2}+C_2'+\cdots+\widehat{P_nQ_n}+C_n'$$

所代替.由光滑曲线的旋转指标定理知道,C' 的切向量绕 C' 一周后转角为 2π,即切向量

沿 $\widehat{P_1Q_1}$ 的转角 + 沿 C_1' 的转角 + ⋯ + 沿 $\widehat{P_nQ_n}$ 的转角 + 沿 C_n' 的转角 $=2\pi$

设 P_i 点的切线与 Q_i 点的切线相交所成的外角为 θ_i'(见图 15).于是 C' 的切向量沿 $\widehat{P_iQ_i}$ 的转角为 θ_i',因此

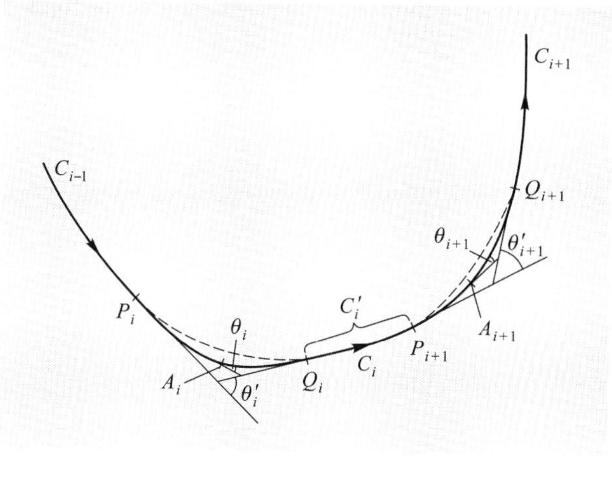

图 15

$$\theta_1' + \text{切向量沿 } C_1' \text{的转角} + \cdots + \theta_n' + \text{切向量沿 } C_n' \text{的转角} = 2\pi \tag{1-27}$$

当点 $P_i, Q_i \to$ 点 A_i 时,显然有 $\theta_i' \to \theta_i$,切向量沿 C_i' 的转角→切向量沿 C_i 的转角,所以对(1-27)式取极限后得到

$$\theta_1 + \text{切向量沿 } C_1 \text{ 的转角} + \cdots + \theta_n + \text{切向量沿 } C_n \text{ 的转角} = 2\pi$$

因为切向量沿 C_i 的转角为 $\int_{C_i} \mathrm{d}\theta$,所以上式即为

$$\sum_{i=1}^{n} \int_{C_i} \mathrm{d}\theta + \sum_{i=1}^{n} \theta_i = 2\pi$$

定理证毕.

*6.3 凸曲线

如果一曲线在其每点切线的一侧,则称此曲线为**凸的**.

定理 平面简单闭曲线 C 是凸的充要条件为 $k_r(s)$ 不变号.

证明 设 $\theta(s)$ 为 6.1 节中定义的函数.因 $k_r(s) = \frac{\mathrm{d}\theta}{\mathrm{d}s}$,所以 k_r 不变号等价于 θ 单调(增加或减少).

充分性:若 θ 单调,而 C 非凸,此时 C 上存在一点 A,使得 C 在 A 点的切线 t 的两侧都有点(图 16).因 C 是闭的,选取 t 的正侧并考虑从 C 的一点到 t 的有向垂距 $p(s)$,$p(s)$ 是 s 的连续函数.所以必存在 C 上的点 B_1、B_2 使得 p 达到极大和极小.显然 B_1、B_2 在 t 的两侧,而且 C 在点 B_1、B_2 处切线 t_1、t_2 平行于 t.

A、B_1、B_2 三点中,必有两点的切线 $\boldsymbol{T}(s)$ 指向相同.设这两点对应的弧长参数为 s_1 和 s_2,$s_1<s_2$.因为 $\boldsymbol{T}(s_1)=\boldsymbol{T}(s_2)$,所以 $\theta(s_2)=\theta(s_1)+2n\pi$.由平面简单闭曲线旋转指标定理得知,角 θ 在 $[0,L]$ 上的变化不超过 2π,这里 L 表示 C 的长度.故 $n=-1,0$,或 1.

若 $n=0$,则 $\theta(s_1)=\theta(s_2)$.由 θ 的单调性,知 θ 在 $[s_1,s_2]$ 上为常数.

若 $n=\pm 1$,仍因 θ 在 $[0,L]$ 上的变化不超过 2π,知 θ 在 $[0,s_1]$ 与 $[s_2,L]$ 上只能等于常数.

不管哪种情况,在 s_1、s_2 所对应的 C 上的两点之间,必有一段弧是直线段,因而在这两点的切线相同.但 t、t_1 与 t_2 是三条不同直线,得出矛盾.故曲线是凸的.

必要性:设曲线为凸的.如果 θ 不单调,则存在三点 $s_1<s_0<s_2$,使得 $\theta(s_1)=\theta(s_2)\neq\theta(s_0)$.因 C 是平面简单闭曲线,它的切线像是整个单位圆,

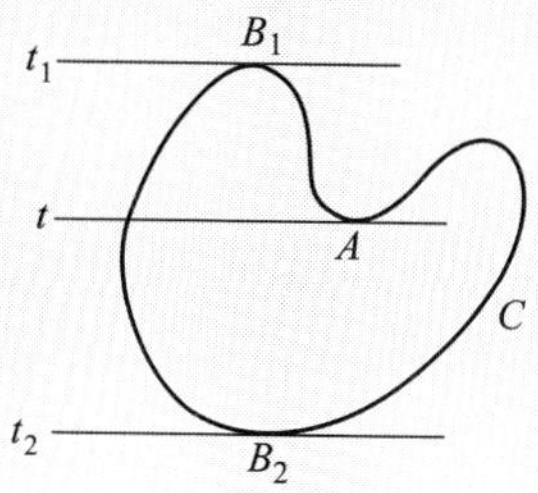

图16

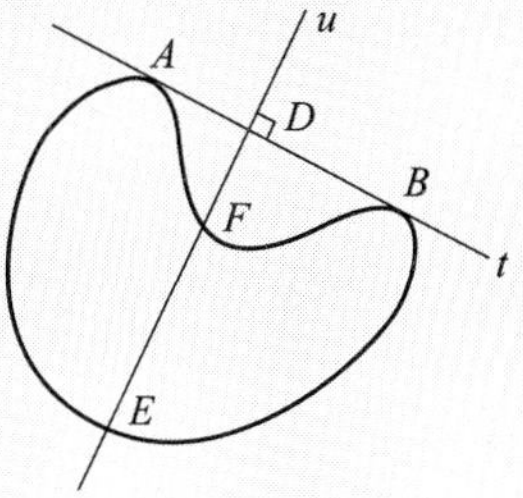

图17

所以必存在 s_3,使得 $\boldsymbol{T}(s_3)=-\boldsymbol{T}(s_1)=-\boldsymbol{T}(s_2)$,即在 s_1、s_2、s_3 处切线相互平行.如果这三条切线互不重合,则中间一条切线的两侧各有曲线 C 上的点,而与 C 的凸性相矛盾,于是这三条切线中必有两条重合,因此曲线 C 上存在两点 A,B 落在同一条切线 t 上.若 D 点在线段 AB 上,而不在 C 上.过 D 点作直线 u 垂直于 t (见图 17),u 不可能是 C 的切线,否则 A,B 两点分别处于直线 u 的两侧,这与 C 是凸曲线相矛盾.于是 u 至少交 C 于两点,记为 E,F,并设 F 靠 D 更近些.因为 F 点在 $\triangle ABE$ 之中,所以过 F 点的任何直线都不能使三角形的三个顶点 A、B、E 位于直线的一侧.因此在 F 处的切线的两侧都有曲线 C 上的点,这与 C 是凸曲线相矛盾.由此可见,AB 上的点均在 C 上,并且 A、B 处的切线同向.因此 A、B 对应的弧长参数只能是 s_1、s_2.显然对所有的 $s\in(s_1,s_2)$,$\theta(s)\equiv\theta(s_1)$,这与 $\theta(s_1)=\theta(s_2)\neq\theta(s_0)$,$s_1<s_0<s_2$ 相矛盾,于是 θ 必为单调.定理证毕.

*6.4 等周不等式

所有等周长的平面简单闭曲线中,什么曲线所围成的面积最大?人们很早就知道它是圆周.但是直到 1870 年才由 Weierstrass 用变分法对这个事实给出了第一个严格的证明.

等周不等式 设 C 是长 L 的平面简单闭曲线,A 是 C 所围区域的面积,则

$$L^2-4\pi A\geqslant 0$$

等号当且仅当 C 是圆周时成立.

证明 设 e_1、e_2 是不与闭曲线 C 相交的任意两条平行线.将它们平移到刚好与 C 相交的位置,得到 C 的两条平行切线 l_1 与 l_2 (见图 18).它们将 C 夹在中间的带状区域.作一圆 S^1 与 l_1、l_2 相切,而不与 C 相交.设 S^1 的半径

图 18

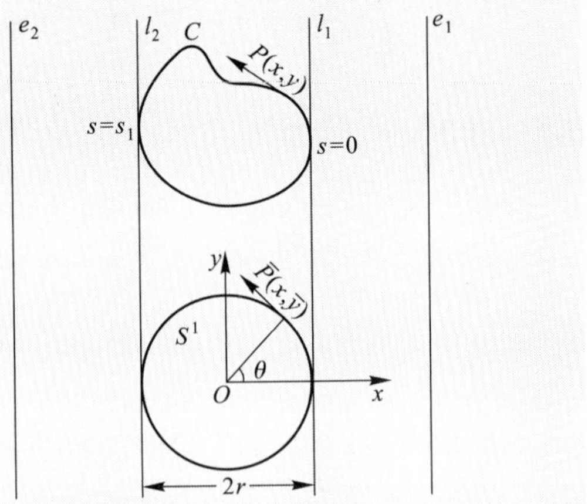

为 r. 证明的基本想法是比较曲线 C 与圆周 S^1 所围区域的面积.为此将坐标原点取在 S^1 的圆心 O,而 x 轴正交于 l_1、l_2.使曲线 C:$\boldsymbol{r}(s)=(x(s),y(s))$的定向为正的,且 l_1、l_2 的切点参数值分别为 $s=0$ 及 $s=s_1$.圆 S^1 的方程为 $\bar{\boldsymbol{r}}(s)=(\bar{x}(s),\bar{y}(s))=(x(s),\bar{y}(s))$,$s\in[0,L]$,面积为

$$\bar{A}=\pi r^2=-\int_0^L \bar{y}x'\mathrm{d}s$$

而 $A=\int_0^L xy'\mathrm{d}s$.对向量(x',y')与$(-\bar{y},x)$的内积用 Schwarz 不等式,得

$$|(x',y')\cdot(-\bar{y},x)|\leqslant|(x',y')|\cdot|(-\bar{y},x)|$$

再利用 $x^2+\bar{y}^2=r^2$ 及 $x'^2+y'^2=1$ 就有

$$\begin{aligned}A+\pi r^2&=\int_0^L(xy'-\bar{y}x')\mathrm{d}s\leqslant\int_0^L|xy'-\bar{y}x'|\mathrm{d}s\\&=\int_0^L|(x',y')\cdot(-\bar{y},x)|\mathrm{d}s\leqslant\int_0^L|(-\bar{y},x)|\mathrm{d}s\\&=r\int_0^L\mathrm{d}s=Lr\end{aligned}$$

利用两个正数的几何平均值不超过算术平均值,可得

$$\sqrt{A\cdot\pi r^2}\leqslant\frac{A+\pi r^2}{2}\leqslant\frac{Lr}{2}$$

即 $4\pi A\leqslant L^2$,这就是等周不等式.

要使 $L^2=4\pi A$ 成立,上述推导过程的不等号均应取等号.对于平均值不等式,就有 $A=\pi r^2$,从而 $L=2\pi r$.而当 Schwarz 不等式取等号时,其中出现的两个向量必线性相关,即存在数 c,使

$$(-\bar{y},x)=c(x',y')$$

其模长

$$r=\sqrt{x^2+\bar{y}^2}=|c|\cdot\sqrt{x'^2+y'^2}=|c|$$

于是

$$(-\bar{y},x)=\pm r(x',y') \tag{1-28}$$

又由$\begin{cases}x=r\cos\theta\\ \bar{y}=r\sin\theta\end{cases}$知道

$$\begin{cases}\dfrac{\mathrm{d}x}{\mathrm{d}\theta}=-r\sin\theta=-\bar{y}\\[2ex] \dfrac{\mathrm{d}\bar{y}}{\mathrm{d}\theta}=r\cos\theta=x\end{cases}$$

因此(1-28)可改写成

$$\frac{1}{r}\left(\frac{\mathrm{d}x}{\mathrm{d}\theta},\frac{\mathrm{d}\bar{y}}{\mathrm{d}\theta}\right)=\pm\left(\frac{\mathrm{d}x}{\mathrm{d}s},\frac{\mathrm{d}y}{\mathrm{d}s}\right)$$

即

$$\frac{1}{r}\frac{\mathrm{d}x}{\mathrm{d}\theta}=\pm\frac{\mathrm{d}x}{\mathrm{d}s},\quad \frac{1}{r}\frac{\mathrm{d}\bar{y}}{\mathrm{d}\theta}=\pm\frac{\mathrm{d}y}{\mathrm{d}s}$$

从而得到

$$r\mathrm{d}\theta=\pm\mathrm{d}s,\quad \frac{\mathrm{d}\bar{y}}{\mathrm{d}s}=\frac{\mathrm{d}y}{\mathrm{d}s}$$

因此$\bar{y}=y+h$,其中h为常数.即闭曲线C仅与圆S^1差一个沿y轴方向的平移,因此C是一个半径为r的圆.证毕.

*6.5 四顶点定理

在平面简单闭曲线C上,如果k_r处处不变号,且不为0,则称C为**卵形线**.显然,由于$\dfrac{\mathrm{d}\theta}{\mathrm{d}s}=k_r$处处不变号,且不为0,$\theta$为$s$的严格单调函数,因而从6.3节关于凸曲线的定理知道,卵形线必为凸闭曲线.对卵形线,我们有下列引理.

引理 设P_1、P_2是卵形线C上任意两个不同点,l为连接P_1、P_2两点的直线,则

(i) l不是C的切线;

(ii) l上除了P_1、P_2两点外,无C上其他的点.

即l把除掉了P_1、P_2两点后的曲线C分成两部分:C_1及C_2,C_1位于l的一

侧的半开平面中，而 C_2 位于 l 的另一侧的半开平面中.

证明 (i) 如果 l 是卵形线 C 上某点 P 处的切线，则整个卵形线 C 应在 l 的一侧，但 P_1、P_2 点又要在此线上，所以 l 亦为 C 在 P_1 及 P_2 点的切线(图 19).由 6.3 节中定理最后部分的证明知道:线段 P_1P 及 PP_2 必须是卵形线的一部分.但这又与$k_r>0$的性质矛盾，所以 P_1P_2 不能是 C 的切线.

(ii) 如 l 上尚有 C 上的另一点 P，由(i)知，直线 P_1P_2 不能是 P 点的切线.在 P_1、P_2、P 三点中，取中间的一点(在图 20 中是 P 点)，并过此点作 C 的切线 t，则其他两点必居于 t 的两侧，这与曲线 C 的凸性相矛盾.引理证毕.

下面我们来介绍卵形线的四顶点定理.

平面曲线的**顶点**是指使相对曲率的导数为 0 的点，即为 $k_r(s)$ 的逗留点.不等轴椭圆恰有四个顶点，就是它与轴的交点.卵形线上存在两点使 k_r 分别达到最大与最小值，于是至少有两个顶点.因为这两点是极值点，所以当越过这两点时，$k_r'(s)$ 要改变符号.现在来证明下面的定理.

四顶点定理 卵形线 C 至少有四个顶点.

证明 假设 C 上只有两个顶点，则它们必为使 $k_r(s)$ 取到最大、最小值的点，记为 P_1、P_2. 如果 $k_r(s)\neq$常数(若 $k_r(s)$ 为常数，则 C 为圆，就有无穷个顶点了)，必有 $P_1\neq P_2$.于是由上述引理知道:设连接 P_1、P_2 两点的直线 l 的方程为 $\boldsymbol{n}\cdot\boldsymbol{r}-a=0$(其中 $\boldsymbol{n}$ 是 $\boldsymbol{l}$ 的法向量)，l 把平面分成两部分:

$$\pi_1:\quad \boldsymbol{n}\cdot\boldsymbol{r}-a>0$$

$$\pi_2:\quad \boldsymbol{n}\cdot\boldsymbol{r}-a<0$$ (见图 21)

卵形线 C 也被 l 分成两部分，位于 π_1、π_2 中的开曲线弧分别为 C_1、C_2.

因为由假设，在 C_1、C_2 上均无 $k_r'(s)$的零点，所以 $k_r'(s)$在 C_1、C_2 上均不变号.不失一般性，可假设在开曲线弧 C_1 上 $k_r'(s)>0$，而在开曲线弧 C_2 上 $k_r'(s)<0$，于是不论在 C_1 或 C_2 上，总有

$$k_r'(s)[\boldsymbol{n}\cdot\boldsymbol{r}(s)-a]>0$$

所以沿曲线 C 积分后得到

$$\begin{aligned}
0 &< \int_C k'_r(s)[\boldsymbol{n}\cdot\boldsymbol{r}(s)-a]\mathrm{d}s = \int_C[\boldsymbol{n}\cdot\boldsymbol{r}(s)-a]\mathrm{d}k_r(s)\\
&= k_r[\boldsymbol{n}\cdot\boldsymbol{r}(s)-a]\Big|_0^L-\int_C k_r\boldsymbol{n}\cdot\boldsymbol{r}'\mathrm{d}s\\
&= k_r(0)[\boldsymbol{n}\cdot\boldsymbol{r}(L)-a-\boldsymbol{n}\cdot\boldsymbol{r}(0)+a]-\int_C k_r\boldsymbol{n}\cdot\boldsymbol{T}\mathrm{d}s\\
&= \int_C \boldsymbol{n}\boldsymbol{N}'\mathrm{d}s = \boldsymbol{n}\cdot[\boldsymbol{N}(L)-\boldsymbol{N}(0)] = 0 \qquad (1\text{-}29)
\end{aligned}$$

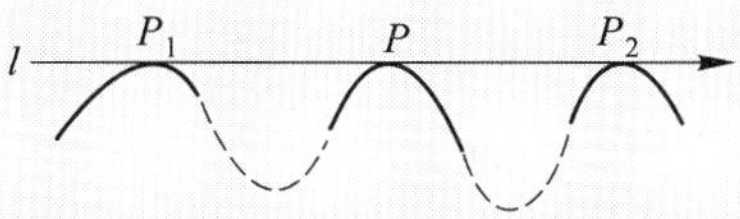

图19

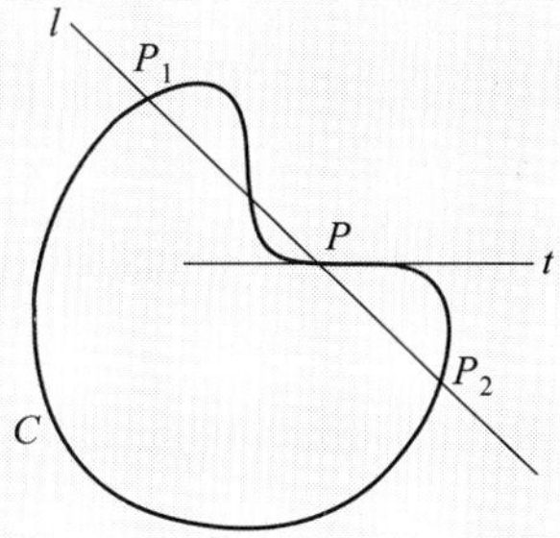

图20

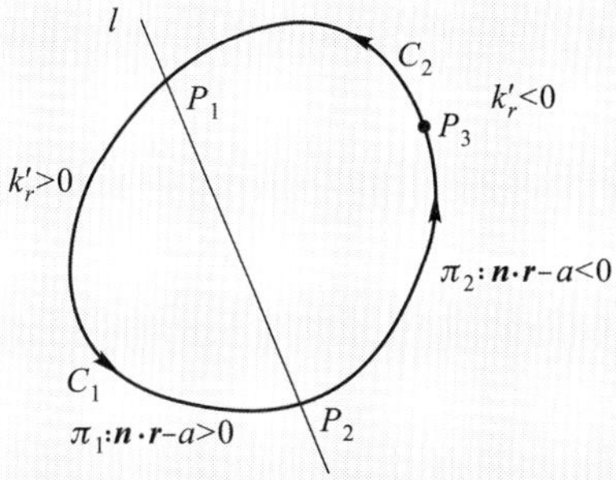

图21

(这里 L 是卵形线 C 的周长),这就得出矛盾.所以 C 上不可能只有两个顶点.

但 C 上也不可能只有三个顶点.事实上,如 C 上除 P_1、P_2 两点外还有唯一的一个顶点 P_3,不妨设 P_3 在 C_2 上.因为经过 P_1、P_2 两点时,$k_r'(s)$都要改变符号,所以在$\widehat{P_2P_3}$及$\widehat{P_3P_1}$两段上都有 $k_r'(s)<0$,因此经过 P_3 点时,$k_r'(s)$不应该改变符号.于是在 C_2 上的各点应有 $k_r'(s)\leqslant 0$.所以从(1-29)式仍将引起矛盾(因为在 C_1 上仍有$k_r'(s)>0$).所以在 C 上至少要有四个顶点.定理证毕.

* 6.6 Cauchy-Crofton 公式

设平面上有一条曲线 C,它的长度为 L,对平面上任意一条直线 l,记 $n(l)$为直线 l 与曲线 C 的交点数.在直角坐标系$\{O;xy\}$下,直线 l 的法式方程为

$$x\cos\theta+y\sin\theta=p \tag{1-30}$$

其中 $p\geqslant 0, 0\leqslant\theta<2\pi$，所以每条直线 l 能用 (θ,p) 平面 E^2 上一点来表示.这样交点数 $n(l)$ 就可视为一个二元函数 $n(\theta,p)$.

现在我们来讨论计算曲线弧长的 Cauchy-Crofton 公式.

Cauchy-Crofton 公式

$$\iint_{E^2} n(\theta,p)\,\mathrm{d}\theta\mathrm{d}p = 2L \tag{1-31}$$

所有与曲线 C 相交的直线 l 所相应的点 (θ,p) 形成了 (θ,p) 平面上的一个区域，记为 D，由于在 D 外 $n(\theta,p)=0$，因此(1-31)式即为

$$\iint_{D} n(\theta,p)\,\mathrm{d}\theta\mathrm{d}p = 2L \tag{1-32}$$

证明　我们分几步来讨论.

1° 首先设曲线 C 为位于 x 轴上从 $\left(-\frac{1}{2}L,0\right)$ 到 $\left(\frac{1}{2}L,0\right)$ 的直线段.从图 22(a)，(b)，(c)，(d) 可见，D 的范围为

$$0\leqslant p\leqslant\frac{L}{2}|\cos\theta|$$

其中

$$0\leqslant\theta<2\pi$$

(即图 23 中的阴影区域).

再考虑到，对 D 中的点应有 $n(\theta,p)=1$，所以

$$\iint_{E^2} n(\theta,p)\,\mathrm{d}\theta\mathrm{d}p = \iint_{D} n(\theta,p)\,\mathrm{d}\theta\mathrm{d}p = \iint_{D}\mathrm{d}\theta\mathrm{d}p$$

$$= 4\int_0^{\frac{\pi}{2}}\frac{L}{2}|\cos\theta|\,\mathrm{d}\theta = 4\cdot\frac{L}{2}\cdot 1 = 2L$$

2° 设曲线 C 仍为长 L 的直线段，但不一定位于 x 轴上，则可作新的直角系 $\{\bar{O};\overline{xy}\}$，使 $\bar{O}$ 为直线段 C 的中点，$\bar{x}$ 轴与 C 一致(见图 24).由 1° 知 $\iint_{\bar{D}}\mathrm{d}\bar{\theta}\mathrm{d}\bar{p}=2L$，另一方面，设新老坐标系之间的变换为

$$\begin{cases}\bar{x}=x\cos\alpha+y\sin\alpha+a\\ \bar{y}=-x\sin\alpha+y\cos\alpha+b\end{cases} \tag{1-33}$$

将(1-33)代入直线 l 在新坐标系下的法式方程

$$\bar{x}\cos\bar{\theta}+\bar{y}\sin\bar{\theta}=\bar{p} \tag{1-34}$$

后，得到

$$x\cos(\bar{\theta}+\alpha)+y\sin(\bar{\theta}+\alpha)=\bar{p}-a\cos\bar{\theta}-b\sin\bar{\theta}$$

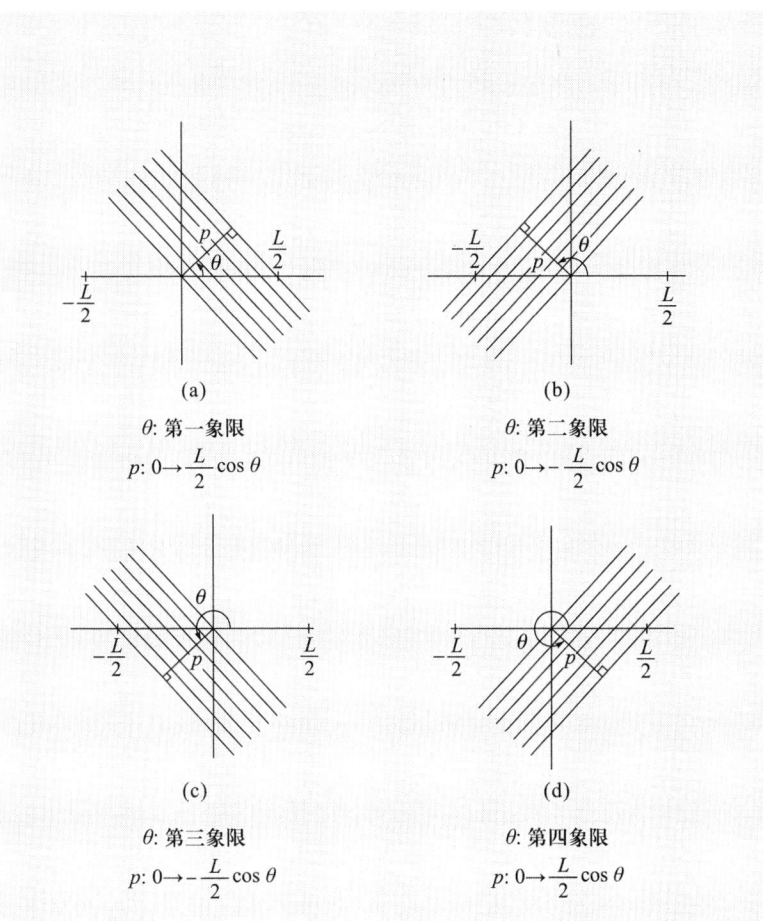

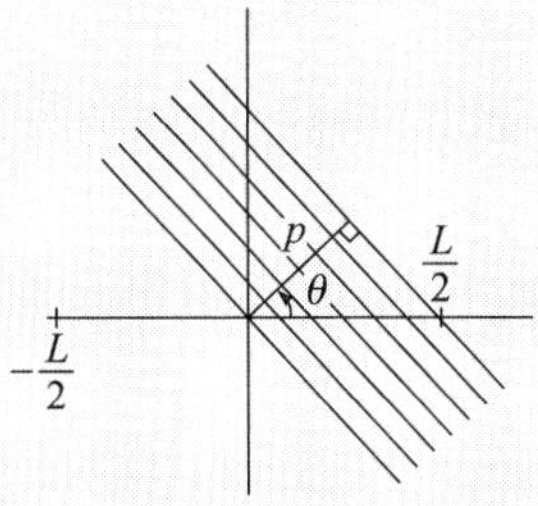

(a)

θ: 第一象限

p: $0 \to \frac{L}{2}\cos\theta$

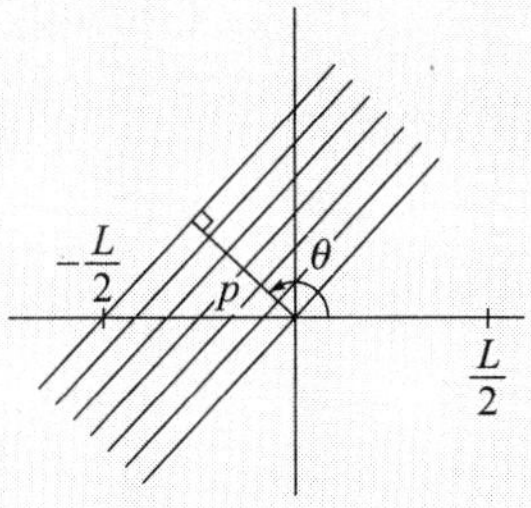

(b)

θ: 第二象限

p: $0 \to -\frac{L}{2}\cos\theta$

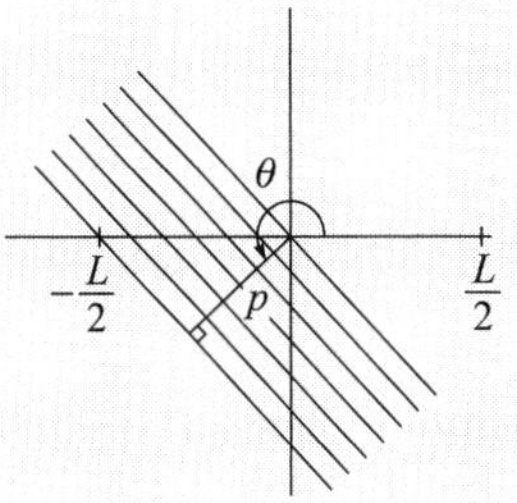

(c)

θ: 第三象限

p: $0 \to -\frac{L}{2}\cos\theta$

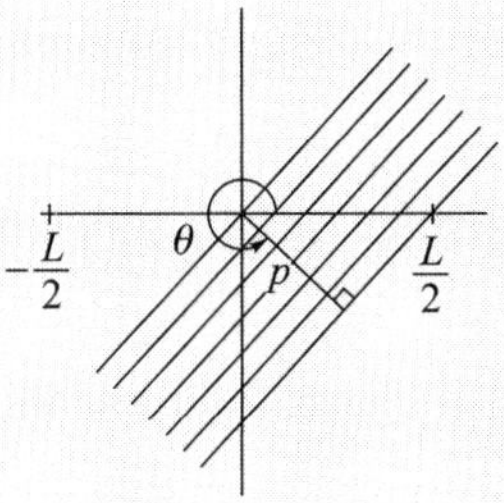

(d)

θ: 第四象限

p: $0 \to \frac{L}{2}\cos\theta$

图22

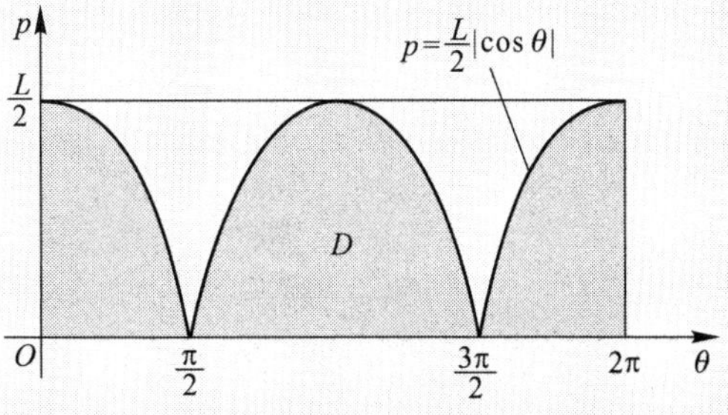

图23

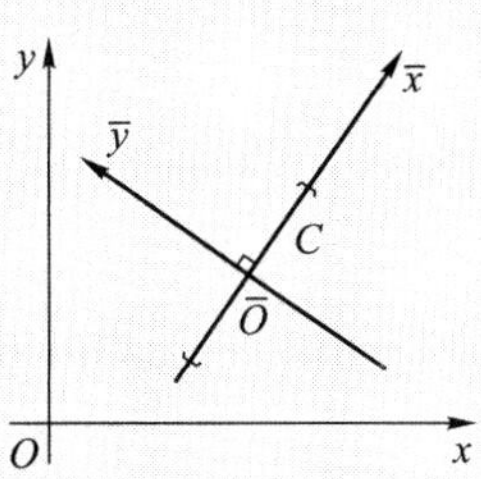

图24

再与(1-30)式比较后就得出

$$\begin{cases}\theta=\bar{\theta}+\alpha \\ p=\bar{p}-a\cos\bar{\theta}-b\sin\bar{\theta}\end{cases} \tag{1-35}$$

其 Jacobi 行列式

$$\det\frac{\partial(\theta,p)}{\partial(\bar{\theta},\bar{p})}=\begin{vmatrix}1 & a\sin\bar{\theta}-b\cos\bar{\theta} \\ 0 & 1\end{vmatrix}=1$$

考虑到在 D 中的点应有 $n(\theta,p)=1$,于是有

$$\iint_{E^2} n(\theta,p)\,\mathrm{d}\theta\mathrm{d}p=\iint_D \mathrm{d}\theta\mathrm{d}p=\iint_{\bar{D}}\left|\frac{\partial(\theta,p)}{\partial(\bar{\theta},\bar{p})}\right|\mathrm{d}\bar{\theta}\mathrm{d}\bar{p}$$

$$=\iint_{\bar{D}}\mathrm{d}\bar{\theta}\mathrm{d}\bar{p}=2L$$

3° 设 C 是由两条长度分别为 L_1、L_2 的折线段 C_1、C_2 连接而成($L=L_1+L_2$),曲线 C 所相应的区域 D 是由两部分区域 D_1、D_2 所组成,这里 D_1、D_2 分别是与 C_1、C_2 相交的所有直线所相应的区域(见图 25).当然 D_1 与 D_2 是相交的.

由 2°知道

$$\iint_{D_1}\mathrm{d}\theta\mathrm{d}p=\iint_{D_1-D_1\cap D_2}\mathrm{d}\theta\mathrm{d}p+\iint_{D_1\cap D_2}\mathrm{d}\theta\mathrm{d}p=2L_1$$

$$\iint_{D_2}\mathrm{d}\theta\mathrm{d}p=\iint_{D_2-D_1\cap D_2}\mathrm{d}\theta\mathrm{d}p+\iint_{D_1\cap D_2}\mathrm{d}\theta\mathrm{d}p=2L_2$$

两式相加后得到

$$\iint_{D_1-D_1\cap D_2}\mathrm{d}\theta\mathrm{d}p+2\iint_{D_1\cap D_2}\mathrm{d}\theta\mathrm{d}p+\iint_{D_2-D_1\cap D_2}\mathrm{d}\theta\mathrm{d}p=2L_1+2L_2=2L$$

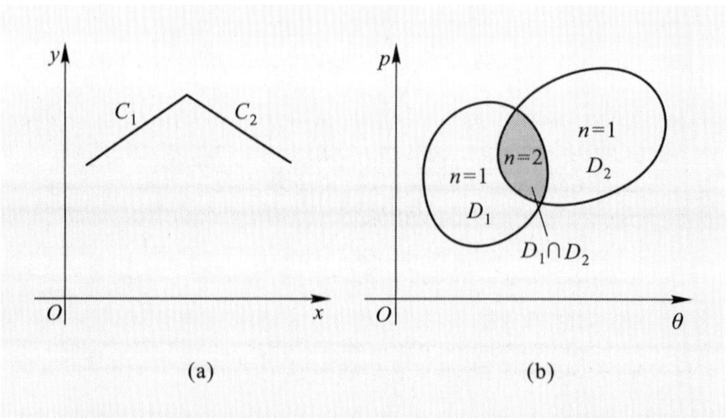

图 25

注意到在 $D_1 \cap D_2$ 中 $n=2$，于是上式左边即为 $\iint\limits_D n\mathrm{d}\theta\mathrm{d}p$，因此证得

$$\iint\limits_D n\mathrm{d}\theta\mathrm{d}p = 2L$$

4° 如 C 为有限条长 L_i 的直线段所组成的折线（$\sum L_i = L$），类似于 3°，可得到

$$\iint\limits_D n\mathrm{d}\theta\mathrm{d}p = 2\sum L_i = 2L$$

再经过极限过程，可将上述公式推广到任何正则曲线.这就证得了 Cauchy-Crofton 公式.

利用 Crofton 公式，对可求长曲线的长度可进行近似计算，方法如下：取一族平行线，设它们之间的间距为 r，然后，将它们依次旋转 $\frac{\pi}{4}$，$\frac{2\pi}{4}$，$\frac{3\pi}{4}$，共得四族平行线.若曲线 C 与这些直线共有 n 个交点，则 C 的长度为

$$l = \frac{1}{2}\iint\limits_D n(p,\theta)\mathrm{d}p\mathrm{d}\theta \approx \frac{1}{2}\sum_i n(p,\theta)\Delta p_i\Delta\theta_i \approx \frac{1}{2}nr \cdot \frac{\pi}{4}$$

例 图 26 中曲线是电子显微镜下的环状 DNA 分子.

如果平行线间距为 r μm，旋转 $\frac{\pi}{4}$，$\frac{2\pi}{4}$，$\frac{3\pi}{4}$，得另外三族平行线，曲线与这四族平行线共有 153 个交点.于是

$$l \approx \frac{1}{2}nr \cdot \frac{\pi}{4} = \frac{1}{2} \times 153 \times \frac{3.14}{4} \times r \approx 60r(\mu\mathrm{m})$$

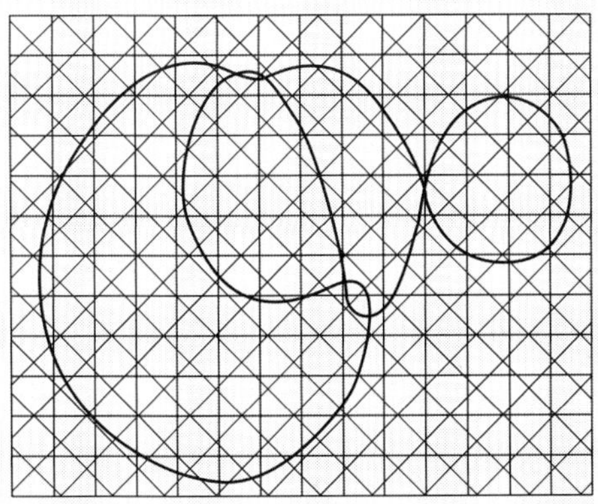

图 26

习题

1. 设平面简单闭曲线 C 的长为 L,曲率 $k(s)$满足

$$0<k(s)\leqslant\frac{1}{R}\quad(\text{常数})$$

证明:

$$L\geqslant 2\pi R$$

2. 设平面凸闭曲线交直线于三点,则直线在这三点的部分必包含在曲线内.

3. 是否存在平面简单闭曲线,全长为 6 cm,所围成的面积为 3 cm^2?

4. 设$\overline{AB}$是直线段,$L>\overline{AB}$. 证明:连接点 A,B 的长为 L 的曲线 C 与$\overline{AB}$所界面积最大时,C 是通过 A,B 的圆弧.

5. 求椭圆 $\boldsymbol{r}=(a\cos t,b\sin t,0)$的顶点$(0\leqslant t\leqslant 2\pi,a\neq b)$.

6. 设 $\boldsymbol{r}=\boldsymbol{r}(s)$是平面上弧长参数的凸闭曲线.证明:$\boldsymbol{T}''$至少在四个点处平行于 $\boldsymbol{T}$.

7. 设 $C:\boldsymbol{r}=\boldsymbol{r}(s)$,$C_1:\boldsymbol{r}=\boldsymbol{r}_1(s)$为平面上全长 L 的凸曲线,s 为弧长,其弦长分别为 d,d_1:

$$d(s)=|\boldsymbol{r}(s)-\boldsymbol{r}(0)|,\quad d_1(s)=|\boldsymbol{r}_1(s)-\boldsymbol{r}_1(0)|$$

若 $k(s)\geqslant k_1(s)$,证明:$d(s)\leqslant d_1(s)$.

§7 空间曲线的整体性质

*7.1 球面的 Crofton 公式

在 6.6 节中我们已经讨论了平面上的 Cauchy-Crofton 公式,现在再来研究单位球面 S^2 上一条曲线的长度是否也可通过球面上的"直线"(即大圆)与曲线的交点数来算出.

如果一个有向的大圆所在的平面的单位法向量为 $\boldsymbol{W}$(选取 $\boldsymbol{W}$ 的方向与大圆的定向构成右手系),我们就用 $W^{\perp}$ 表示这个有方向的大圆,用 W 表示 $\boldsymbol{W}$ 的末端点,它是单位球面上的点;并称 W 为大圆 $W^{\perp}$ 的极点(见图 27).

设 C 是单位球面 S^2 上的一条曲线,大圆 $W^{\perp}$ 与曲线 C 的交点数记为 $n(W)$.我们证明下面球面的 Crofton 公式.

球面 Crofton 公式

$$\iint_{S^2} n(W)\,\mathrm{d}W = 4L \tag{1-36}$$

其中 L 是曲线 C 的长度，dW 是单位球面 S^2 上的面积元素.

证明　如果 W 所相应的大圆 $W^{\perp}$ 不与曲线相交，则有 $n(W)=0$，所以(1-36)式可等价地写成

$$\iint_{S^2} n(W)\,dW=\iint_{D} n(W)\,dW=4L \tag{1-37}$$

其中 D 是单位球面上与 C 相交的大圆所对应的极点全体所构成的区域.

如同证明平面上的 Cauchy-Crofton 公式那样，可以用球面上的大圆折线来近似地代替已知曲线 C，因此只要对一小段大圆弧能够证明(1-37)式成立，则在一般情况下，(1-37)式也成立.

我们不妨设这一小段大圆弧 C 位于单位球面的赤道上，它的长度 L 正好是它对球心的张角.现在欲定出 C 所相应的区域 D.因为除了赤道大圆外，其他大圆与 C 至多交于一点，所以对于 D 中的点 W，有 $n(W)=1$(当 W 为北极或南极点时，$n(W)\neq 1$，但这不影响积分的数值)，于是定出区域 D 后，只要验证 D 的面积等于 $4L$，就行了.

先来弄清楚与 C 中一个端点 A 相交的大圆全体(见图28)，因为每个过 A 的大圆所在的平面是过 OA 轴的平面，所以它们的极点全体是与 OA 垂直的大圆 Γ，因此长度为 L 的大圆弧 C 所相应的区域 D 是以 ON 为轴，把 Γ 旋转角度 L 时所扫过的区域.它是两个具有相同面积的月牙形.因为张角为 L 的月牙形面积为 $\frac{4\pi}{2\pi}L=2L$，所以 D 的面积为 $4L$.公式证毕.

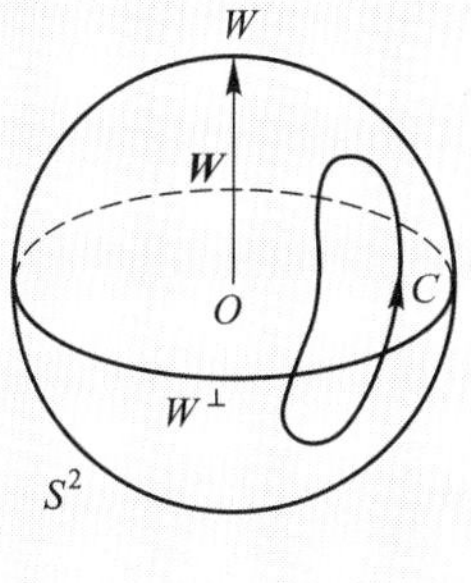

图27

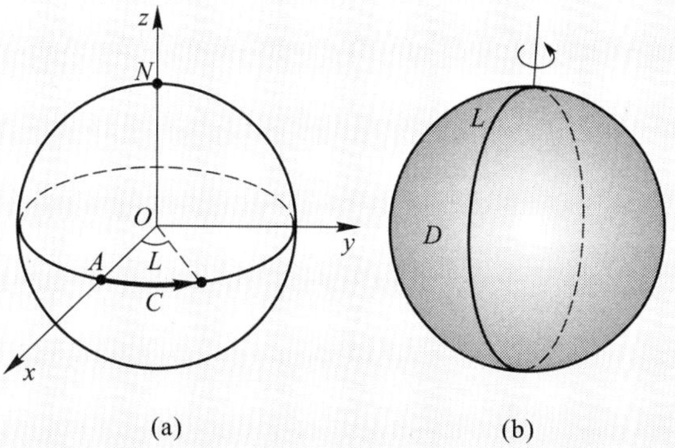

图28

*7.2 Fenchel 定理

由于简单闭曲线的全曲率等于其切线像的长，因而可以将全曲率的计算化为求曲线 C 的切线像 Γ 的长. Γ 总在单位球面 $S^2=\{\boldsymbol{r}\in E^3:|\boldsymbol{r}|=1\}$ 上.在这一节，为方便计，点 $A,B,\cdots$有时用其向径 $\boldsymbol{a},\boldsymbol{b},\cdots$来表示.$S^2$ 上的两点 A、B 如果它们的向径 $\boldsymbol{a}=-\boldsymbol{b}$，则称 A、B 为**对径点**.连接两点 A、B 的大圆劣弧与曲线 Γ 的弧分别记作$\overline{AB}$、$\widehat{AB}$，它们的长仍用同一符号表示.大圆劣弧$\overline{AB}$是球面上两点 A、B 的最短距离，即总有$\overline{AB}\leqslant\widehat{AB}$.并且若 A、B 不是对径点，等号只在$\widehat{AB}$与$\overline{AB}$重合时才成立.$\{\boldsymbol{r}\in S^2:\boldsymbol{n}\cdot\boldsymbol{r}>0\}$称为"以点 N(向量 $\boldsymbol{n}$ 的端点)为极的开半球".而当其中">"换作"$\geqslant$"号时，相应地称为"闭半球".有时为方便计，还把 N 视为"北极"，而以 N 为北极的半球边界称为"赤道".赤道将 S^2 分为两个半球，其中一个半球含北极 N，称为"北半球"，而另一个半球则称为"南半球".

引理　如果正则闭曲线 C 的切线像 Γ 包含在一闭半球内，则 Γ 必包含在半球边界的大圆内.

证明　若 Γ 包含在以 N 为北极的闭北半球内，即有 $\boldsymbol{n}\cdot\boldsymbol{T}\geqslant 0$，从而

$$0\leqslant\int_0^L\boldsymbol{n}\cdot\boldsymbol{T}\mathrm{d}s=\boldsymbol{n}\cdot\int_0^L\boldsymbol{r}'(s)\mathrm{d}s=\boldsymbol{n}\cdot\boldsymbol{r}(s)\Big|_0^L=0$$

由此推出 $\boldsymbol{n}\cdot\boldsymbol{T}=0$，即 Γ 包含在赤道上.

系　正则闭曲线的切线像不可能包含在一开半球内.

Fenchel 定理　任一空间简单正则闭曲线 C 的全曲率 $K=\int_0^L k(s)\mathrm{d}s\geqslant 2\pi$，且当等号成立时，$C$ 必为平面凸闭曲线.

证明　首先证明当 $K\leqslant 2\pi$ 时，切线像 Γ 必包含在大圆内.由引理，只要证明 Γ 包含在某闭半球内即可.

为此，在 Γ 上取两点 A、B，将 Γ 分成长度各为 $K/2$ 的两段 Γ_1、Γ_2，这时有两种可能：

(1) A、B 是对径点，则$\overline{AB}=\pi$，此时 Γ_1、Γ_2 的长$\geqslant\pi$，而 Γ 的全长$\leqslant 2\pi$，故推出 Γ_1、Γ_2 均为半大圆弧. Γ 必包含在某一闭半球内.

(2) A、B 非对径点，此时取$\overline{AB}$的中点 M 为北极(见图 29).若 Γ 包含在北开半球，则显然包含在闭半球内.若 Γ 不能包含在北开半球内，可设 Γ_1、Γ_2 中至少有一段(不妨就认为是 Γ_1)穿过赤道到南半球，或与赤道相交，故 Γ_1 至少与赤道交于一点.记作 E，设 E 的对径点为 D，则有

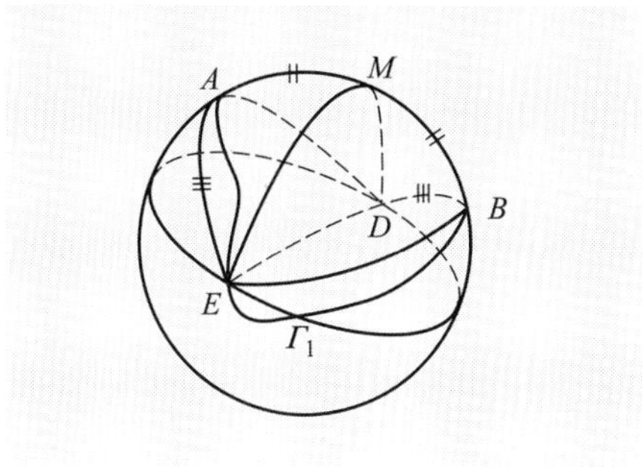

图 29

$$\pi=2\,\overline{EM}=\overline{EMD}=\overline{EB}+\overline{BD}=\overline{EB}+\overline{AE}\leqslant\widehat{EB}+\widehat{AE}=K/2\leqslant\pi$$

但$\widehat{EB}$,$\widehat{AE}$若不是大圆弧时,必有$\overline{EB}+\overline{AE}<\widehat{EB}+\widehat{AE}=\pi$.由此推出$\widehat{AE}$、$\widehat{EB}$只能是北半球的大圆弧.同样,若 Γ_2 与赤道相交,则必由北半球两段大圆弧组成;若 Γ_2 不与赤道相交,则全落在开北半球内;不管哪种情况,整个 Γ 必包含在闭北半球内.由引理知 Γ 必包含在大圆内.

其次证明当 $K\leqslant 2\pi$ 时,C 是平面凸闭曲线,前面已证 $K\leqslant 2\pi$ 时,Γ 包含在大圆内,从而 C 是平面闭曲线,其相对曲率记作 k_r,由旋转指标定理知 $\int_0^L k_r\mathrm{d}s=2\pi$(取正向),则有

$$2\pi=\int_0^L k_r\mathrm{d}s\leqslant\int_0^L k\mathrm{d}s=K\leqslant 2\pi$$

但 $k=|k_r|\geqslant k_r$,由此推出 $k_r=k\geqslant 0$,以及 $K=2\pi$,从而 C 是凸闭曲线,且 K 不可能<2π.定理证毕.

关于 Fenchel 定理在分段光滑闭曲线情形下的推广,可参看白正国在 1958~1959 年《数学学报》中发表的有关文章.

*7.3 Fary-Milnor 定理

在本段中我们要利用球面的 Crofton 公式去证明 Fary-Milnor 定理,它是 Fenchel 定理对打结曲线的推广.

下面我们先给出打结曲线的定义.

定义 对一条空间闭曲线 C,如果存在一个连续映射 $D\to E^3$(其中 D 是平面中的单位圆盘),使得 C 正好是 D 的边界 S^1(即单位圆)在此映射下的像,则称 C 是一条**不打结的曲线**(见图 30(a)).否则称 C 为**打结曲线**(见图 30(b)).

用一系列平行平面去截曲线 C 时,如果每个平面只与 C 相交两点,我们把这两个交点用直线段连接起来,并让这条线段与单位圆盘中一族平行

图 30

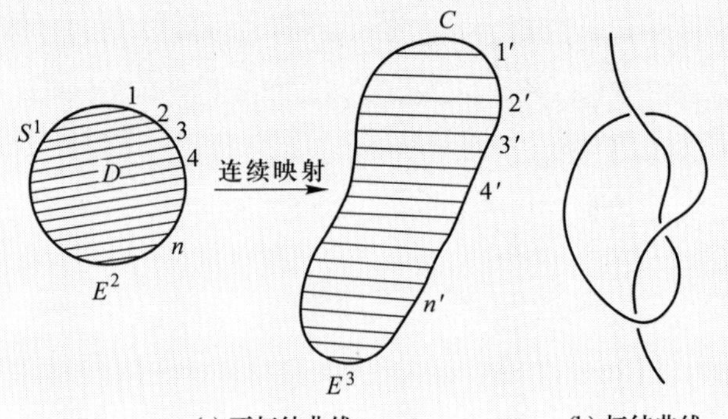

(a) 不打结曲线　　(b) 打结曲线

弦中的一条相对应，就能看出曲线 C 必为不打结的曲线(图 30(a)).

Fary-Milnor 定理　设 C 是一条打结的简单正则空间闭曲线，则其全曲率 $\int_C k\mathrm{d}s \geqslant 4\pi$.

证明　用反证法.如果 $\int_C k\mathrm{d}s < 4\pi$，则 C 的切线像 C^* 的长度

$$L^* = \int_C k\mathrm{d}s < 4\pi$$

对切线像 C^* 应用球面 Crofton 公式后知道

$$\iint_{S^2} n(W)\mathrm{d}W = 4L^* < 16\pi \tag{1-38}$$

其中 $n(W)$ 是以 W 为极的大圆 $W^{\perp}$ 与切线像 C^* 的交点数.所以至少存在一个向量 $\boldsymbol{W}_0$，使 $n(W_0)<4$.否则，如对所有 $\boldsymbol{W}$，有 $n(W)\geqslant 4$，则由(1-38)就推出矛盾式 $4\cdot 4\pi \leqslant \iint_{S^2} n(W)\mathrm{d}W < 16\pi$.

作函数

$$\boldsymbol{f}(s)=\boldsymbol{r}(s)\cdot \boldsymbol{W}_0 \tag{1-39}$$

它是 $\boldsymbol{r}(s)$ 在 $\boldsymbol{W}_0$ 方向上的投影长度(见图 31).我们称 $f(s)$ 为**高度函数**.因为 $f'(s)=\boldsymbol{T}(s)\cdot \boldsymbol{W}_0$，所以 $f'(s)=0$ 等价于 $\boldsymbol{T}$ 与 $\boldsymbol{W}_0$ 垂直，即 s 点的切线像在以 W_0 为极的大圆 $W_0^{\perp}$ 上.由 $n(W_0)<4$ 知道：使 $f'(s)=0$ 的点至多只有 3 个.

因为 $f(s)$ 定义在闭区间 $[0,L]$ (L 为曲线 C 的周长)上，它有最大、最小值.设 $f(s_1)=H_1$ 为最小值，$f(s_2)=H_2$ 为最大值.在 s_1 及 s_2 点处，它们都是高度函数 f 的极值点.如果还有一点 s_3 使得 $f'(s_3)=0$，则它只能是 f 的逗留点，而不能成为极值点(否则，由于两个极大点之间至少有一个极小

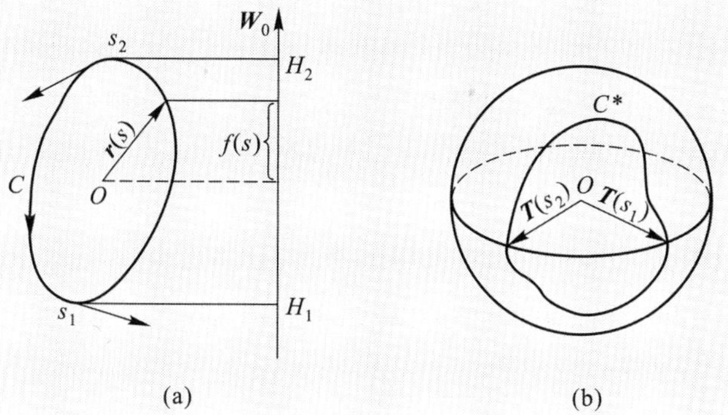

图31

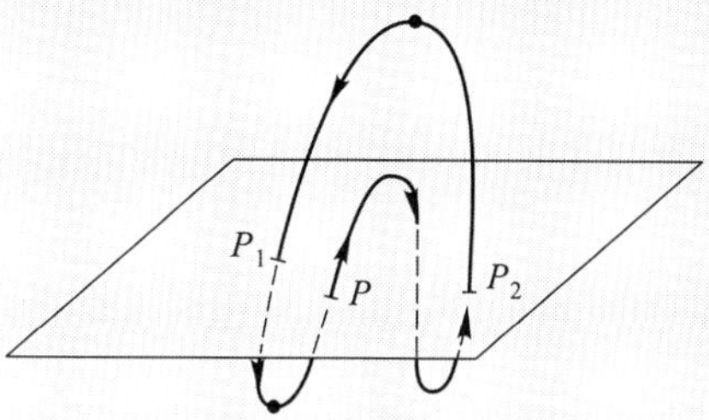

图32

点,两个极小点之间至少有一个极大点,因而至少有四个极值点,这就与 $n(W_0)<4$ 矛盾).因此在曲线 C 上,高度函数的极值点只能有两个.

对介于 H_1、H_2 之间的每一个数 h,可作一个高度为 h 的截面 $\boldsymbol{W}_0\cdot\boldsymbol{r}=h$,现在我们来说明这个截面只与曲线 C 相交于两点.至少有两个交点是清楚的,因为从最高点按曲线的定向走到最低点时至少要与截面交于一点,设 P_1 为交点(见图 32).另一方面,从最低点再顺着曲线的方向走到最高点时,又至少与截面交于一点.设 P_2 为交点.如果曲线 C 上还有一点 P 在此截面上,不妨设 P 在从 P_1 到 P_2 的弧段中.由于 $f(P_1)=f(P)$,由中值定理知道,在曲线 C 的开弧段 $\widehat{P_1P}$ 中必有一个极值点.同样由 $f(P)=f(P_2)$ 知道,在 C 的开弧段 $\widehat{PP_2}$ 中也必有一个极值点.再加上最高点一起,C 上就有了三个极值点,这是不可能的.所以截面上只有两点是 C 上的点,用线段把 P_1、P_2 连接起来后,就可看出曲线 C 是一条不打结的曲线,与原假设矛盾.定理证毕.

习题

1. 证明：空间正则闭曲线的切线的球面像全长不小于 2π.

2. 证明：曲率 $k(s)\leqslant\dfrac{1}{R}$（$R>0$ 为常数）的最短闭曲线是半径为 R 的圆.

3. 利用空间 Crofton 公式证明：对任何空间正则闭曲线，$\int_0^L k(s)\mathrm{d}s\geqslant 2\pi$.

4. 若单位球面上的弧长参数闭曲线的曲率 $k\neq 1$，证明：全挠率 $\int_0^L \tau(s)\mathrm{d}s=0$.

第二章 三维欧氏空间中曲面的局部几何性质

§1 曲面的表示 切向量 法向量

1.1 曲面的定义

在空间解析几何中,我们已经讨论过三维欧氏空间 E^3 中平面、二次曲面的性质,它们是一些常见的、简单的曲面.

设$\{O;xyz\}$是 E^3 中的笛卡儿坐标系,而

$$\begin{cases} x=x(u,v) \\ y=y(u,v) \\ z=z(u,v) \end{cases} \tag{2-1}$$

都是 u,v 的可微函数①,设这些函数的定义域是(u,v)平面 $\mathbf{R}^2$ 中的一个区域 D.(2-1)式给出从 D 到 E^3 中的一个映射

$$(u,v)\to(x(u,v),y(u,v),z(u,v))$$

在这个映射下,D 的像集就构成了 E^3 中的一个**曲面** S(见图 1).我们把(u,v)称为曲面 S 的**曲线坐标**或**参数**,(2-1)就是曲面 S 的**参数方程**.我们今后常把(2-1)改写成向量形式

$$\boldsymbol{r}=\boldsymbol{r}(u,v)=(x(u,v),y(u,v),z(u,v)) \tag{2-2}$$

设 P_0 是曲面 S 上一任意点,其坐标是(u_0,v_0)(见图 2),如果在(2-2)中令 $v=v_0$,而让 u 变动,就得到了曲面 S 上的一条过 P_0 点的曲线

$$\boldsymbol{r}=\boldsymbol{r}(u,v_0)$$

我们称它是过 P_0 点的 u 坐标曲线,简称 u **曲线**.同样,如果在(2-2)中固定 $u=u_0$,而让 v 变动,就得到过 P_0 点的 v **曲线**

$$\boldsymbol{r}=\boldsymbol{r}(u_0,v)$$

因此通过曲面 S 上每点有一条 u 曲线和一条 v 曲线,它们构成曲面 S 上一个参数曲线网.这两条参数曲线在 P_0 点的切向量分别是

$$\left.\frac{\partial\boldsymbol{r}}{\partial u}\right|_{\substack{u=u_0\\v=v_0}} \quad 及 \quad \left.\frac{\partial\boldsymbol{r}}{\partial v}\right|_{\substack{u=u_0\\v=v_0}}$$

---

① 在本章中,我们假设遇到的函数是相当光滑的.所以除特别指出外,我们不指出函数可微的阶数.

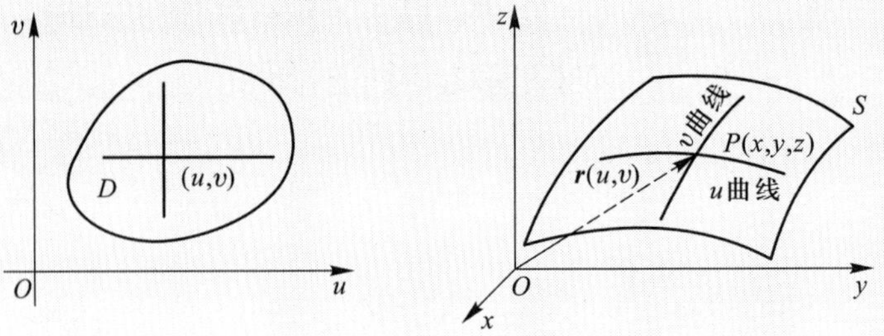

图1

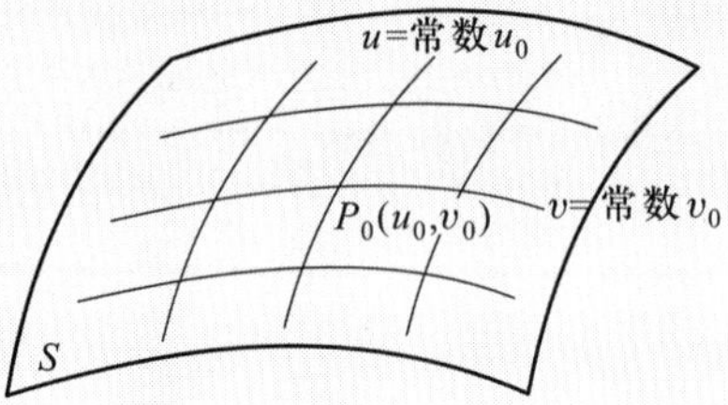

图2

或用下标简记为

$$\boldsymbol{r}_u\Big|_{\substack{u=u_0\\v=v_0}} \quad 及 \quad \boldsymbol{r}_v\Big|_{\substack{u=u_0\\v=v_0}}$$

如果这两个切向量彼此独立,即$\boldsymbol{r}_u\Big|_{\substack{u=u_0\\v=v_0}}\times\boldsymbol{r}_v\Big|_{\substack{u=u_0\\v=v_0}}\neq\boldsymbol{0}$,就称 P_0 点为曲面 S 上的一个**正则点**,否则就称它为**奇点**.

由正则点所构成的曲面 S 称为**正则曲面**,在正则曲面上的每点 $P(u,v)$,有

$$\boldsymbol{r}_u\times\boldsymbol{r}_v\neq\boldsymbol{0}$$

今后我们限于讨论正则曲面,而不加声明.

习 题

给出椭圆面、单叶双曲面、双叶双曲面、椭圆抛物面、双曲抛物面的一种参数表示.

1.2 切向量 切平面

曲面 S 上的曲线 C 可以用参数方程

$$\begin{cases}u=u(t),\\ v=v(t),\end{cases}\quad a\leqslant t\leqslant b$$

来表示.当 $t=t_0$ 时,如 $u_0=u(t_0)$,$v_0=v(t_0)$,则参数 t_0 对应于点 $P_0(u_0,v_0)$.

在空间的直角坐标系下曲线 C 的方程是

$$\boldsymbol{r}=\boldsymbol{r}(u(t),v(t))$$

C 在 P_0 点的**切向量**是

$$\begin{aligned}\left.\frac{\mathrm{d}\boldsymbol{r}}{\mathrm{d}t}\right|_{t=t_0}&=\left(\frac{\partial \boldsymbol{r}}{\partial u}\frac{\mathrm{d}u}{\mathrm{d}t}+\frac{\partial \boldsymbol{r}}{\partial v}\frac{\mathrm{d}v}{\mathrm{d}t}\right)_{t=t_0}\\&=\left.\frac{\partial \boldsymbol{r}}{\partial u}\right|_{\substack{u=u_0\\v=v_0}}\left(\frac{\mathrm{d}u}{\mathrm{d}t}\right)_{t=t_0}+\left.\frac{\partial \boldsymbol{r}}{\partial v}\right|_{\substack{u=u_0\\v=v_0}}\left(\frac{\mathrm{d}v}{\mathrm{d}t}\right)_{t=t_0}\end{aligned}\qquad(2-3)$$

因此 P_0 点的切向量能用 P_0 点的两条坐标曲线的切向量 $\boldsymbol{r}_u$ 与 $\boldsymbol{r}_v$ 来线性表出(见图 3).

反之,如向量

$$\boldsymbol{v}=\alpha\boldsymbol{r}_u\Big|_{\substack{u=u_0\\v=v_0}}+\beta\boldsymbol{r}_v\Big|_{\substack{u=u_0\\v=v_0}}\quad(\alpha,\beta\text{ 为常数})$$

则一定存在曲面 S 上过 P_0 点的曲线,使这曲线在点 P_0 的切向量为 $\boldsymbol{v}$.这只要令

$$\begin{cases}u=u_0+\alpha(t-t_0)\\ v=v_0+\beta(t-t_0)\end{cases}$$

于是曲面 S 中的曲线

$$\boldsymbol{r}=\boldsymbol{r}(u_0+\alpha(t-t_0),v_0+\beta(t-t_0))$$

就满足这个要求.因为它在 P_0 处的切向量就是

$$\left.\frac{\mathrm{d}\boldsymbol{r}}{\mathrm{d}t}\right|_{t=t_0}=\alpha\left.\frac{\partial \boldsymbol{r}}{\partial u}\right|_{\substack{u=u_0\\v=v_0}}+\beta\left.\frac{\partial \boldsymbol{r}}{\partial v}\right|_{\substack{u=u_0\\v=v_0}}=\boldsymbol{v}$$

由此,我们已证明了下述结论:曲面 S 上所有过 P_0 点的曲线的切向量构成一个二维线性空间.

我们称这个二维线性空间为曲面 S 在 P_0 点的**切平面**,记为 T_{P_0}.切平面 T_{P_0} 中的向量称为曲面在 P_0 点的**切向量**. $\boldsymbol{r}_u\Big|_{\substack{u=u_0\\v=v_0}}$,$\boldsymbol{r}_v\Big|_{\substack{u=u_0\\v=v_0}}$是 T_{P_0} 的一组基.

设 $P\in S$(见图 4),我们用 E^3 中两向量 $\boldsymbol{a},\boldsymbol{b}$ 的内积 $\boldsymbol{a}\cdot\boldsymbol{b}$ 来定义切平面 T_P 中向量 $\boldsymbol{a},\boldsymbol{b}$ 的**内积**$(\boldsymbol{a},\boldsymbol{b})$,即

$$(\boldsymbol{a},\boldsymbol{b})=\boldsymbol{a}\cdot\boldsymbol{b}$$

今后也常将 T_P 中的内积直接写为 $\boldsymbol{a}\cdot\boldsymbol{b}$. $\boldsymbol{r}_u,\boldsymbol{r}_v$ 之间的内积记为

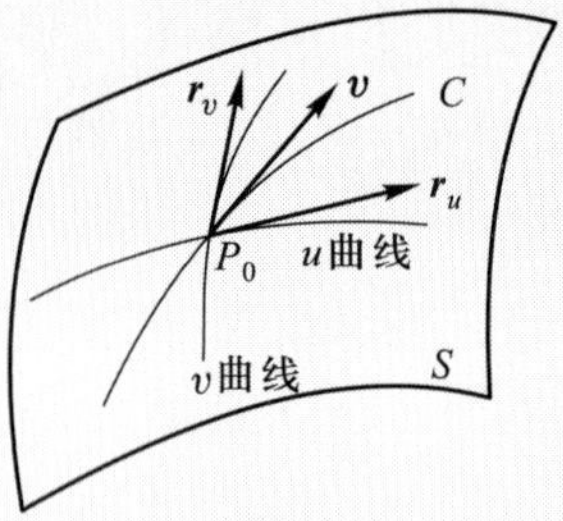

图3

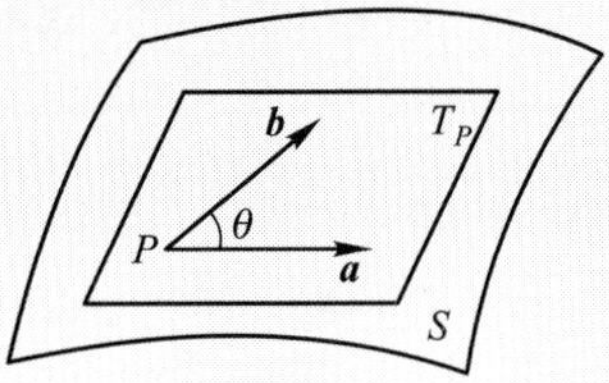

图4

$$E=(\boldsymbol{r}_u,\boldsymbol{r}_u)=\boldsymbol{r}_u\cdot\boldsymbol{r}_u$$
$$F=(\boldsymbol{r}_u,\boldsymbol{r}_v)=\boldsymbol{r}_u\cdot\boldsymbol{r}_v \qquad (2-4)$$
$$G=(\boldsymbol{r}_v,\boldsymbol{r}_v)=\boldsymbol{r}_v\cdot\boldsymbol{r}_v$$

利用内积的线性性质就可算出任意两个向量之间的内积:

$$\begin{aligned}(a\boldsymbol{r}_u+b\boldsymbol{r}_v,f\boldsymbol{r}_u+g\boldsymbol{r}_v)&=af(\boldsymbol{r}_u,\boldsymbol{r}_u)+(bf+ag)(\boldsymbol{r}_u,\boldsymbol{r}_v)+bg(\boldsymbol{r}_v,\boldsymbol{r}_v)\\&=afE+(bf+ag)F+bgG\end{aligned}$$

设 T_P 中两个向量 $\boldsymbol{a},\boldsymbol{b}$ 之间的**夹角**为 θ,由

$$\boldsymbol{a}\cdot\boldsymbol{b}=|\boldsymbol{a}|\cdot|\boldsymbol{b}|\cdot\cos\theta$$

就得到

$$\cos\theta=\frac{\boldsymbol{a}\cdot\boldsymbol{b}}{|\boldsymbol{a}|\cdot|\boldsymbol{b}|} \qquad (2-5)$$

当 $\theta=90°$时,我们就称向量 $\boldsymbol{a}$ 和 $\boldsymbol{b}$ 是**正交**的. 这时 $\boldsymbol{a}\cdot\boldsymbol{b}=0$.

习 题

1. 求球面的切平面方程.
2. 若一平面与一光滑曲面仅有一公共点,证明曲面在该点与平面相切.
3. 证明曲面 $xyz=a^3$ 在任何点的切平面和三个坐标平面所构成的四面体体积等于常数.

1.3 法向量

E^3 中过曲面的 P 点作切平面 T_P 的法线,由于曲面是正则的,所以法线的方向是与$\boldsymbol{r}_u\times\boldsymbol{r}_v$ 平行的,$\pm\boldsymbol{r}_u\times\boldsymbol{r}_v$ 都可以取作法向量. 为确定起见,选取 $\boldsymbol{r}_u\times\boldsymbol{r}_v$ 为曲面的法向量,这时我们就选择了曲面的一个定向.同样一个曲面 $\boldsymbol{r}=\boldsymbol{r}(u,v)$,根据法向量方向的不同选取,可有两种定向.如果把法向量取

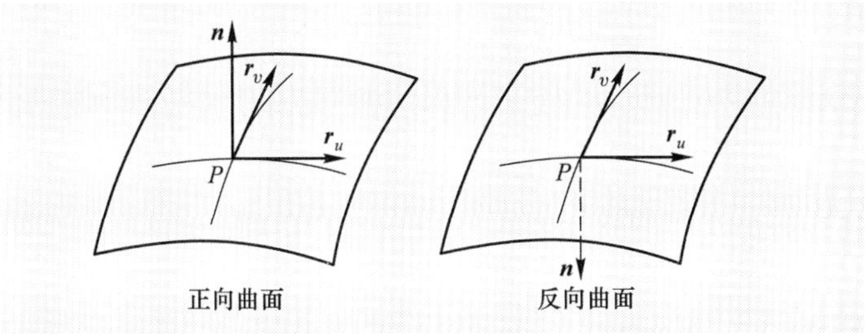

图5

为 $\boldsymbol{r}_u\times\boldsymbol{r}_v$ 的曲面认为是**正向的**,那么把法向量取为 $-\boldsymbol{r}_u\times\boldsymbol{r}_v$ 的曲面就被认为是**反向的**(图5).

对于正向曲面 S,它的单位法向量 $\boldsymbol{n}$ 为

$$\boldsymbol{n}=\frac{\boldsymbol{r}_u\times\boldsymbol{r}_v}{|\boldsymbol{r}_u\times\boldsymbol{r}_v|} \tag{2-6}$$

习 题

1. 设 $C:\boldsymbol{r}=\boldsymbol{\rho}(s)$ 是弧长参数的正则曲线, $\boldsymbol{N},\boldsymbol{B}$ 分别是它的单位主法向量及从法向量,a 是非零常数.如果曲面 S:

$$\boldsymbol{r}=\boldsymbol{\rho}(s)+a[\boldsymbol{N}(s)\cos v+\boldsymbol{B}(s)\sin v]$$

组成正则曲面(管曲面),求它的单位法向量.

2. 证明:曲面为球面的充要条件是所有法线通过定点.

3. 设在方程

$$\frac{x^2}{a-\lambda}+\frac{y^2}{b-\lambda}+\frac{z^2}{c-\lambda}=1$$

中常数 $a>b>c$.当参数 $\lambda\in(-\infty,c)$ 时,得一族椭圆面.$\lambda\in(c,b)$ 时,得一族单叶双曲面. $\lambda\in(b,a)$ 时,得一族双叶双曲面.证明:经过空间每个不在坐标平面的点,有三张二次曲面,分别属于这三族曲面,且它们沿着交线互相正交(三重正交系).

1.4 曲面的参数变换

如果用另一套参数 $(\bar{u},\bar{v})$,则曲面 S 的方程为

$$\boldsymbol{r}=\boldsymbol{r}(\bar{u},\bar{v}) \tag{2-7}$$

为了保证参数 (u,v) 平面中的点与参数 $(\bar{u},\bar{v})$ 平面中的点之间存在着一一对应,参数变换

$$\begin{cases}\bar{u}=\bar{u}(u,v)\\ \bar{v}=\bar{v}(u,v)\end{cases}$$

应满足

$$\frac{\partial(\bar{u},\bar{v})}{\partial(u,v)}\neq 0$$

在(2-7)两边分别对 $\bar{u},\bar{v}$ 求偏导数后就得到

$$\begin{cases}\boldsymbol{r}_{\bar{u}}=\boldsymbol{r}_u\dfrac{\partial u}{\partial\bar{u}}+\boldsymbol{r}_v\dfrac{\partial v}{\partial\bar{u}}\\[2ex] \boldsymbol{r}_{\bar{v}}=\boldsymbol{r}_u\dfrac{\partial u}{\partial\bar{v}}+\boldsymbol{r}_v\dfrac{\partial v}{\partial\bar{v}}\end{cases}\tag{2-8}$$

由此可得

$$\boldsymbol{r}_{\bar{u}}\times\boldsymbol{r}_{\bar{v}}=(\boldsymbol{r}_u\times\boldsymbol{r}_v)\frac{\partial(u,v)}{\partial(\bar{u},\bar{v})}\tag{2-9}$$

所以在参数变换下曲面的切平面、法向量不变,而且曲面上一点如在(u,v)参数下为正则点,则在$(\bar{u},\bar{v})$参数下也是正则点.

习 题

1. 计算下面的 Möbius 带

$$\boldsymbol{r}=(\cos\theta,\sin\theta,0)+v\left(\sin\frac{\theta}{2}\cos\theta,\sin\frac{\theta}{2}\sin\theta,\cos\frac{\theta}{2}\right)$$

$$\left(-\pi<0<\pi,-\frac{1}{2}<v<\frac{1}{2}\right)$$

的法向量 $\boldsymbol{n}$.

2. 证明:(1) 曲面为旋转曲面的充要条件是法线通过定直线;

(2) 曲面为锥面的充要条件是切平面通过定点.

1.5 例

1. 正圆柱面(图6)

设一正圆柱面的对称轴为 z 轴,半径为 R,则它的方程是

$$\boldsymbol{r}(u,v)=(R\cos u,R\sin u,v)\tag{2-10}$$

其中 $0<u<2\pi,-\infty<v<+\infty$,坐标曲线的切向量为

$$\boldsymbol{r}_u=(-R\sin u,\ R\cos u,\ 0)$$

$$\boldsymbol{r}_v=(0,0,1)$$

曲面的单位法向量为

$$\boldsymbol{n}=\frac{\boldsymbol{r}_u\times\boldsymbol{r}_v}{|\boldsymbol{r}_u\times\boldsymbol{r}_v|}=(\cos u,\sin u,0)$$

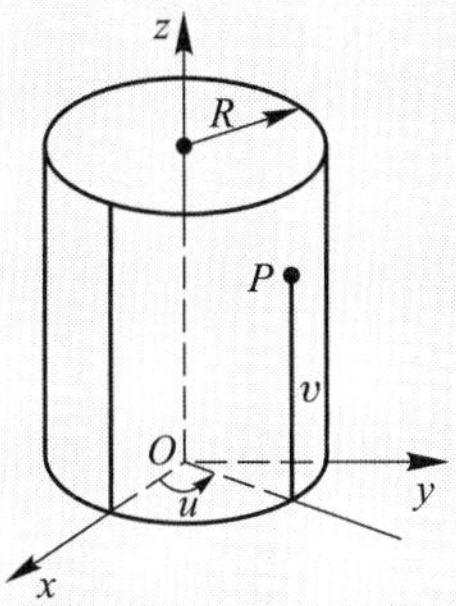

图6

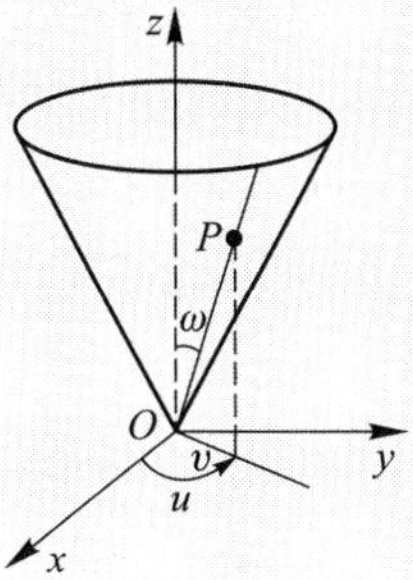

图7

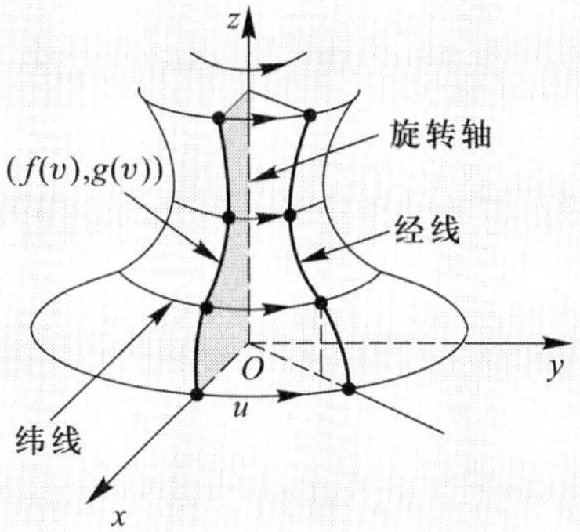

图8

2. 正圆锥面(图7)

半顶角是 ω,对称轴是 z 轴的正圆锥面的方程为

$$\boldsymbol{r}(u,v)=(v\cos u,v\sin u,v\cot\omega) \tag{2-11}$$

其中 $0<u<2\pi,-\infty<v<+\infty$,但 $v\neq0$,因为 $v=0$ 对应着正圆锥面的顶点.在顶点处,曲面不可微,所以必须把顶点排除.于是

$$\boldsymbol{r}_u=(-v\sin u,v\cos u,0)$$

$$\boldsymbol{r}_v=(\cos u,\sin u,\cot\omega)$$

$$\boldsymbol{r}_u\times\boldsymbol{r}_v=(v\cos u\cot\omega,v\sin u\cot\omega,-v)$$

$$\boldsymbol{n}=\frac{\boldsymbol{r}_u\times\boldsymbol{r}_v}{|\boldsymbol{r}_u\times\boldsymbol{r}_v|}=\frac{1}{v\sqrt{\cot^2\omega+1}}(v\cos u\cot\omega,v\sin u\cot\omega,-v)$$

$$=(\cos u\cos\omega,\sin u\cos\omega,-\sin\omega)$$

3. 旋转面(图8)

把 xz 平面中的一条曲线

$$C:\begin{cases}x=f(v),\\z=g(v),\end{cases}\quad a\leqslant v\leqslant b$$

绕 z 轴旋转一周后就得到一个旋转面，它的方程为

$$\boldsymbol{r}(u,v)=(f(v)\cos u, f(v)\sin u, g(v)) \tag{2-12}$$

其中 $0<u<2\pi, a\leqslant v\leqslant b$.旋转面的 u 曲线称为**纬线**，v 曲线称为**经线**.

$$\boldsymbol{r}_u=(-f\sin u, f\cos u, 0)$$

$$\boldsymbol{r}_v=(f'\cos u, f'\sin u, g')$$

$$\boldsymbol{r}_u\times\boldsymbol{r}_v=(fg'\cos u, fg'\sin u, -ff')$$

$$\boldsymbol{n}=\frac{\boldsymbol{r}_u\times\boldsymbol{r}_v}{|\boldsymbol{r}_u\times\boldsymbol{r}_v|}=\frac{1}{f\sqrt{(f')^2+(g')^2}}(fg'\cos u, fg'\sin u, -ff')$$

$$=\left(\frac{g'\cos u}{\sqrt{f'^2+g'^2}}, \frac{g'\sin u}{\sqrt{f'^2+g'^2}}, \frac{-f'}{\sqrt{f'^2+g'^2}}\right)$$

4. 螺旋面(图 9)

如果上例中的曲线 C 在绕 z 轴旋转 u 角的同时还沿 z 轴上升距离 bu（这里 b 是一个常数），这时曲线 C 运动的轨迹构成螺旋面.它的方程是

$$\boldsymbol{r}(u,v)=(f(v)\cos u, f(v)\sin u, g(v)+bu) \tag{2-13}$$

其中 $0<u<2\pi, c\leqslant v\leqslant d$.于是

$$\boldsymbol{r}_u=(-f\sin u, f\cos u, b)$$

$$\boldsymbol{r}_v=(f'\cos u, f'\sin u, g')$$

$$\boldsymbol{r}_u\times\boldsymbol{r}_v=(fg'\cos u-bf'\sin u, bf'\cos u+fg'\sin u, -ff')$$

$$\boldsymbol{n}=\frac{1}{\sqrt{(fg')^2+(bf')^2+(ff')^2}}(fg'\cos u-bf'\sin u, bf'\cos u+fg'\sin u, -ff')$$

特别取 $f(v)=v, g(v)=0$，所得的螺旋面称为正螺面

$$\boldsymbol{r}(u,v)=(v\cos u, v\sin u, bu)$$

这时

$$\boldsymbol{r}_u=(-v\sin u, v\cos u, b)$$

$$\boldsymbol{r}_v=(\cos u, \sin u, 0)$$

$$\boldsymbol{n}=\frac{1}{\sqrt{b^2+v^2}}(-b\sin u, b\cos u, -v)$$

5. 柱面(图 10)

设 $\boldsymbol{r}=\boldsymbol{a}(u)$ 为一条空间曲线及 $\boldsymbol{l}$ 为一固定的向量，则曲面

$$\boldsymbol{r}(u,v)=\boldsymbol{a}(u)+v\boldsymbol{l} \tag{2-14}$$

称为**柱面**.其中 $\boldsymbol{a}(u)$ 的参数范围设为 $c\leqslant u\leqslant d$，而 v 的变化范围是 $-\infty<v<+\infty$.这时

$$\boldsymbol{r}_u=\frac{\mathrm{d}\boldsymbol{a}}{\mathrm{d}u}\xlongequal{\text{记为}}\boldsymbol{a}'$$

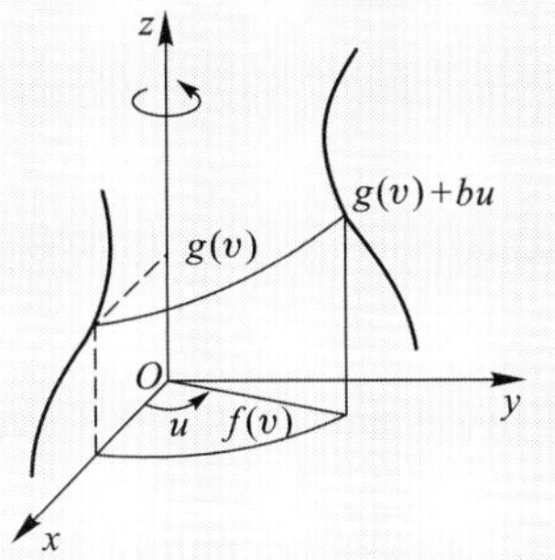

图9

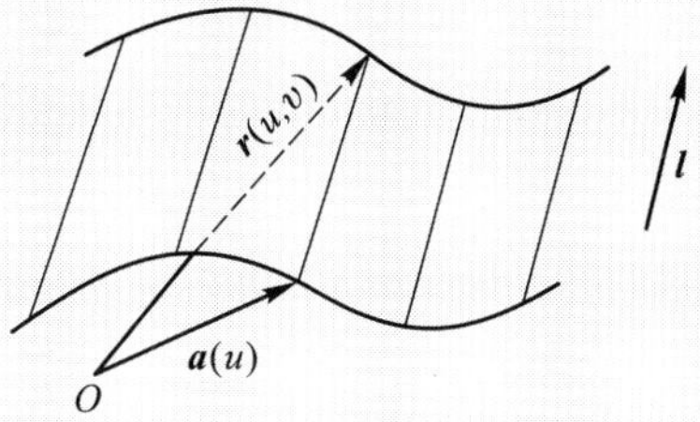

图10

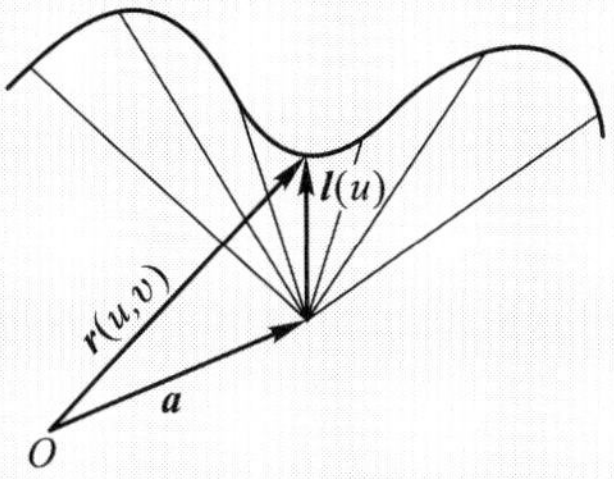

图11

$$\boldsymbol{r}_v=\boldsymbol{l}$$

$$\boldsymbol{n}=\frac{\boldsymbol{a}'\times\boldsymbol{l}}{|\boldsymbol{a}'\times\boldsymbol{l}|}$$

6. 锥面(图 11)

如果曲面方程为

$$\boldsymbol{r}(u,v)=\boldsymbol{a}+v\boldsymbol{l}(u)\tag{2-15}$$

则称此曲面为**锥面**,这里 $\boldsymbol{a}$ 为常向量,它的端点称为锥面的顶点,$\boldsymbol{l}(u)$是锥面的母线方向,不失一般性,可取 $\boldsymbol{l}(u)$ 为单位向量.其中 $\boldsymbol{l}(u)$ 的参数 u 的变化范围为 $c\leqslant u\leqslant d$,而 $-\infty<v<+\infty$.这时

$$\boldsymbol{r}_u=v\boldsymbol{l}'$$

$$\boldsymbol{r}_v=\boldsymbol{l}$$

$$\boldsymbol{n}=\frac{\boldsymbol{l}'\times\boldsymbol{l}}{|\boldsymbol{l}'\times\boldsymbol{l}|}$$

7. 切线面(图 12)

如果曲面方程为

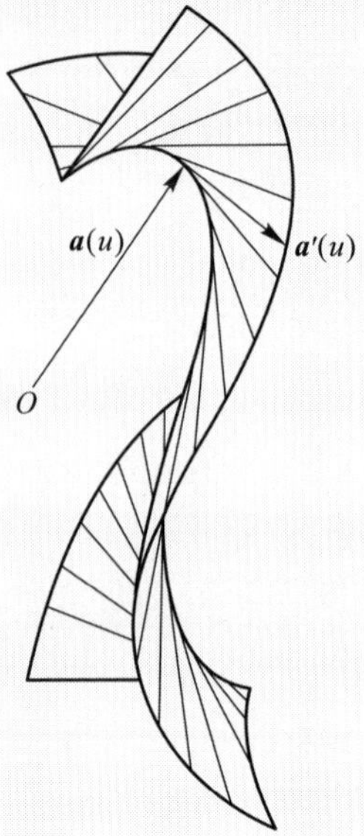

图12

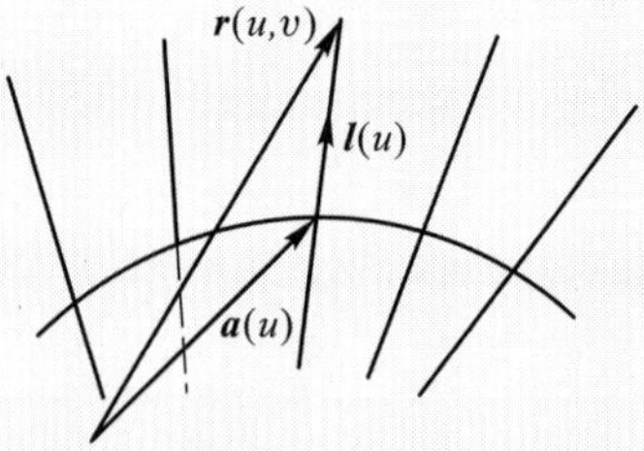

图13

$$\boldsymbol{r}(u,v)=\boldsymbol{a}(u)+v\boldsymbol{a}'(u) \tag{2-16}$$

则称此曲面为**切线面**,它由空间曲线 C:$\boldsymbol{r}=\boldsymbol{a}(u)$ 上各点的切线所组成,曲线 C 称为这个切线面的**脊线**.这时

$$\boldsymbol{r}_u=\boldsymbol{a}'+v\boldsymbol{a}''$$

$$\boldsymbol{r}_v=\boldsymbol{a}'$$

$$\boldsymbol{r}_u\times\boldsymbol{r}_v=(\boldsymbol{a}'+v\boldsymbol{a}'')\times\boldsymbol{a}'=v\boldsymbol{a}''\times\boldsymbol{a}'$$

$$\boldsymbol{n}=\frac{\boldsymbol{a}''\times\boldsymbol{a}'}{|\boldsymbol{a}''\times\boldsymbol{a}'|}$$

切线面中除去脊线后的每点都是正则点.

8. 直纹面(图 13)

如果曲面方程为

$$\boldsymbol{r}(u,v)=\boldsymbol{a}(u)+v\boldsymbol{l}(u) \tag{2-17}$$

其中 $\boldsymbol{l}(u)$ 为单位向量,则称此曲面为**直纹面**,这时 v 曲线为直线,因此直纹面是由一条条的直线所织成,这些直线就称为此直纹面的**母线**.这时

$$\boldsymbol{r}_u=\boldsymbol{a}'+v\boldsymbol{l}',\quad \boldsymbol{r}_v=\boldsymbol{l}$$

$$\boldsymbol{r}_u\times\boldsymbol{r}_v=(\boldsymbol{a}'+v\boldsymbol{l}')\times\boldsymbol{l}$$

$$\boldsymbol{n}=\frac{(\boldsymbol{a}'+v\boldsymbol{l}')\times\boldsymbol{l}}{|(\boldsymbol{a}'+v\boldsymbol{l}')\times\boldsymbol{l}|}$$

前面所举出的柱面、锥面和切线面都是直纹面.

1.6 单参数曲面族　平面族的包络面　可展曲面

1. 单参数曲面族的包络面

设有一族曲面 S_λ：$F(x,y,z,\lambda)=0$，这里$\frac{\partial F}{\partial x},\frac{\partial F}{\partial y},\frac{\partial F}{\partial z}$不同时为 0. 如果存在一个曲面 S，它的每点 $P(x,y,z)$ 必属于族中的一个曲面 S_λ，而在 P 点，S 的法线和相应的曲面 S_λ 的法线一致，而且对族中每一曲面 S_λ，在曲面 S 上有一点 P_λ，使 S_λ 与 S 在 P_λ 点法线一致，就称曲面 S 是这个**曲面族的包络面**(见图 14).

现在来求包络面 S 的方程. 设包络面 S 上点(x,y,z)属于曲面族中的某一曲面 S_λ，因此 S 上每点对应 λ 的一个确定值，即 λ 是(x,y,z)的函数，记为 $\lambda(x,y,z)$.假定在 S 上，$\lambda(x,y,z)\neq$常数，否则包络面 S 将整个地属于曲面族中的某一个曲面，这是我们不感兴趣的情形.

S 上的点(x,y,z)适合方程

$$F(x,y,z,\lambda(x,y,z))=0$$

两边微分后得到

$$\frac{\partial F}{\partial x}\mathrm{d}x+\frac{\partial F}{\partial y}\mathrm{d}y+\frac{\partial F}{\partial z}\mathrm{d}z+\frac{\partial F}{\partial \lambda}\mathrm{d}\lambda=0$$

但$(\mathrm{d}x,\mathrm{d}y,\mathrm{d}z)$为 S 上的切向量，而$\left(\frac{\partial F}{\partial x},\frac{\partial F}{\partial y},\frac{\partial F}{\partial z}\right)$同时是 $S_{\lambda(x,y,z)}$ 与 S 在(x,y,z)的法向，所以

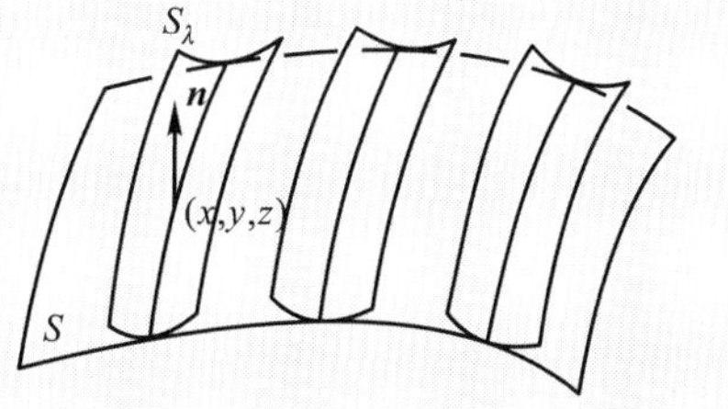

图 14

$$\frac{\partial F}{\partial x}dx+\frac{\partial F}{\partial y}dy+\frac{\partial F}{\partial z}dz=0$$

又因为 $d\lambda\neq0$,所以 $F_\lambda=0$.因此包络面 S 上的点 (x,y,z) 要满足

$$\begin{cases}F(x,y,z,\lambda)=0\\F_\lambda(x,y,z,\lambda)=0\end{cases}\tag{2-18}$$

如能从上面两式中消去参数 λ 后得到一个曲面,我们就称这个曲面为**判别曲面** Σ .于是我们已证得了 $S\subset\Sigma$.

现在要说明,如果这个判别曲面 Σ 存在,且不是由族中曲面的奇点组成,则 Σ 正好就是包络面 S.

为此,我们取 Σ 上一点 (x,y,z),设它所相应的 $\lambda=\lambda(x,y,z)$.现在来计算 Σ 在这点的法向.设 (dx,dy,dz) 是 Σ 在 (x,y,z) 处的切向,对(2-18)中的第一式两边微分后得到

$$\frac{\partial F}{\partial x}dx+\frac{\partial F}{\partial y}dy+\frac{\partial F}{\partial z}dz+\frac{\partial F}{\partial \lambda}d\lambda=0$$

再加上 $F_\lambda=0$,则得到

$$\frac{\partial F}{\partial x}dx+\frac{\partial F}{\partial y}dy+\frac{\partial F}{\partial z}dz=0$$

于是当 F_x,F_y,F_z 不全为 0 时,$\left(\frac{\partial F}{\partial x},\frac{\partial F}{\partial y},\frac{\partial F}{\partial z}\right)$ 是 Σ 的法向.但 $\left(\frac{\partial F}{\partial x},\frac{\partial F}{\partial y},\frac{\partial F}{\partial z}\right)$ 又同时是曲面 $S_{\lambda(x,y,z)}$ 的法向,所以不但判别曲面 Σ 上任何点 (x,y,z) 属于 $S_{\lambda(x,y,z)}$,而且在这点,Σ 的法向与 $S_{\lambda(x,y,z)}$ 的法向一致,因此 Σ 必在 S_λ 的包络面上.

由此 $\Sigma=S$.于是我们得到了

定理 单参数曲面族 S_λ: $F(x,y,z,\lambda)=0$ 的包络面的方程为(2-18).

对每一固定的 λ,(2-18)决定一曲线,称它为包络面的**特征线**.不同的 λ 就相应于不同的特征线,于是包络面 S 是由这些特征线所组成的.

2. 单参数平面族的包络面、可展曲面

(1) 单参数平面族的包络面

设有一个单参数平面族

$$T_t:\quad \boldsymbol{n}(t)\cdot\boldsymbol{r}-p(t)=0\tag{2-19}$$

当 $\boldsymbol{n}(t)=$ 常向量时,这族平面的法线平行,所以是一族平行平面,当然就谈不上包络面.下面设 $\boldsymbol{n}'(t)\neq\boldsymbol{0}$.

由前知，T_t 的包络面为

$$\begin{cases}\boldsymbol{n}(t)\cdot\boldsymbol{r}-p(t)=0\\ \boldsymbol{n}'(t)\cdot\boldsymbol{r}-p'(t)=0\end{cases}\tag{2-20}$$

对固定的 t，方程(2-20)表示了一条特征线 l_t. 改写(2-20)：

$$\begin{aligned}0&=\boldsymbol{n}'(t)\cdot\boldsymbol{r}-p'(t)\\&=\lim_{\Delta t\to 0}\frac{\boldsymbol{n}(t+\Delta t)\cdot\boldsymbol{r}-p(t+\Delta t)-[\boldsymbol{n}(t)\cdot\boldsymbol{r}-p(t)]}{\Delta t}\end{aligned}$$

则特征线 l_t 可看成是平面族中相邻平面 T_t，$T_{t+\Delta t}$ 的交线，当 $\Delta t\to 0$ 时的极限位置. 显然特征线 l_t 是直线，它的方向向量 $\boldsymbol{l}(t)$ 可取为 $\boldsymbol{n}(t)\times\boldsymbol{n}'(t)$. 因此包络面 S 是由直线 l_t 所组成的(见图 15). 如果这些直线 l_t 都重合在一起，则包络面 S 退化为一条直线，于是原来的平面族为平面束. 除了这种情况外，在包络面 S 上就能选取一条曲线 C：$\boldsymbol{r}=\boldsymbol{a}(t)$，使得曲线 C 与每条特征线 l_t 只交于一点，那么这个包络面必须是一个直纹面

$$\boldsymbol{r}=\boldsymbol{a}(t)+v\boldsymbol{l}(t)\tag{2-21}$$

下面我们进一步证明它必须是可展曲面.

(2) 可展曲面

如果沿着一个直纹面的母线，切平面都相同，就把这种直纹面称为**可展曲面**. 现在由于沿着母线 l_t，直纹面(2-21)的法线方向都是 $\boldsymbol{n}(t)$，所以切平面是相同的，因此这个直纹面是可展曲面.

反之，因为可展曲面的切平面只依赖一个参数，因而可展曲面当然是单参数平面族的包络面. 于是得到

定理 曲面 S 是可展曲面的充要条件是曲面 S 为单参数平面族的包络面.

下面我们给出直纹面为可展曲面的特征，即

定理 直纹面 $\boldsymbol{r}=\boldsymbol{a}(t)+v\boldsymbol{l}(t)$ 为可展曲面的充要条件是

$$(\boldsymbol{a}',\boldsymbol{l},\boldsymbol{l}')=0\tag{2-22}$$

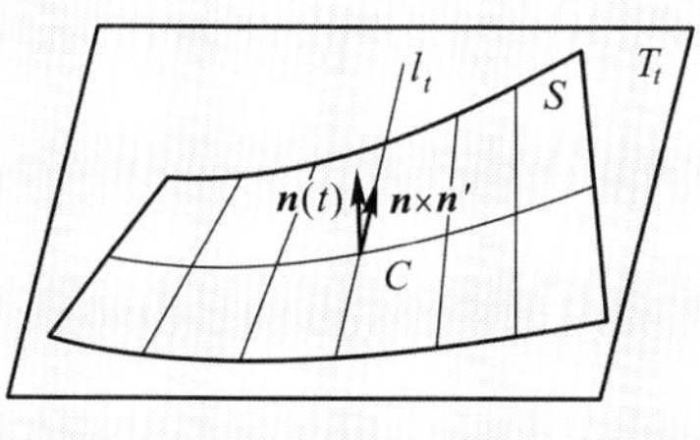

图 15

证明 必要性:因为

$$\boldsymbol{r}_t=\boldsymbol{a}'+v\boldsymbol{l}',\quad \boldsymbol{r}_v=\boldsymbol{l}$$

$$\boldsymbol{r}_t\times\boldsymbol{r}_v=(\boldsymbol{a}'+v\boldsymbol{l}')\times\boldsymbol{l}$$

在同一母线上参数为 v_1,v_2处的法向分别为

$$(\boldsymbol{a}'+v_1\boldsymbol{l}')\times\boldsymbol{l}\quad 及\quad (\boldsymbol{a}'+v_2\boldsymbol{l}')\times\boldsymbol{l}$$

因为它是可展曲面,所以这两个向量应该平行,故有

$$((\boldsymbol{a}'+v_1\boldsymbol{l}')\times\boldsymbol{l})\times((\boldsymbol{a}'+v_2\boldsymbol{l}')\times\boldsymbol{l})=\boldsymbol{0}$$

即

$$(v_2-v_1)(\boldsymbol{a}'\times\boldsymbol{l})\times(\boldsymbol{l}'\times\boldsymbol{l})=\boldsymbol{0}$$

因为 v_1,v_2 可以任意取值,所以

$$\begin{aligned}\boldsymbol{0}&=(\boldsymbol{a}'\times\boldsymbol{l})\times(\boldsymbol{l}'\times\boldsymbol{l})\\&=(\boldsymbol{a}'\cdot(\boldsymbol{l}'\times\boldsymbol{l}))\boldsymbol{l}-(\boldsymbol{l}\cdot(\boldsymbol{l}'\times\boldsymbol{l}))\boldsymbol{a}'=-(\boldsymbol{a}',\boldsymbol{l},\boldsymbol{l}')\boldsymbol{l}\end{aligned}$$

充分性:上述过程反推过去,就可以由$(\boldsymbol{a}',\boldsymbol{l},\boldsymbol{l}')=0$ 推出

$$(\boldsymbol{r}_t\times\boldsymbol{r}_v)\big|_{v=v_1}/\!/(\boldsymbol{r}_t\times\boldsymbol{r}_v)\big|_{v=v_2}$$

因此直纹面沿着母线的法平面相同,所以为可展曲面.定理证毕.

(3) 可展曲面形状的确定

我们分几种情况来讨论.

① 当$\boldsymbol{l}\times\boldsymbol{l}'=\boldsymbol{0}$ 时,则有$\boldsymbol{l}/\!/\boldsymbol{l}'$.由于$\boldsymbol{l}$ 可取为单位向量,则$\boldsymbol{l}\cdot\boldsymbol{l}'=0$,即$\boldsymbol{l}\perp\boldsymbol{l}'$成立,这就得出$\boldsymbol{l}'=\boldsymbol{0}$,即$\boldsymbol{l}$ 是常向量,所以这时直纹面为柱面.

② 当$\boldsymbol{l}\times\boldsymbol{l}'\neq\boldsymbol{0}$ 时,则有$\boldsymbol{l}'\neq\boldsymbol{0}$.

(a) 首先说明这时能把直纹面方程$\boldsymbol{r}=\boldsymbol{a}(t)+v\boldsymbol{l}(t)$改写成

$$\boldsymbol{r}=\boldsymbol{b}(t)+s\boldsymbol{l}(t)$$

这里$\boldsymbol{b}(t)$的切向量$\boldsymbol{b}'(t)$与$\boldsymbol{l}(t)$的切向量$\boldsymbol{l}'(t)$垂直(见图16). 事实上,令

$$\boldsymbol{b}(t)=\boldsymbol{a}(t)+v(t)\boldsymbol{l}(t)$$

其中函数 $v(t)$为待定.因为

$$\boldsymbol{b}'=\boldsymbol{a}'+v'\boldsymbol{l}+v\boldsymbol{l}'$$

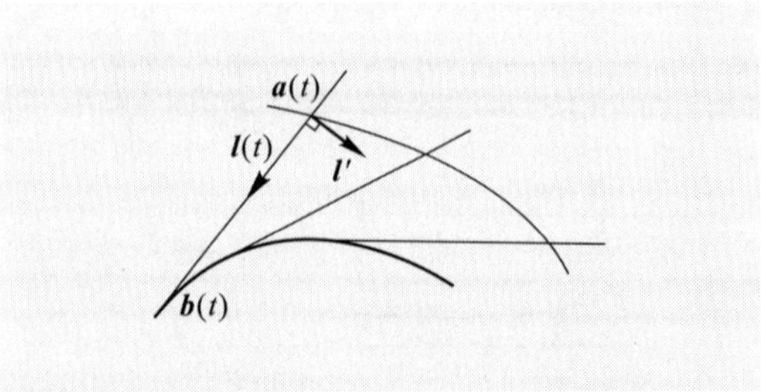

图16

再根据条件 $\boldsymbol{b}'\perp\boldsymbol{l}'$ 及 $\boldsymbol{l}\perp\boldsymbol{l}'$,就得到了

$$0=\boldsymbol{b}'\cdot\boldsymbol{l}'=\boldsymbol{a}'\cdot\boldsymbol{l}'+v\boldsymbol{l}'\cdot\boldsymbol{l}'$$

因为这时 $\boldsymbol{l}'\neq\boldsymbol{0}$,所以只要选择函数

$$v(t)=-\frac{\boldsymbol{a}'\cdot\boldsymbol{l}'}{\boldsymbol{l}'\cdot\boldsymbol{l}'}$$

后就能达到目的,这时直纹面的方程为

$$\boldsymbol{r}=\boldsymbol{a}(t)+v\boldsymbol{l}(t)=\boldsymbol{b}(t)+[v-v(t)]\boldsymbol{l}(t)$$

再把参数 $v-v(t)$ 改记为 s,这样,直纹面的方程就可写为

$$\boldsymbol{r}=\boldsymbol{b}(t)+s\boldsymbol{l}(t),\quad \text{其中 } \boldsymbol{b}'\perp\boldsymbol{l}'$$

(b) 在新参数下,曲面是可展曲面的条件为 $(\boldsymbol{b}',\boldsymbol{l},\boldsymbol{l}')=0$,即向量 $\boldsymbol{b}'$,$\boldsymbol{l}$,$\boldsymbol{l}'$ 共面.

当 $\boldsymbol{b}'\neq\boldsymbol{0}$ 时,因为 $\boldsymbol{b}'$ 与 $\boldsymbol{l}'$ 相互垂直,从而 $\boldsymbol{l}/\!/\boldsymbol{b}'$,直纹面的母线是 $\boldsymbol{b}$ 的切线,因此直纹面是由 $\boldsymbol{b}$ 的切线所组成,即为切线面,而曲线 $\boldsymbol{r}=\boldsymbol{b}(t)$ 就是这个切线面的**脊线**.

当 $\boldsymbol{b}'=\boldsymbol{0}$ 时,$\boldsymbol{b}$=常向量,所以母线全由一点发出,这时直纹面是一个锥面.

反过来,从上面的例子中容易看出:柱面、锥面、切线面都是可展曲面,于是我们就得到了下列定理:

定理　曲面为可展的充要条件是曲面为柱面或锥面或切线面.

习　题

1. 证明:(1) 曲面 $\boldsymbol{r}=\left(u^2+\dfrac{v}{3},2u^3+uv,u^4+\dfrac{2u^2v}{3}\right)$ 是可展曲面;

(2) 双曲抛物面 $\boldsymbol{r}=(a(u+v),b(u-v),2uv)$ 不是可展曲面.

2. 证明:曲面 $\boldsymbol{r}=(\cos v-(u+v)\sin v,\sin v+(u+v)\cos v,u+2v)$ 是可展曲面,它是圆柱螺线 $\boldsymbol{r}=(\cos v,\sin v,v)$ 的切线曲面.

3. 证明:圆柱螺线 $\boldsymbol{r}=(a\cos\theta,a\sin\theta,b\theta)$ 的主法线曲面是正螺面 $\boldsymbol{r}=(u\cos v,u\sin v,bv)$,它不是可展曲面.

4. 求平面族 $x\cos\lambda+y\sin\lambda-z\sin\lambda=1$ 的包络面,证明它是一个柱面.

5. 求平面族 $a^2x+2ay+2z=2a$ 的包络面,证明它是一个锥面.

6. 证明:挠曲线(非平面曲线)的主法线和从法线所产生的曲面都不是可展曲面.

7. 证明:曲线 C 的切线曲面 S 沿着任意母线 l 的切平面就是 C 在切线 l 的切点处的密切平面.

8. 证明:直纹面上两条相邻母线之间的距离一般为一阶无限小.而当此直纹面为非柱面的

可展曲面时,这个距离至少为二阶无限小.

9. 验证下面的 Möbius 带

$$\boldsymbol{r}=(\cos\theta,\sin\theta,0)+v\left(\sin\frac{\theta}{2}\cos\theta,\sin\frac{\theta}{2}\sin\theta,\cos\frac{\theta}{2}\right)$$

$$\left(-\pi<\theta<\pi,-\frac{1}{2}<v<\frac{1}{2}\right)$$

是直纹面.

§2 曲面的第一、第二基本形式

2.1 曲面的第一基本形式

设 $P(u,v)$ 及 $P'(u+\Delta u,v+\Delta v)$ 是曲面 S 上的两个邻近点,它们的向径是 $\boldsymbol{r}(u,v)$ 及 $\boldsymbol{r}(u+\Delta u,v+\Delta v)$,于是由向量函数的 Taylor 展开式知道

$$\begin{aligned}\overrightarrow{PP'}=\Delta\boldsymbol{r}&=\boldsymbol{r}(u+\Delta u,v+\Delta v)-\boldsymbol{r}(u,v)\\&=\boldsymbol{r}_u\Delta u+\boldsymbol{r}_v\Delta v+\cdots\end{aligned}\tag{2-23}$$

略去部分是 $\Delta u,\Delta v$ 的二阶以上的小量.所以从上式可推出向量函数 $\boldsymbol{r}$ 的微分关系式为

$$\mathrm{d}\boldsymbol{r}=\boldsymbol{r}_u\mathrm{d}u+\boldsymbol{r}_v\mathrm{d}v\tag{2-24}$$

当 P' 无限接近于 P 点时(即 $\Delta u\to0,\Delta v\to0$ 时),我们就把 PP' 在 E^3 中的长度的主要部分定义为曲面 S 上这两个无限邻近点之间的距离 $\mathrm{d}s$,即

$$\begin{aligned}\mathrm{d}s^2&=|\mathrm{d}\boldsymbol{r}|^2=\mathrm{d}\boldsymbol{r}\cdot\mathrm{d}\boldsymbol{r}=(\boldsymbol{r}_u\mathrm{d}u+\boldsymbol{r}_v\mathrm{d}v)\cdot(\boldsymbol{r}_u\mathrm{d}u+\boldsymbol{r}_v\mathrm{d}v)\\&=\boldsymbol{r}_u\cdot\boldsymbol{r}_u(\mathrm{d}u)^2+2\boldsymbol{r}_u\cdot\boldsymbol{r}_v\mathrm{d}u\mathrm{d}v+\boldsymbol{r}_v\cdot\boldsymbol{r}_v(\mathrm{d}v)^2\end{aligned}$$

利用上节中的记号 E,F,G 后,上式可改写成

$$\mathrm{d}s^2=E\mathrm{d}u^2+2F\mathrm{d}u\mathrm{d}v+G\mathrm{d}v^2\tag{2-25}$$

这个二次微分形式称为曲面的**第一基本形式**,也称为曲面的**线素**,而 E,F,G 称为曲面的**第一基本形式的系数**.有时也把第一基本形式简记为Ⅰ.

由(2-24)可见, $\mathrm{d}\boldsymbol{r}$ 是切平面 T_P 中的一个向量,于是 $\mathrm{d}s^2$ 也可用 T_P 中的内积,表为

$$\mathrm{d}s^2=(\mathrm{d}\boldsymbol{r},\mathrm{d}\boldsymbol{r})$$

它是一个正定的二次形式,因此易见

$$E>0,\quad G>0,\quad EG-F^2>0$$

设 C 是曲面 S 中的一条曲线,它的方程为

$$\boldsymbol{r}=\boldsymbol{r}(u(t),v(t)),\quad a\leqslant t\leqslant b$$

这里 $t=a,b$ 分别对应于曲线 C 的端点 A,B.从(2-25)易见,沿曲线 C 从 A 到 B 的弧长 L 为

$$L=\int_a^b \mathrm{d}s=\int_a^b \sqrt{E\left(\frac{\mathrm{d}u}{\mathrm{d}t}\right)^2+2F\frac{\mathrm{d}u}{\mathrm{d}t}\frac{\mathrm{d}v}{\mathrm{d}t}+G\left(\frac{\mathrm{d}v}{\mathrm{d}t}\right)^2}\,\mathrm{d}t \tag{2-26}$$

我们现在来计算曲面 S 上两条曲线 C,C^* 在交点 P 处切向量之间的交角 θ. 设这两条曲线的参数方程分别为

$$C:\quad u=u(t),\quad v=v(t)$$

$$C^*:\quad u=u^*(t^*),\quad v=v^*(t^*)$$

它们在交点 $P(u,v)$ 处的切向量分别为

$$\boldsymbol{r}_u\frac{\mathrm{d}u}{\mathrm{d}t}+\boldsymbol{r}_v\frac{\mathrm{d}v}{\mathrm{d}t}\quad 及\quad \boldsymbol{r}_u\frac{\mathrm{d}u^*}{\mathrm{d}t^*}+\boldsymbol{r}_v\frac{\mathrm{d}v^*}{\mathrm{d}t^*}$$

于是

$$\begin{aligned}\cos\theta&=\frac{\left(\boldsymbol{r}_u\frac{\mathrm{d}u}{\mathrm{d}t}+\boldsymbol{r}_v\frac{\mathrm{d}v}{\mathrm{d}t}\right)\cdot\left(\boldsymbol{r}_u\frac{\mathrm{d}u^*}{\mathrm{d}t^*}+\boldsymbol{r}_v\frac{\mathrm{d}v^*}{\mathrm{d}t^*}\right)}{\left|\boldsymbol{r}_u\frac{\mathrm{d}u}{\mathrm{d}t}+\boldsymbol{r}_v\frac{\mathrm{d}v}{\mathrm{d}t}\right|\cdot\left|\boldsymbol{r}_u\frac{\mathrm{d}u^*}{\mathrm{d}t^*}+\boldsymbol{r}_v\frac{\mathrm{d}v^*}{\mathrm{d}t^*}\right|}\\&=\frac{E\frac{\mathrm{d}u}{\mathrm{d}t}\frac{\mathrm{d}u^*}{\mathrm{d}t^*}+F\left(\frac{\mathrm{d}u}{\mathrm{d}t}\frac{\mathrm{d}v^*}{\mathrm{d}t^*}+\frac{\mathrm{d}v}{\mathrm{d}t}\frac{\mathrm{d}u^*}{\mathrm{d}t^*}\right)+G\frac{\mathrm{d}v}{\mathrm{d}t}\frac{\mathrm{d}v^*}{\mathrm{d}t^*}}{\sqrt{E\left(\frac{\mathrm{d}u}{\mathrm{d}t}\right)^2+2F\frac{\mathrm{d}u}{\mathrm{d}t}\frac{\mathrm{d}v}{\mathrm{d}t}+G\left(\frac{\mathrm{d}v}{\mathrm{d}t}\right)^2}\cdot\sqrt{E\left(\frac{\mathrm{d}u^*}{\mathrm{d}t^*}\right)^2+2F\frac{\mathrm{d}u^*}{\mathrm{d}t^*}\frac{\mathrm{d}v^*}{\mathrm{d}t^*}+G\left(\frac{\mathrm{d}v^*}{\mathrm{d}t^*}\right)^2}}\end{aligned} \tag{2-27}$$

特别当 C,C^* 分别是 u 曲线及 v 曲线时,因为

$$\frac{\mathrm{d}u}{\mathrm{d}t}=1,\quad \frac{\mathrm{d}v}{\mathrm{d}t}=0\quad 及\quad \frac{\mathrm{d}u^*}{\mathrm{d}t^*}=0,\quad \frac{\mathrm{d}v^*}{\mathrm{d}t^*}=1$$

于是

$$\cos\theta=\frac{F}{\sqrt{EG}}$$

因此 $\theta=\dfrac{\pi}{2}$ 就等价于 $F=0$,即曲面的坐标曲线为正交的充要条件是 $F=0$.

现在再来考察曲面 S 上的一个区域 $\mathscr{D}$ 的面积.

设 $\mathscr{D}$ 的参数区域是 (u,v) 平面中的区域 D,图 17 中 D 的阴影区域相应于 $\mathscr{D}$ 中的阴影区域. 我们先计算 $\mathscr{D}$ 中阴影区域的面积. 因为

$$\overrightarrow{PP'}=\boldsymbol{r}(u+\Delta u,v)-\boldsymbol{r}(u,v)=\boldsymbol{r}_u\Delta u+\cdots$$

$$\overrightarrow{PP''}=\boldsymbol{r}(u,v+\Delta v)-\boldsymbol{r}(u,v)=\boldsymbol{r}_v\Delta v+\cdots$$

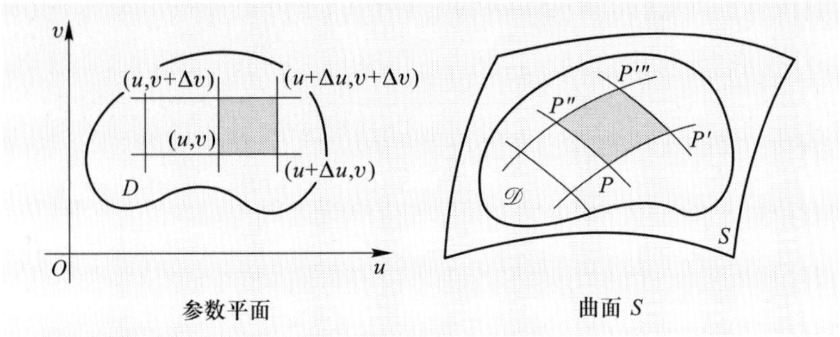

图 17

略去部分是 Δu、Δv 的二阶及二阶以上的小量.四边形 $PP'P'''P''$在 E^3 中的面积为 $|\overrightarrow{PP'}\times\overrightarrow{PP''}|$. 当参数网格的 P',P''点无限接近于 P 点时(即 $\Delta u\to 0$, $\Delta v\to 0$ 时),我们就把四边形 $PP'P'''P''$在 E^3 中的面积的主要部分 $\mathrm{d}\sigma$ 定义为曲面 S 中的这个阴影区域的面积,即

$$\mathrm{d}\sigma=|(\boldsymbol{r}_u\mathrm{d}u)\times(\boldsymbol{r}_v\mathrm{d}v)|=|\boldsymbol{r}_u\times\boldsymbol{r}_v|\mathrm{d}u\mathrm{d}v$$

所以曲面 S 上的区域 $\mathscr{D}$ 的面积 A 为

$$A=\iint_{\mathscr{D}}\mathrm{d}\sigma=\iint_D|\boldsymbol{r}_u\times\boldsymbol{r}_v|\mathrm{d}u\mathrm{d}v$$

利用向量运算中的 Lagrange 恒等式后得到

$$|\boldsymbol{r}_u\times\boldsymbol{r}_v|^2=(\boldsymbol{r}_u\cdot\boldsymbol{r}_u)(\boldsymbol{r}_v\cdot\boldsymbol{r}_v)-(\boldsymbol{r}_u\cdot\boldsymbol{r}_v)(\boldsymbol{r}_v\cdot\boldsymbol{r}_u)=EG-F^2$$

由于$EG-F^2>0$,所以

$$A=\iint_D\sqrt{EG-F^2}\,\mathrm{d}u\mathrm{d}v \tag{2-28}$$

在 §1 中我们已列举了若干个常用的曲面,并已计算了 $\boldsymbol{r}_u$,$\boldsymbol{r}_v$,所以第一基本形式的系数 E,F,G 可随之算出. 现在把它们的第一基本形式列出如下,详细的计算过程就不再写出.

例 1 平面

$$\boldsymbol{r}=(x,y,0)$$
$$\mathrm{d}s^2=\mathrm{d}x^2+\mathrm{d}y^2$$

例 2 旋转面

$$\boldsymbol{r}=(f(v)\cos u,\ f(v)\sin u,g(v))$$
$$\mathrm{d}s^2=f^2\mathrm{d}u^2+[(f')^2+(g')^2]\mathrm{d}v^2$$

因为 $F=0$,所以旋转面的这两族参数曲线是正交的.

特别取$f(v)=a\cos v$,$g(v)=a\sin v$,则这个旋转面就是半径为 a 的球面. 它的第一基本形式为

$$ds^2=a^2\cos^2 v\mathrm{d}u^2+a^2\mathrm{d}v^2$$

例3 螺旋面

$$\boldsymbol{r}=(f(v)\cos u,\ f(v)\sin u,\ g(v)+bu)$$

$$ds^2=(f^2+b^2)\mathrm{d}u^2+2bg'\mathrm{d}u\mathrm{d}v+[(f')^2+(g')^2]\mathrm{d}v^2$$

特别当它是正螺面时,即$f(v)=v,g(v)=0$时有

$$ds^2=(v^2+b^2)\mathrm{d}u^2+\mathrm{d}v^2$$

例4 柱面

$$\boldsymbol{r}=\boldsymbol{a}(u)+v\boldsymbol{l}\quad(\boldsymbol{l}\text{ 为单位向量})$$

$$ds^2=|\boldsymbol{a}'|^2\mathrm{d}u^2+2\boldsymbol{a}'\cdot\boldsymbol{l}\mathrm{d}u\mathrm{d}v+\mathrm{d}v^2$$

例5 锥面

$$\boldsymbol{r}=\boldsymbol{a}+v\boldsymbol{l}(u)\quad(\boldsymbol{l}\text{ 为单位向量})$$

$$ds^2=v^2\ |\boldsymbol{l}'|^2\mathrm{d}u^2+\mathrm{d}v^2$$

于是它的两族参数曲线是正交的.

例6 直纹面

$$\boldsymbol{r}=\boldsymbol{a}(u)+v\boldsymbol{l}(u)\quad(\boldsymbol{l}\text{ 为单位向量})$$

$$ds^2=|\boldsymbol{a}'+v\boldsymbol{l}'|^2\mathrm{d}u^2+2\boldsymbol{a}'\cdot\boldsymbol{l}\mathrm{d}u\mathrm{d}v+\mathrm{d}v^2$$

习 题

1. 求以下曲面的第一基本形式:

(1) 椭圆面 $\boldsymbol{r}=(a\cos\varphi\cos\theta,b\cos\varphi\sin\theta,c\sin\varphi)$;

(2) 单叶双曲面 $\boldsymbol{r}=(a\operatorname{ch}u\cos v,b\operatorname{ch}u\sin v,c\operatorname{sh}u)$;

(3) 双叶双曲面 $\boldsymbol{r}=(a\operatorname{ch}u,b\operatorname{sh}u\cos v,c\operatorname{sh}u\sin v)$;

(4) 椭圆抛物面 $\boldsymbol{r}=\left(u,v,\dfrac{1}{2}\left(\dfrac{u^2}{a^2}+\dfrac{v^2}{b^2}\right)\right)$;

(5) 双曲抛物面 $\boldsymbol{r}=(a(u+v),b(u-v),2uv)$;

(6) 劈锥曲面 $\boldsymbol{r}=(u\cos v,u\sin v,\varphi(v))$;

(7) 一般螺面 $\boldsymbol{r}=(u\cos v,u\sin v,\varphi(u)+av)$.

2. 将曲面 $\boldsymbol{r}=\boldsymbol{r}(u,v)$ 上的 $\boldsymbol{n}\times\boldsymbol{r}_u,\boldsymbol{n}\times\boldsymbol{r}_v$ 写成 $\boldsymbol{r}_u,\boldsymbol{r}_v$ 的线性组合.

3. 从球面 $x^2+y^2+z^2=a^2$ 的北极向 xy 平面作球极投影.证明:可将球面的线素写成

$$ds^2=\frac{4(\mathrm{d}x^2+\mathrm{d}y^2)}{[1+K(x^2+y^2)]^2}$$

而从中心向 $z=a$ 处的切平面作中心射影,可将球面线素写成

$$ds^2=\frac{\mathrm{d}x^2+\mathrm{d}y^2+K(x\mathrm{d}y-y\mathrm{d}x)^2}{[1+K(x^2+y^2)]^2}$$

其中 $K=\dfrac{1}{a^2}$.

4. 证明:在螺面 $\boldsymbol{r}=(u\cos v, u\sin v, \ln\cos u+v)$ 上,每两条螺线(v 曲线)在任一 u 曲线上截取等长的曲线段.

5. 设曲面上曲线 C 的切线方向为$(\delta u,\delta v)$,求

(1) C 的正交轨线的微分方程;

(2) 当 $A\delta u+B\delta v=0$ 时,C 的正交轨线的微分方程.

6. 求曲面的参数曲线的二等分角轨线的微分方程.

7. 设在曲面上一点,含 $\mathrm{d}u$,$\mathrm{d}v$ 的二次方程

$$P\,\mathrm{d}u^2+2Q\,\mathrm{d}u\,\mathrm{d}v+R\,\mathrm{d}v^2=0$$

确定两个切线方向. 证明:这两个方向相互正交的充要条件是

$$ER-2FQ+GP=0$$

8. 设 $\varphi(u,v)=$ 常数以及 $\psi(u,v)=$ 常数是曲面上两族正则曲线.证明:它们相互正交的充要条件是

$$E\varphi_v\psi_v-F(\varphi_u\psi_v+\varphi_v\psi_u)+G\varphi_u\psi_u=0$$

9. 求球面的斜驶线(与子午线交定角的轨线)方程.

10. 设曲面线素为 $\mathrm{d}s^2=\mathrm{d}u^2+(u^2+a^2)\mathrm{d}v^2$.求

(1) 曲线 $C_1:u+v=0$,$C_2:u-v=0$ 的交角;

(2) 曲线 $C_1:u=\dfrac{a}{2}v^2$,$C_2:u=-\dfrac{a}{2}v^2$,$C_3:v=1$ 所构成的三角形的边长与内角.

2.2 曲面的正交参数曲线网

设

$$\begin{cases}\bar{u}=\bar{u}(u,v)\\ \bar{v}=\bar{v}(u,v)\end{cases}$$

为曲面 S 上的参数变换,且设 $\bar{E}$、$\bar{F}$、$\bar{G}$ 为曲面在$(\bar{u},\bar{v})$参数下的第一基本形式的系数,则由(2-8)式可得

$$\begin{aligned}\bar{E}&=\boldsymbol{r}_{\bar{u}}\cdot\boldsymbol{r}_{\bar{u}}=E\frac{\partial u}{\partial\bar{u}}\frac{\partial u}{\partial\bar{u}}+F\left(\frac{\partial u}{\partial\bar{u}}\frac{\partial v}{\partial\bar{u}}+\frac{\partial v}{\partial\bar{u}}\frac{\partial u}{\partial\bar{u}}\right)+G\frac{\partial v}{\partial\bar{u}}\frac{\partial v}{\partial\bar{u}}\\ \bar{F}&=\boldsymbol{r}_{\bar{u}}\cdot\boldsymbol{r}_{\bar{v}}=E\frac{\partial u}{\partial\bar{u}}\frac{\partial u}{\partial\bar{v}}+F\left(\frac{\partial u}{\partial\bar{u}}\frac{\partial v}{\partial\bar{v}}+\frac{\partial v}{\partial\bar{u}}\frac{\partial u}{\partial\bar{v}}\right)+G\frac{\partial v}{\partial\bar{u}}\frac{\partial v}{\partial\bar{v}}\\ \bar{G}&=\boldsymbol{r}_{\bar{v}}\cdot\boldsymbol{r}_{\bar{v}}=E\frac{\partial u}{\partial\bar{v}}\frac{\partial u}{\partial\bar{v}}+F\left(\frac{\partial u}{\partial\bar{v}}\frac{\partial v}{\partial\bar{v}}+\frac{\partial v}{\partial\bar{v}}\frac{\partial u}{\partial\bar{v}}\right)+G\frac{\partial v}{\partial\bar{v}}\frac{\partial v}{\partial\bar{v}}\end{aligned} \tag{2-29}$$

下面我们来证明:

定理 设在曲面 S 上已给出了两个线性独立的向量场 $\boldsymbol{a}(u,v)$,$\boldsymbol{b}(u,v)$,则可选到一族新的参数$(\bar{u},\bar{v})$,使在新参数下,$\bar{u}$ 曲线的切向量 $\boldsymbol{r}_{\bar{u}}$ 与 $\boldsymbol{a}$ 平行,$\bar{v}$ 曲线的切向量 $\boldsymbol{r}_{\bar{v}}$ 与 $\boldsymbol{b}$ 平行(见图 18).

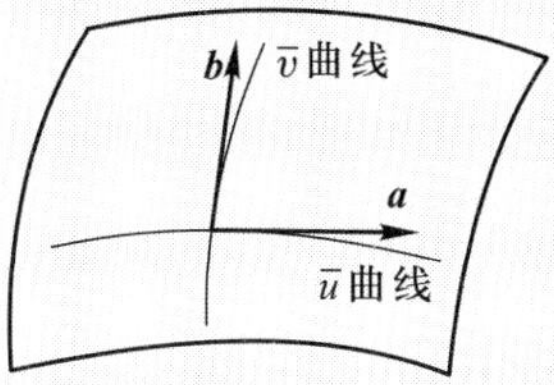

图 18

证明　设在曲面 S 上每点 $P(u,v)$ 处有两个独立的向量

$$\boldsymbol{a}(u,v)=a^1(u,v)\boldsymbol{r}_u+a^2(u,v)\boldsymbol{r}_v$$

$$\boldsymbol{b}(u,v)=b^1(u,v)\boldsymbol{r}_u+b^2(u,v)\boldsymbol{r}_v$$

今考察下列两个微分形式

$$b^2\mathrm{d}u-b^1\mathrm{d}v,\quad -a^2\mathrm{d}u+a^1\mathrm{d}v$$

由常微分方程理论知道,必分别存在非零的积分因子 μ,ν,使得这两个微分形式分别乘上积分因子后就变成了全微分,即有

$$\begin{aligned}\mu(b^2\mathrm{d}u-b^1\mathrm{d}v)&=\mathrm{d}\bar{u}\\ \nu(-a^2\mathrm{d}u+a^1\mathrm{d}v)&=\mathrm{d}\bar{v}\end{aligned}\tag{2-30}$$

其中 $\mu,\nu\neq0$,而 $\bar{u}(u,v)$,$\bar{v}(u,v)$ 是 u,v 的两个函数.

由于 $\boldsymbol{a},\boldsymbol{b}$ 为线性独立的,即有

$$\det\frac{\partial(\bar{u},\bar{v})}{\partial(u,v)}=\mu\nu\begin{vmatrix}a^1 & a^2\\ b^1 & b^2\end{vmatrix}\neq0$$

于是$(\bar{u},\bar{v})$可作为新参数.

下面我们再来计算在新参数下,$\bar{u}$ 曲线及 $\bar{v}$ 曲线的切向量.由(2-30)式可反解出 $\mathrm{d}u,\mathrm{d}v$,从而得到 $\bar{u}$ 曲线的切向量为

$$\boldsymbol{r}_{\bar{u}}=\boldsymbol{r}_u\frac{\partial u}{\partial\bar{u}}+\boldsymbol{r}_v\frac{\partial v}{\partial\bar{u}}=\frac{1}{\begin{vmatrix}a^1 & a^2\\ b^1 & b^2\end{vmatrix}}\left(\boldsymbol{r}_u\frac{a^1}{\mu}+\boldsymbol{r}_v\frac{a^2}{\mu}\right)$$

它平行于 $\boldsymbol{a}$,类似地有 $\boldsymbol{r}_{\bar{v}}/\!/\boldsymbol{b}$.定理证毕.

作为上述定理的应用,我们来叙述曲面上正交参数曲线网的存在性.

取曲面 S 上一族曲线,使得过每点 $P\in S$,只有族中一条曲线通过,它在 P 点的切向量记为 $\boldsymbol{a}(u,v)$, 再在每点 P 处作一个与 $\boldsymbol{a}(u,v)$ 正交的向量 $\boldsymbol{b}(u,v)$,于是向量场 $\boldsymbol{b}$ 的积分曲线就与原来曲线族中的曲线正交.我们称这族积分曲线为原来曲线族的**正交轨线**.

再由上述定理知道,必可找到新的参数$(\bar{u},\bar{v})$,使得

$$\boldsymbol{r}_{\bar{u}} // \boldsymbol{a}, \quad \boldsymbol{r}_{\bar{v}} // \boldsymbol{b}$$

于是从 $\boldsymbol{a}\cdot\boldsymbol{b}=0$ 知道 $\overline{F}=\boldsymbol{r}_{\bar{u}}\cdot\boldsymbol{r}_{\bar{v}}=0$,故 $\bar{u},\bar{v}$ 曲线构成了正交参数曲线网.这时 $\bar{u}$ 曲线和 $\bar{v}$ 曲线互成正交轨线.

综上所述,我们有

定理 在任何曲面上总可取到正交参数曲线网.

习题

1. 设曲面的参数变换为 $u=\bar{u}\cos\theta+\bar{v}\sin\theta, v=-\bar{u}\sin\theta+\bar{v}\cos\theta$($\theta$ 为常数),求第一基本形式系数的变换式.

2. 证明:积分 $A=\iint_D\sqrt{EG-F^2}\,\mathrm{d}u\mathrm{d}v$ 与曲面的参数变换无关.

2.3 等距对应 曲面的内蕴几何学

如果两个曲面

$$S: \quad \boldsymbol{r}=\boldsymbol{r}(u,v)$$

$$S^*: \quad \boldsymbol{r}^*=\boldsymbol{r}^*(u^*,v^*)$$

在参数(u,v)和参数(u^*,v^*)的一一对应下,它们的第一基本形式相等:

$$\mathrm{d}s^{*2}=\mathrm{d}s^2$$

则称这两个曲面是**等距的**,且称(u,v)及(u^*,v^*)之间的对应为**等距对应**.

例 **悬链面**

$$\boldsymbol{r}=\left(a\operatorname{ch}\frac{t}{a}\cos\theta, a\operatorname{ch}\frac{t}{a}\sin\theta, t\right) \quad \begin{pmatrix}-\infty<t<+\infty\\ 0<\theta<2\pi\end{pmatrix}$$

与正螺面

$$\boldsymbol{r}=(v\cos u, v\sin u, au) \quad \begin{pmatrix}0<u<2\pi\\ -\infty<v<+\infty\end{pmatrix}$$

彼此是等距的.

事实上,正螺面的第一基本形式前已算出为

$$\mathrm{d}s^2=(v^2+a^2)\mathrm{d}u^2+\mathrm{d}v^2$$

而悬链面的

$$\boldsymbol{r}_\theta=\left(-a\operatorname{ch}\frac{t}{a}\sin\theta, a\operatorname{ch}\frac{t}{a}\cos\theta, 0\right)$$

$$\boldsymbol{r}_t=\left(\cos\theta\operatorname{sh}\frac{t}{a}, \sin\theta\operatorname{sh}\frac{t}{a}, 1\right)$$

$$E=a^2\operatorname{ch}^2\frac{t}{a},\quad F=0,\quad G=\operatorname{sh}^2\frac{t}{a}+1=\operatorname{ch}^2\frac{t}{a}$$

所以悬链面的第一基本形式为

$$ds^2=\operatorname{ch}^2\frac{t}{a}(a^2d\theta^2+dt^2)$$

只要令

$$\begin{cases}u=\theta\\ v=a\operatorname{sh}\dfrac{t}{a}\end{cases}$$

后，这两个第一基本形式就一致了，于是这两个曲面是等距的.

今后我们把仅仅用 E,F,G 表示出来的几何量称为**内蕴量**，如弧长、交角、面积等.讨论这些量的几何学就称为曲面的**内蕴几何学**，由这些内蕴量所决定的几何性质称为曲面的**内蕴性质**.

2.4 共形对应

如果两个曲面

$$S:\quad \boldsymbol{r}=\boldsymbol{r}(u,v)$$

$$S^*:\quad \boldsymbol{r}^*=\boldsymbol{r}^*(u^*,v^*)$$

的参数 (u,v) 和参数 (u^*,v^*) 之间建立了一一对应

$$\begin{cases}u^*=u^*(u,v)\\ v^*=v^*(u,v)\end{cases}\tag{2-31}$$

后，它们的第一基本形式 ds^2,ds^{*2} 成比例：

$$ds^{*2}=\rho^2(u,v)ds^2$$

其中 $\rho(u,v)\neq0$，则称这两个曲面是**共形**的，且称(2-31)为**共形对应**.

如果我们把 S,S^* 上彼此共形对应的两点的参数取为相同的 (u,v)，于是 S 的第一基本形式系数 E,F,G 与 S^* 的第一基本形式系数 E^*,F^*,G^* 分别成比例

$$E^*=\rho^2E,\quad F^*=\rho^2F,\quad G^*=\rho^2G\tag{2-32}$$

因为在共形对应下，对应点的参数取相同值，因而曲面 S 上过 $P\in S$ 点的任意曲线的参数方程与在共形对应下，过对应点 $P^*\in S^*$ 的曲线 C^* 的参数方程相同，于是由 1.2 节中的(2-3)式知道：在 $P\in S$ 点的切向量关于 $\boldsymbol{r}_u,\boldsymbol{r}_v$ 的分量与在共形对应下，$P^*\in S^*$ 处相应的切向量关于 $\boldsymbol{r}_u^*,\boldsymbol{r}_v^*$ 的分量相同，故如在 $P\in S$ 处有两个切向量

$$\boldsymbol{a}=a^1\boldsymbol{r}_u+a^2\boldsymbol{r}_v,\quad \boldsymbol{b}=b^1\boldsymbol{r}_u+b^2\boldsymbol{r}_v$$

在共形对应下，$P^* \in S^*$ 处相应的切向量为

$$\boldsymbol{a}^* = a^1 \boldsymbol{r}_u^* + a^2 \boldsymbol{r}_v^*, \quad \boldsymbol{b}^* = b^1 \boldsymbol{r}_u^* + b^2 \boldsymbol{r}_v^*$$

所以

$$\begin{aligned}\cos\theta &= \frac{\boldsymbol{a}\cdot\boldsymbol{b}}{|\boldsymbol{a}|\cdot|\boldsymbol{b}|}\\ &= \frac{Ea^1b^1+F(a^1b^2+a^2b^1)+Ga^2b^2}{\sqrt{E(a^1)^2+2Fa^1a^2+G(a^2)^2}\cdot\sqrt{E(b^1)^2+2Fb^1b^2+G(b^2)^2}}\end{aligned}$$

$$\begin{aligned}\cos\theta^* &= \frac{\boldsymbol{a}^*\cdot\boldsymbol{b}^*}{|\boldsymbol{a}^*|\cdot|\boldsymbol{b}^*|}\\ &= \frac{E^*a^1b^1+F^*(a^1b^2+a^2b^1)+G^*a^2b^2}{\sqrt{E^*(a^1)^2+2F^*a^1a^2+G^*(a^2)^2}\cdot\sqrt{E^*(b^1)^2+2F^*b^1b^2+G^*(b^2)^2}}\end{aligned}$$

由(2-32)知 $\cos\theta=\cos\theta^*$，所以 $\theta=\theta^*$，因此共形对应有时也称为**保角对应**.

定理 任何曲面必与平面共形对应.

也就是说，对任何曲面 $S:\boldsymbol{r}=\boldsymbol{r}(u,v)$，总能选到一族新的参数$(u^*, v^*)$，使得第一基本形式为

$$\mathrm{d}s^2=\rho^2(u^*,v^*)[(\mathrm{d}u^*)^2+(\mathrm{d}v^*)^2]$$

以后我们称这种参数(u^*,v^*)为等温参数.

证明 由于这里要证明的是一个局部性的定理，因此不妨设曲面原先的参数 u,v 是正交参数，即曲面 S 的第一基本形式可写为

$$\mathrm{I}=E(u,v)\mathrm{d}u^2+G(u,v)\mathrm{d}v^2$$

于是

$$\mathrm{I}=\frac{1}{E}(E\mathrm{d}u+\mathrm{i}\sqrt{EG}\,\mathrm{d}v)(E\mathrm{d}u-\mathrm{i}\sqrt{EG}\,\mathrm{d}v)$$

在常微分方程理论中我们知道，对任何一个实的一次微分形式

$$\omega=f(u,v)\mathrm{d}u+g(u,v)\mathrm{d}v$$

总存在一个非零的积分因子 $k(u,v)$，使得 $k\cdot\omega$ 正好是某个函数 $F(u,v)$ 的全微分，即

$$\mathrm{d}F=k\cdot\omega$$

如果这个结论也可应用于复值一次微分形式

$$\omega=E\mathrm{d}u+\mathrm{i}\sqrt{EG}\,\mathrm{d}v$$

即上述函数 $g(u,v)$ 取纯虚数值时，非零的复值积分因子 k 依然存在，且可找到某个复值函数 $F(u,v)=F_1+\mathrm{i}F_2$，使得

$$\mathrm{d}F=k\cdot\omega=(k_1+\mathrm{i}k_2)(E\mathrm{d}u+\mathrm{i}\sqrt{EG}\,\mathrm{d}v)$$

于是由 $\mathrm{d}F=\mathrm{d}F_1+\mathrm{i}\mathrm{d}F_2$,并分别比较上式的实部和虚部后就能得到

$$\begin{cases}\mathrm{d}F_1=k_1E\mathrm{d}u-k_2\sqrt{EG}\,\mathrm{d}v\\ \mathrm{d}F_2=k_2E\mathrm{d}u+k_1\sqrt{EG}\,\mathrm{d}v\end{cases}$$

即有

$$\begin{aligned}&\frac{\partial F_1}{\partial u}=k_1E,\quad \frac{\partial F_1}{\partial v}=-k_2\sqrt{EG}\\ &\frac{\partial F_2}{\partial u}=k_2E,\quad \frac{\partial F_2}{\partial v}=k_1\sqrt{EG}\end{aligned}\tag{2-33}$$

如果我们令

$$\begin{cases}u^*=F_1(u,v)\\ v^*=F_2(u,v)\end{cases}$$

可以验证其 Jacobi 行列式

$$\det\frac{\partial(u^*,v^*)}{\partial(u,v)}=\begin{vmatrix}\dfrac{\partial F_1}{\partial u}&\dfrac{\partial F_1}{\partial v}\\ \dfrac{\partial F_2}{\partial u}&\dfrac{\partial F_2}{\partial v}\end{vmatrix}=\begin{vmatrix}k_1E&-k_2\sqrt{EG}\\ k_2E&k_1\sqrt{EG}\end{vmatrix}$$

$$=(k_1^2+k_2^2)E\sqrt{EG}$$

因为已设积分因子 $k\neq0$,所以$\dfrac{\partial(u^*,v^*)}{\partial(u,v)}\neq0$,因而$(u^*,v^*)$可以成为一个新的坐标系,而且在此坐标系下,曲面 S 的第一基本形式可写成

$$\begin{aligned}\mathrm{I}&=\frac{1}{E}(E\mathrm{d}u+\mathrm{i}\sqrt{EG}\,\mathrm{d}v)(E\mathrm{d}u-\mathrm{i}\sqrt{EG}\,\mathrm{d}v)\\ &=\frac{1}{E}\cdot\frac{\mathrm{d}F}{k}\cdot\frac{\overline{\mathrm{d}F}}{\bar{k}}=\frac{1}{E\cdot|k|^2}|\mathrm{d}F|^2\\ &=\frac{1}{E\cdot|k|^2}[(\mathrm{d}F_1)^2+(\mathrm{d}F_2)^2]\\ &=\rho^2(u^*,v^*)[(\mathrm{d}u^*)^2+(\mathrm{d}v^*)^2]\end{aligned}$$

这里已令 $\rho^2=\dfrac{1}{E\cdot|k|^2}$. 这就证明了等温参数$(u^*,v^*)$的存在性.

所以剩下的问题是如何去解出函数 F_1,F_2 及非零的 $k=k_1+\mathrm{i}k_2$,使得偏微分方程组(2-33)成立.为此,我们先设法消去函数 k_1 和 k_2,即从(2-33)可知函数 F_1,F_2 必满足偏微分方程组

$$
\begin{cases}
\dfrac{\partial F_1}{\partial u}=\sqrt{\dfrac{E}{G}}\dfrac{\partial F_2}{\partial v} \\
\dfrac{\partial F_1}{\partial v}=-\sqrt{\dfrac{G}{E}}\dfrac{\partial F_2}{\partial u}
\end{cases}
\tag{2-34}
$$

反过来,如果从方程组(2-34)中解出了 F_1,F_2,则由(2-33)可得出

$$
k_1=\frac{1}{E}\ \frac{\partial F_1}{\partial u}=\frac{1}{\sqrt{EG}}\ \frac{\partial F_2}{\partial v}
$$

$$
k_2=-\frac{1}{\sqrt{EG}}\ \frac{\partial F_1}{\partial v}=\frac{1}{E}\ \frac{\partial F_2}{\partial u}
$$

从而函数 F_1,F_2 及 k_1,k_2 必满足偏微分方程组(2-33).这时积分因子 $k=k_1+\mathrm{i}k_2$非零的条件等价于 Jacobi 约束条件:

$$
\begin{vmatrix}
\dfrac{\partial F_1}{\partial u} & \dfrac{\partial F_1}{\partial v} \\
\dfrac{\partial F_2}{\partial u} & \dfrac{\partial F_2}{\partial v}
\end{vmatrix}
=(k_1^2+k_2^2)E\sqrt{EG}\neq 0
\tag{2-35}
$$

所以我们把定理的证明最终归结为:

求偏微分方程组(2-34)的解 F_1 和 F_2,且要求此解还满足上述约束条件(2-35).

这属于椭圆型偏微分方程组理论中的一个重要问题.我们可以在 Courant和 Hilbert 所著的《数学物理方法》第二卷,第四章,§8 中查到下述一般性的结果:

设函数 a,b,c 满足指数为 $\alpha(0<\alpha<1)$ 的 Hölder 条件,则 Beltrami 方程

$$
\sigma_x=\frac{b\rho_x+c\rho_y}{\sqrt{ac-b^2}},\qquad -\sigma_y=\frac{a\rho_x+b\rho_y}{\sqrt{ac-b^2}}
$$

存在满足约束条件

$$
\sigma_x\rho_y-\sigma_y\rho_x\neq 0
$$

的解(σ,ρ).

这个结果和证明的思路应归于 A. Horn 和 L. Lichtenstein,而在《数学物理方法》书中所述的证明是由 L.Bers 和陈省身各自独立得到的.不熟悉偏微分方程理论的读者不妨承认这个事实.

如果在上述 Beltrami 方程中改记(x,y)为(u,v),(σ,ρ)为(F_1,F_2),

并令 $a=G(u,v),b=0,c=E(u,v)$,则 Beltrami 方程就化为(2-34),而其约束条件即为约束条件(2-35).因而,我们就得知偏微分方程组(2-34)确实存在着满足约束条件(2-35)的解(F_1,F_2),于是定理证毕.

系 任何两个曲面 S,S^* 必彼此共形.

作为例子,我们来建立球面与平面之间的共形对应.

如用经纬度(u,v)作为球面的参数,则单位球面的方程为

$$\boldsymbol{r}(u,v)=(\cos v\cos u,\cos v\sin u,\sin v)$$

且

$$\mathrm{d}s^2=\cos^2 v\,\mathrm{d}u^2+\mathrm{d}v^2$$

为了使 $\mathrm{d}s^2$ 与平面的线素 $\mathrm{d}x^2+\mathrm{d}y^2$ 成比例,我们不妨去找形如

$$\begin{cases}u=x\\ v=f(y)\end{cases}\tag{2-36}$$

的共形对应,其中函数$f(y)$为待定.

将(2-36)代入 $\mathrm{d}s^2$ 后得到

$$\mathrm{d}s^2=\cos^2(f(y))\mathrm{d}x^2+[f'(y)]^2\mathrm{d}y^2$$

令

$$(f')^2=\cos^2 f\tag{2-37}$$

后,$\mathrm{d}s^2$ 即与 $\mathrm{d}x^2+\mathrm{d}y^2$ 成比例. 为了从(2-37)中解出f,我们可取$f'=\cos f$,所以有

$$\frac{\mathrm{d}f}{\cos f}=\mathrm{d}y$$

两边积分后可得

$$y=\int\frac{\mathrm{d}f}{\cos f}=\ln\left|\tan\left(\frac{f}{2}+\frac{\pi}{4}\right)\right|+C$$

所以如取

$$\begin{cases}x=u\\ y=\ln\left|\tan\left(\dfrac{v}{2}+\dfrac{\pi}{4}\right)\right|\end{cases}$$

后,单位球面就与平面共形.

绘制 Mercator 地图的方法就是用上式把地球上经纬度(u,v)的点画在平面上直角坐标为(x,y)的点处,这时经线与 y 轴的平行线对应,纬度圈与 x 轴的平行线对应(见图 19).

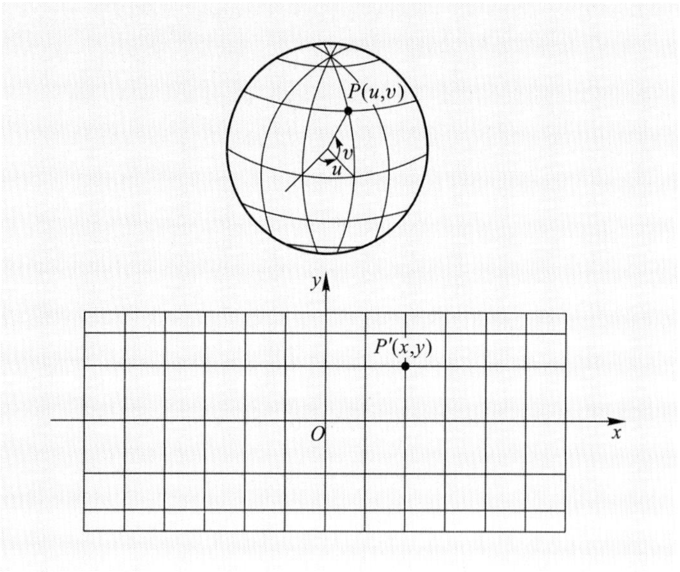

图 19

习 题

1. 证明:平面到自身的等距对应必为平面上的运动.

2. 证明:螺面 $\boldsymbol{r}=(u\cos v,u\sin v,u+v)$ 与旋转双曲面 $\boldsymbol{r}=(\rho\cos\theta,\rho\sin\theta,\sqrt{\rho^2-1})$ $(\rho\geqslant 1,0\leqslant\theta<2\pi)$ 可建立等距对应

$$\theta=\arctan u+v,\quad \rho=\sqrt{u^2+1}$$

3. 证明:具有线素 $\mathrm{d}s^2=\dfrac{\mathrm{d}u^2-4v\mathrm{d}u\mathrm{d}v+4u\mathrm{d}v^2}{4(u-v^2)}$ $(u>v^2)$ 的曲面可与平面建立等距对应

$$u=\xi^2+\eta^2,\quad v=\eta$$

4. 证明:曲面 $\boldsymbol{r}=(a(\cos u+\cos v),a(\sin u+\sin v),b(u+v))$ 可与一旋转面建立等距对应.

5. 若两曲面之间的对应使对应区域的面积保持相等,则称对应是等积的. 证明:既是共形又是等积的对应必是等距对应.

6. 设 $f(z)=U(x,y)+\mathrm{i}V(x,y)$ 是 $z=x+\mathrm{i}y$ 的解析函数.证明:

(1) 曲面 $z=U(x,y)$,$z=V(x,y)$ 在对应点成等积对应;

(2) xy 平面到自身的对应:$\xi=U(x,y)$,$\eta=V(x,y)$ 是共形对应.

7. 证明:球面 $\boldsymbol{r}=(a\cos u\cos v,a\cos u\sin v,a\sin u)$ 可与 xy 平面建立等积对应

$$x=a\sin u+f(v),\quad y=av$$

其中 f 是任意函数.

8. 证明:平面上关于原点为中心,r 为半径的圆周的反演是平面到自身的共形对应.

9. 证明:球极投影是球面(去掉投影中心)到平面的共形对应.

2.5 曲面的第二基本形式

为了研究曲面在 P 点处的弯曲程度,我们来计算点 $P'(u+\Delta u,v+\Delta v)$ 到 P 点的切平面 T_P 的垂直距离 δ (见图 20).

因为

$$\begin{aligned}\overrightarrow{PP'}&=\Delta \boldsymbol{r}\\&=\boldsymbol{r}(u+\Delta u,v+\Delta v)-\boldsymbol{r}(u,v)\\&=\boldsymbol{r}_u\Delta u+\boldsymbol{r}_v\Delta v+\frac{1}{2}[\boldsymbol{r}_{uu}(\Delta u)^2+2\boldsymbol{r}_{uv}\Delta u\Delta v+\boldsymbol{r}_{vv}(\Delta v)^2]+\cdots\end{aligned}$$

略去部分是 $\Delta u,\Delta v$ 的三阶及三阶以上的小量.于是

$$\delta=\overrightarrow{PP'}\cdot\boldsymbol{n}=\frac{1}{2}[\boldsymbol{r}_{uu}\cdot\boldsymbol{n}\ (\Delta u)^2+2\boldsymbol{r}_{uv}\cdot\boldsymbol{n}\Delta u\Delta v+\boldsymbol{r}_{vv}\cdot\boldsymbol{n}\ (\Delta v)^2]+\cdots$$

令

$$L=\boldsymbol{r}_{uu}\cdot\boldsymbol{n},\quad M=\boldsymbol{r}_{uv}\cdot\boldsymbol{n},\quad N=\boldsymbol{r}_{vv}\cdot\boldsymbol{n}\qquad(2-38)$$

则

$$2\delta=L\ (\Delta u)^2+2M\Delta u\Delta v+N\ (\Delta v)^2+\cdots$$

$\delta>0$ 表示 P'在 T_P 的朝法向量 $\boldsymbol{n}$ 的一侧,$\delta<0$ 表示在另一侧.当 P'无限邻近 P 时(即 $\Delta u\to 0,\Delta v\to 0$ 时),我们把 2δ 的主要部分,即下列二次微分形式称为**曲面的第二基本形式**:

$$\mathrm{II}=L\ \mathrm{d}u^2+2M\ \mathrm{d}u\mathrm{d}v+N\ \mathrm{d}v^2$$

称 L、M、N 为**第二基本形式的系数**.

由于 $\boldsymbol{r}_u\cdot\boldsymbol{n}=0,\boldsymbol{r}_v\cdot\boldsymbol{n}=0$,两边分别对 u,v 求导,得到

$$\boldsymbol{r}_{uu}\cdot\boldsymbol{n}+\boldsymbol{r}_u\cdot\boldsymbol{n}_u=0,\quad \boldsymbol{r}_{uv}\cdot\boldsymbol{n}+\boldsymbol{r}_u\cdot\boldsymbol{n}_v=0$$

$$\boldsymbol{r}_{vu}\cdot\boldsymbol{n}+\boldsymbol{r}_v\cdot\boldsymbol{n}_u=0,\quad \boldsymbol{r}_{vv}\cdot\boldsymbol{n}+\boldsymbol{r}_v\cdot\boldsymbol{n}_v=0$$

于是

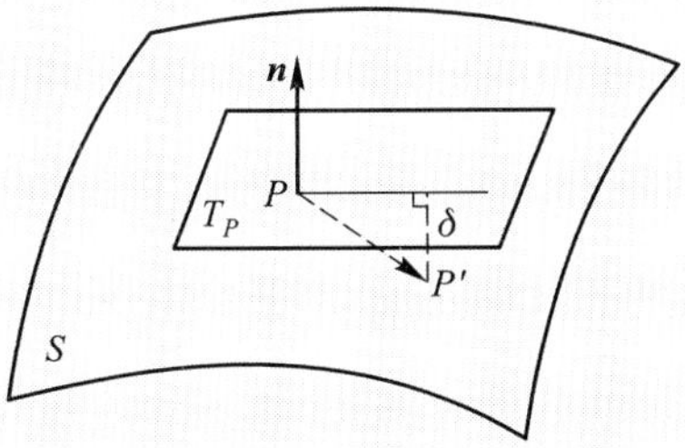

图 20

$$L=-\boldsymbol{r}_u\cdot\boldsymbol{n}_u,\quad M=-\boldsymbol{r}_u\cdot\boldsymbol{n}_v=-\boldsymbol{r}_v\cdot\boldsymbol{n}_u,\quad N=-\boldsymbol{r}_v\cdot\boldsymbol{n}_v$$

利用上述关系式,也可把第二基本形式改写为

$$\mathrm{II}=L\mathrm{d}u^2+2M\,\mathrm{d}u\mathrm{d}v+N\,\mathrm{d}v^2=-\mathrm{d}\boldsymbol{r}\cdot\mathrm{d}\boldsymbol{n}=-(\mathrm{d}\boldsymbol{n},\mathrm{d}\boldsymbol{r})$$

为了计算方便起见,利用 $\boldsymbol{n}$ 的表达式(2-6),有时我们把(2-38)式改写为

$$L=\frac{(\boldsymbol{r}_u,\boldsymbol{r}_v,\boldsymbol{r}_{uu})}{|\boldsymbol{r}_u\times\boldsymbol{r}_v|},\quad M=\frac{(\boldsymbol{r}_u,\boldsymbol{r}_v,\boldsymbol{r}_{uv})}{|\boldsymbol{r}_u\times\boldsymbol{r}_v|},\quad N=\frac{(\boldsymbol{r}_u,\boldsymbol{r}_v,\boldsymbol{r}_{vv})}{|\boldsymbol{r}_u\times\boldsymbol{r}_v|}\tag{2-39}$$

前面我们已经计算过一些常见曲面的 $\boldsymbol{r}_u,\boldsymbol{r}_v,\boldsymbol{n}$ 及它们的第一基本形式,现在再来计算它们的第二基本形式.

例 1 旋转面

$$\boldsymbol{r}(u,v)=(f(v)\cos u,\ f(v)\sin u,g(v))$$

$$\boldsymbol{r}_{uu}=(-f\cos u,\ -f\sin u,0)$$

$$\boldsymbol{r}_{uv}=(-f'\sin u,\ f'\cos u,0)$$

$$\boldsymbol{r}_{vv}=(f''\cos u,\ f''\sin u,g'')$$

$$\boldsymbol{n}=\frac{1}{\sqrt{f'^2+g'^2}}(g'\cos u,g'\sin u,\ -f')$$

因此

$$L=\boldsymbol{r}_{uu}\cdot\boldsymbol{n}=\frac{-fg'}{\sqrt{f'^2+g'^2}}$$

$$M=\boldsymbol{r}_{uv}\cdot\boldsymbol{n}=0$$

$$N=\boldsymbol{r}_{vv}\cdot\boldsymbol{n}=\frac{f''g'-f'g''}{\sqrt{f'^2+g'^2}}$$

例 2 直纹面

$$\boldsymbol{r}(u,v)=\boldsymbol{a}(u)+v\boldsymbol{l}(u)$$

$$\boldsymbol{r}_{uu}=\boldsymbol{a}''+v\boldsymbol{l}''$$

$$\boldsymbol{r}_{uv}=\boldsymbol{l}'$$

$$\boldsymbol{r}_{vv}=\boldsymbol{0}$$

$$\boldsymbol{n}=\frac{(\boldsymbol{a}'+v\boldsymbol{l}')\times\boldsymbol{l}}{|(\boldsymbol{a}'+v\boldsymbol{l}')\times\boldsymbol{l}|}$$

因此

$$L=\frac{(\boldsymbol{a}''+v\boldsymbol{l}'',\boldsymbol{a}'+v\boldsymbol{l}',\boldsymbol{l})}{|(\boldsymbol{a}'+v\boldsymbol{l}')\times\boldsymbol{l}|}$$

$$M=\frac{(\boldsymbol{l}',\boldsymbol{a}',\boldsymbol{l})}{|(\boldsymbol{a}'+v\boldsymbol{l}')\times\boldsymbol{l}|}$$

$$N=0$$

现在我们来说明第一、二基本形式是 E^3 中运动的不变量.

设 E^3 中有一个运动,它把曲面 S 变到曲面 S^*,在这个运动下,P 点变到 P^* 点,P 的邻近点 P' 变到 P'^* 点. 由于运动保持 E^3 中的距离不变,因而线段 $\overline{PP'}=\overline{P^*P'^*}$,所以它们的主要部分 $ds^2=ds^{*2}$,即相应的第一基本形式不变.

同样,设曲面 S 在 P 点处的切平面 T_P 在此运动下变到曲面 S^* 在 P^* 点处的切平面 T_{P^*},记 P' 到 T_P 的垂直距离为 δ,P'^* 到 T_{P^*} 的垂直距离为 δ^*,因为在运动下有 $\delta=\delta^*$,就推出相应的第二基本形式也不变.

习 题

1. 求以下曲面的第二基本形式:

(1) 椭圆面 $\boldsymbol{r}=(a\cos\varphi\cos\theta, b\cos\varphi\sin\theta, c\sin\varphi)$;

(2) 单叶双曲面 $\boldsymbol{r}=(a\operatorname{ch}u\cos v, b\operatorname{ch}u\sin v, c\operatorname{sh}u)$;

(3) 双叶双曲面 $\boldsymbol{r}=(a\operatorname{ch}u, b\operatorname{sh}u\cos v, c\operatorname{sh}u\sin v)$;

(4) 椭圆抛物面 $\boldsymbol{r}=\left(u,v,\dfrac{1}{2}\left(\dfrac{u^2}{a^2}+\dfrac{v^2}{b^2}\right)\right)$;

(5) 双曲抛物面 $\boldsymbol{r}=(a(u+v), b(u-v), 2uv)$.

2. 写出曲面 $z=f(x,y)$ 的第一、第二基本形式.

3. 应用行列式乘法法则,证明①:

$$(\boldsymbol{r}_{11},\boldsymbol{r}_1,\boldsymbol{r}_2)(\boldsymbol{r}_{22},\boldsymbol{r}_1,\boldsymbol{r}_2)=\begin{vmatrix}\boldsymbol{r}_{11}\cdot\boldsymbol{r}_{22} & \boldsymbol{r}_{11}\cdot\boldsymbol{r}_1 & \boldsymbol{r}_{11}\cdot\boldsymbol{r}_2\\ \boldsymbol{r}_1\cdot\boldsymbol{r}_{22} & E & F\\ \boldsymbol{r}_2\cdot\boldsymbol{r}_{22} & F & G\end{vmatrix}$$

$$(\boldsymbol{r}_{12},\boldsymbol{r}_1,\boldsymbol{r}_2)^2=\begin{vmatrix}\boldsymbol{r}_{12}^2 & \boldsymbol{r}_{12}\cdot\boldsymbol{r}_1 & \boldsymbol{r}_{12}\cdot\boldsymbol{r}_2\\ \boldsymbol{r}_{12}\cdot\boldsymbol{r}_1 & E & F\\ \boldsymbol{r}_{12}\cdot\boldsymbol{r}_2 & F & G\end{vmatrix}$$

4. 证明:$LN-M^2=\dfrac{1}{g}[(\boldsymbol{r}_{11},\boldsymbol{r}_1,\boldsymbol{r}_2)(\boldsymbol{r}_{22},\boldsymbol{r}_1,\boldsymbol{r}_2)-(\boldsymbol{r}_{12},\boldsymbol{r}_1,\boldsymbol{r}_2)^2]$.

5. 证明:

$$\boldsymbol{r}_{11}\cdot\boldsymbol{r}_1=\frac{E_1}{2},\quad \boldsymbol{r}_{12}\cdot\boldsymbol{r}_1=\frac{E_2}{2}$$

---

① 这里 $\boldsymbol{r}_1=\boldsymbol{r}_u$, $\boldsymbol{r}_2=\boldsymbol{r}_v$, $\boldsymbol{r}_{11}=\boldsymbol{r}_{uu}$, $\boldsymbol{r}_{12}=\boldsymbol{r}_{uv}$, $\boldsymbol{r}_{21}=\boldsymbol{r}_{vu}$, $\boldsymbol{r}_{22}=\boldsymbol{r}_{vv}$;
$E_1=E_u$, $E_2=E_v$, $F_1=F_u$, $F_2=F_v$, $G_1=G_u$, $G_2=G_v$.

$$\boldsymbol{r}_{22}\cdot\boldsymbol{r}_2=\frac{G_2}{2},\quad \boldsymbol{r}_{12}\cdot\boldsymbol{r}_2=\frac{G_1}{2}$$

$$\boldsymbol{r}_{11}\cdot\boldsymbol{r}_2=F_1-\frac{E_2}{2},\quad \boldsymbol{r}_{12}\cdot\boldsymbol{r}_1=F_2-\frac{G_1}{2}$$

§3 曲面上的活动标架 曲面的基本公式

3.1 省略和式记号的约定

为了以后叙述方便起见,从现在开始经常把曲面 S 的参数 u,v 改记为 u^1,u^2,这时曲面方程为

$$\boldsymbol{r}=\boldsymbol{r}(u^1,u^2)$$

又记

$$\begin{cases}\boldsymbol{r}_1=\boldsymbol{r}_u,\quad \boldsymbol{r}_2=\boldsymbol{r}_v\\ \boldsymbol{r}_{11}=\boldsymbol{r}_{uu},\quad \boldsymbol{r}_{12}=\boldsymbol{r}_{uv},\quad \boldsymbol{r}_{21}=\boldsymbol{r}_{vu},\quad \boldsymbol{r}_{22}=\boldsymbol{r}_{vv}\\ \boldsymbol{n}_1=\boldsymbol{n}_u,\quad \boldsymbol{n}_2=\boldsymbol{n}_v\end{cases}$$

再把第一、二基本形式的系数分别改记为

$$g_{11}=E,\quad g_{12}=g_{21}=F,\quad g_{22}=G,\quad 即\quad g_{ij}=\boldsymbol{r}_i\cdot\boldsymbol{r}_j$$

$$\Omega_{11}=L,\quad \Omega_{12}=\Omega_{21}=M,\quad \Omega_{22}=N$$

即

$$\Omega_{ij}=\boldsymbol{r}_{ij}\cdot\boldsymbol{n}=-\boldsymbol{r}_i\cdot\boldsymbol{n}_j=-\boldsymbol{r}_j\cdot\boldsymbol{n}_i$$

于是第一、第二基本形式就分别为

$$\mathrm{I}=g_{11}(\mathrm{d}u^1)^2+2g_{12}\mathrm{d}u^1\mathrm{d}u^2+g_{22}(\mathrm{d}u^2)^2=\sum_{i,j=1}^{2}g_{ij}\mathrm{d}u^i\mathrm{d}u^j$$

$$\mathrm{II}=\Omega_{11}(\mathrm{d}u^1)^2+2\Omega_{12}\mathrm{d}u^1\mathrm{d}u^2+\Omega_{22}(\mathrm{d}u^2)^2=\sum_{i,j=1}^{2}\Omega_{ij}\mathrm{d}u^i\mathrm{d}u^j$$

由于今后经常要遇到指标从 1 到 2 作和的情形,每次都将和式号 $\sum$ 写上就显得十分繁复.于是我们就省略和符 $\sum$,而作如下的约定:凡是表达式中遇到上下重复的指标,就意味着这个指标从 1 到 2 求和.

例如:

$$\mathrm{d}\boldsymbol{r}=\mathrm{d}u^1\boldsymbol{r}_1+\mathrm{d}u^2\boldsymbol{r}_2=\sum_{i=1}^{2}\mathrm{d}u^i\boldsymbol{r}_i=\mathrm{d}u^i\boldsymbol{r}_i$$

$$\boldsymbol{r}(u+\Delta u)-\boldsymbol{r}(u)$$

$$=\boldsymbol{r}_1\Delta u^1+\boldsymbol{r}_2\Delta u^2+\frac{1}{2}[\boldsymbol{r}_{11}(\Delta u^1)^2+2\boldsymbol{r}_{12}\Delta u^1\Delta u^2+\boldsymbol{r}_{22}(\Delta u^2)^2]+\cdots$$

$$= \sum_{i=1}^{2} \boldsymbol{r}_i \Delta u^i + \frac{1}{2}\sum_{i,j=1}^{2} \boldsymbol{r}_{ij} \Delta u^i \Delta u^j + \cdots$$

$$= \boldsymbol{r}_i \Delta u^i + \frac{1}{2}\boldsymbol{r}_{ij} \Delta u^i \Delta u^j + \cdots$$

$$\mathrm{I} = \sum_{i,j=1}^{2} g_{ij} \mathrm{d}u^i \mathrm{d}u^j = g_{ij} \mathrm{d}u^i \mathrm{d}u^j$$

$$\mathrm{II} = \sum_{i,j=1}^{2} \Omega_{ij} \mathrm{d}u^i \mathrm{d}u^j = \Omega_{ij} \mathrm{d}u^i \mathrm{d}u^j$$

注意:重复指标意味着从 1 到 2 的求和,而与这个重复指标到底采用哪个字母无关,但必须注意不同的和符要用不同字母作为重复指标.

例如:

$$\mathrm{d}\boldsymbol{r} = \mathrm{d}u^i \boldsymbol{r}_i = \mathrm{d}u^j \boldsymbol{r}_j$$

$$\mathrm{I} = \mathrm{d}\boldsymbol{r} \cdot \mathrm{d}\boldsymbol{r} = (\boldsymbol{r}_i \mathrm{d}u^i) \cdot (\boldsymbol{r}_j \mathrm{d}u^j) = \boldsymbol{r}_i \cdot \boldsymbol{r}_j \mathrm{d}u^i \mathrm{d}u^j$$

$$= g_{ij} \mathrm{d}u^i \mathrm{d}u^j = g_{kl} \mathrm{d}u^k \mathrm{d}u^l$$

这里我们要说明的是$(\boldsymbol{r}_i \mathrm{d}u^i) \cdot (\boldsymbol{r}_j \mathrm{d}u^j)$是代表$\sum_{i,j=1}^{2} (\boldsymbol{r}_i \mathrm{d}u^i) \cdot (\boldsymbol{r}_j \mathrm{d}u^j)$的意思,所以不能写为

$$\mathrm{I} = \mathrm{d}\boldsymbol{r} \cdot \mathrm{d}\boldsymbol{r} = (\boldsymbol{r}_i \mathrm{d}u^i) \cdot (\boldsymbol{r}_i \mathrm{d}u^i)$$

当曲面 S 上作一个参数变换 $\bar{u}^i = \bar{u}^i(u)$后,由于

$$\mathrm{I} = \bar{g}_{ij} \mathrm{d}\bar{u}^i \mathrm{d}\bar{u}^j = \bar{g}_{ij} \frac{\partial \bar{u}^i}{\partial u^k} \mathrm{d}u^k \cdot \frac{\partial \bar{u}^j}{\partial u^l} \mathrm{d}u^l$$

$$= \bar{g}_{ij} \frac{\partial \bar{u}^i}{\partial u^k} \frac{\partial \bar{u}^j}{\partial u^l} \mathrm{d}u^k \mathrm{d}u^l = g_{kl} \mathrm{d}u^k \mathrm{d}u^l$$

所以

$$g_{kl} = \bar{g}_{ij} \frac{\partial \bar{u}^i}{\partial u^k} \frac{\partial \bar{u}^j}{\partial u^l} \quad (i, j, k, l = 1, 2)$$

比(2-29)式简洁得多.类似地有

$$\Omega_{kl} = \bar{\Omega}_{ij} \frac{\partial \bar{u}^i}{\partial u^k} \frac{\partial \bar{u}^j}{\partial u^l}$$

3.2 曲面上的活动标架 曲面的基本公式

在前节中我们已经看到在正则曲面 S 的每点 $P(u^i)$处有两个线性独立的坐标曲线的切向量 $\boldsymbol{r}_i (i=1,2)$ 及一个法向量 $\boldsymbol{n}$.这三个向量合在一起构成了 P 点的一个**标架**

$$\{\boldsymbol{r}_1(u), \boldsymbol{r}_2(u), \boldsymbol{n}(u)\}$$

于是在 S 上就有了一个和二参数 u^i 有关的活动标架场.

类似于曲线论的 Frenet 公式,我们想了解在曲面 S 的两个无限邻近点处的两个标架之间的差异,并试图用它来研究曲面的一些几何性质.

设 P 点处的标架为 $\{\boldsymbol{r}_i(u),\boldsymbol{n}(u)\}$,$P+\mathrm{d}P$ 点处的标架为 $\{\boldsymbol{r}_i(u+\mathrm{d}u),\boldsymbol{n}(u+\mathrm{d}u)\}$,其中 $\boldsymbol{r}_i(u+\mathrm{d}u)=\boldsymbol{r}_i+\mathrm{d}\boldsymbol{r}_i$,$\boldsymbol{n}(u+\mathrm{d}u)=\boldsymbol{n}+\mathrm{d}\boldsymbol{n}$.所以可以用 $\boldsymbol{r}_i(u)$,$\boldsymbol{n}(u)$ 这组基来线性表出 $\mathrm{d}\boldsymbol{r}_i$,$\mathrm{d}\boldsymbol{n}$:

$$\begin{cases}\mathrm{d}\boldsymbol{r}_i=\alpha_i^j\boldsymbol{r}_j+b_i\boldsymbol{n}\\ \mathrm{d}\boldsymbol{n}=\omega^j\boldsymbol{r}_j+c\boldsymbol{n}\end{cases}$$

其中 $\boldsymbol{r}_j$,$\boldsymbol{n}$ 的系数 α_i^j,b_i,ω^j,c 为待定,因为我们只讨论到一阶小量,所以它们都是 $\mathrm{d}u^i$ 的线性组合,不妨详细地写出为

$$\mathrm{d}\boldsymbol{r}_i=\Gamma^j_{i\,k}\mathrm{d}u^k\boldsymbol{r}_j+b_{ij}\mathrm{d}u^j\boldsymbol{n} \tag{2-40}$$

$$\mathrm{d}\boldsymbol{n}=-\omega_k^j\mathrm{d}u^k\boldsymbol{r}_j+c_j\mathrm{d}u^j\boldsymbol{n} \tag{2-41}$$

其中函数 Γ^j_{ik},b_{ij},ω_k^j,c_j 为待定函数,(2-41)右端中的负号完全是为了以后运算方便而引进的.

下面我们要利用曲面的第一、二基本形式的系数 g_{ij},Ω_{ij} 去确定这些待定函数.

(2-40)式两边与 $\boldsymbol{n}$ 作内积后可得到

$$b_{ij}=\Omega_{ij} \tag{2-42}$$

(2-41)式两边与 $\boldsymbol{n}$ 作内积后可得到

$$c_j=0 \tag{2-43}$$

(2-41)式两边与 $-\boldsymbol{r}_i$ 作内积后可得到

$$\Omega_{ij}=-\boldsymbol{r}_i\cdot\boldsymbol{n}_j=\omega_j^k g_{ki} \tag{2-44}$$

如我们记矩阵(g_{ij})的逆矩阵$(g_{ij})^{-1}$为(g^{ij})①,即

$$g^{ij}g_{jk}=\delta_k^i$$

这里 δ_k^i 代表 Kronecker 的 δ 记号,当 $i=k$ 时 $\delta_k^i=1$,$i\neq k$ 时 $\delta_k^i=0$.于是在(2-44)两边乘 g^{mi},且对 i 作和后就得到

$$g^{mi}g_{il}\omega_k^l=g^{mi}\Omega_{ik}$$

上式左边等于 $\delta_l^m\omega_k^l=\omega_k^m$,因此得出

$$\omega_k^m=g^{mi}\Omega_{ik} \tag{2-45}$$

① $\begin{pmatrix}g_{11}&g_{12}\\g_{21}&g_{22}\end{pmatrix}=\begin{pmatrix}E&F\\F&G\end{pmatrix}$ 的逆矩阵为 $\begin{pmatrix}g^{11}&g^{12}\\g^{21}&g^{22}\end{pmatrix}=\dfrac{1}{EG-F^2}\begin{pmatrix}G&-F\\-F&E\end{pmatrix}$.

最后我们来决定 Γ_{ik}^{j}.

对 $\boldsymbol{r}_i \cdot \boldsymbol{r}_j = g_{ij}$ 两边求微分后得到

$$\mathrm{d}\boldsymbol{r}_i \cdot \boldsymbol{r}_j + \boldsymbol{r}_i \cdot \mathrm{d}\boldsymbol{r}_j = \mathrm{d}g_{ij}$$

再用(2-40)代入后得到

$$(\Gamma_{ik}^{l}\mathrm{d}u^k\boldsymbol{r}_l + b_{ik}\mathrm{d}u^k\boldsymbol{n}) \cdot \boldsymbol{r}_j + \boldsymbol{r}_i \cdot (\Gamma_{jk}^{l}\mathrm{d}u^k\boldsymbol{r}_l + b_{jk}\mathrm{d}u^k\boldsymbol{n}) = \frac{\partial g_{ij}}{\partial u^k}\mathrm{d}u^k$$

利用 $\boldsymbol{r}_i \cdot \boldsymbol{n} = 0, \boldsymbol{r}_j \cdot \boldsymbol{n} = 0, \boldsymbol{r}_i \cdot \boldsymbol{r}_j = g_{ij}$,并消去 $\mathrm{d}u^k$ 后就得到

$$\Gamma_{ik}^{l}g_{lj} + \Gamma_{jk}^{l}g_{li} = \frac{\partial g_{ij}}{\partial u^k} \tag{2-46}$$

为解出 Γ_{ik}^{l},将(2-46)中的指标 i,k 交换后得到

$$\Gamma_{ki}^{l}g_{lj} + \Gamma_{ji}^{l}g_{lk} = \frac{\partial g_{kj}}{\partial u^i} \tag{2-47}$$

同样,将(2-46)中 j,k 交换后得到

$$\Gamma_{ij}^{l}g_{lk} + \Gamma_{kj}^{l}g_{li} = \frac{\partial g_{ik}}{\partial u^j} \tag{2-48}$$

因为在(2-40)中 $\boldsymbol{r}_{ij}$ 及 $b_{ij} = \Omega_{ij}$ 关于 i, j 是对称的,所以 Γ_{ij}^{k} 关于 i, j 也是对称的.于是将(2-47),(2-48)两式相加后再减去(2-46),即可得

$$2\Gamma_{ij}^{l}g_{lk} = \frac{\partial g_{kj}}{\partial u^i} + \frac{\partial g_{ik}}{\partial u^j} - \frac{\partial g_{ij}}{\partial u^k}$$

再在上式两边乘 g^{mk},且对 k 作和后就可解出

$$\Gamma_{ij}^{m} = \frac{1}{2}g^{mk}\left(\frac{\partial g_{kj}}{\partial u^i} + \frac{\partial g_{ik}}{\partial u^j} - \frac{\partial g_{ij}}{\partial u^k}\right) \tag{2-49}$$

可见 Γ_{ij}^{m} 能用 g_{ij} 及其一阶偏导数算出,而不涉及第二基本形式的系数,所以 Γ_{ij}^{m} 是曲面的内蕴几何量.

至此,(2-40),(2-41)两式中的待定函数已全部被确定,它们都能利用曲面的第一、二基本形式的系数 g_{ij} 及 Ω_{ij} 来表出. 我们称

$$\begin{cases} \mathrm{d}\boldsymbol{r} = \mathrm{d}u^j\boldsymbol{r}_j \\ \mathrm{d}\boldsymbol{r}_i = \Gamma_{ij}^{k}\mathrm{d}u^j\boldsymbol{r}_k + \Omega_{ij}\mathrm{d}u^j\boldsymbol{n} \\ \mathrm{d}\boldsymbol{n} = -\omega_i^j\mathrm{d}u^i\boldsymbol{r}_j = -g^{jl}\Omega_{li}\mathrm{d}u^i\boldsymbol{r}_j \end{cases} \tag{2-50}$$

为**曲面的基本公式**,而称 Γ_{ij}^{k} 为**联络系数**,它可由(2-49)决定. 我们把(2-50)中第二组公式称为 Gauss **公式**,而把第三组公式称为 Weingarten **公式**.

又因为

$$\begin{cases} \mathrm{d}\boldsymbol{r}_i = \boldsymbol{r}_{ij}\mathrm{d}u^j \\ \mathrm{d}\boldsymbol{n} = \mathrm{d}u^i \boldsymbol{n}_i \end{cases}$$

所以也可把曲面基本公式(2-50)改写为

$$\begin{cases} \boldsymbol{r}_{ij} = \Gamma_{ij}^k \boldsymbol{r}_k + \Omega_{ij}\boldsymbol{n} \\ \boldsymbol{n}_i = -\omega_i^j \boldsymbol{r}_j \end{cases} \tag{2-50'}$$

从曲面的基本公式可见,给定了曲面的第一、二基本形式,两个相邻标架之间的相互关系就完全被确定了.

最后我们指出,对 $g^{mi}g_{ij} = \delta_j^m$ 两边关于 u^l 求偏导数,并利用(2-46)后就可得到

$$\frac{\partial g^{mk}}{\partial u^l} = -g^{ik}\Gamma_{il}^m - g^{mi}\Gamma_{il}^k \tag{2-51}$$

例 当采用正交曲线网作为曲面 S 的参数曲线网时,由于 $F=0$,所以

$$g_{11} = E,\quad g_{12} = g_{21} = 0,\quad g_{22} = G$$

$$g^{11} = \frac{1}{E},\quad g^{12} = g^{21} = 0,\quad g^{22} = \frac{1}{G}$$

于是

$$\begin{cases} \Gamma_{11}^1 = \dfrac{1}{2}g^{11}\left(\dfrac{\partial g_{11}}{\partial u^1} + \dfrac{\partial g_{11}}{\partial u^1} - \dfrac{\partial g_{11}}{\partial u^1}\right) = \dfrac{E_1}{2E} \\ \Gamma_{12}^1 = \dfrac{1}{2}g^{11}\left(\dfrac{\partial g_{12}}{\partial u^1} + \dfrac{\partial g_{11}}{\partial u^2} - \dfrac{\partial g_{12}}{\partial u^1}\right) = \dfrac{E_2}{2E} \\ \Gamma_{22}^1 = \dfrac{1}{2}g^{11}\left(\dfrac{\partial g_{12}}{\partial u^2} + \dfrac{\partial g_{21}}{\partial u^2} - \dfrac{\partial g_{22}}{\partial u^1}\right) = \dfrac{-G_1}{2E} \\ \Gamma_{11}^2 = \dfrac{1}{2}g^{22}\left(\dfrac{\partial g_{21}}{\partial u^1} + \dfrac{\partial g_{12}}{\partial u^1} - \dfrac{\partial g_{11}}{\partial u^2}\right) = \dfrac{-E_2}{2G} \\ \Gamma_{12}^2 = \dfrac{1}{2}g^{22}\left(\dfrac{\partial g_{22}}{\partial u^1} + \dfrac{\partial g_{12}}{\partial u^2} - \dfrac{\partial g_{12}}{\partial u^2}\right) = \dfrac{G_1}{2G} \\ \Gamma_{22}^2 = \dfrac{1}{2}g^{22}\left(\dfrac{\partial g_{22}}{\partial u^2} + \dfrac{\partial g_{22}}{\partial u^2} - \dfrac{\partial g_{22}}{\partial u^2}\right) = \dfrac{G_2}{2G} \end{cases} \tag{2-52}$$

因此曲面的基本公式可写为

$$\begin{cases} \boldsymbol{r}_{11}=\Gamma_{11}^{k}\boldsymbol{r}_{k}+L\boldsymbol{n}=\dfrac{E_1}{2E}\boldsymbol{r}_1-\dfrac{E_2}{2G}\boldsymbol{r}_2+L\boldsymbol{n} \\ \boldsymbol{r}_{12}=\Gamma_{12}^{k}\boldsymbol{r}_{k}+M\boldsymbol{n}=\dfrac{E_2}{2E}\boldsymbol{r}_1+\dfrac{G_1}{2G}\boldsymbol{r}_2+M\boldsymbol{n} \\ \boldsymbol{r}_{22}=\Gamma_{22}^{k}\boldsymbol{r}_{k}+N\boldsymbol{n}=\dfrac{-G_1}{2E}\boldsymbol{r}_1+\dfrac{G_2}{2G}\boldsymbol{r}_2+N\boldsymbol{n} \\ \boldsymbol{n}_1=-\dfrac{L}{E}\boldsymbol{r}_1-\dfrac{M}{G}\boldsymbol{r}_2 \\ \boldsymbol{n}_2=-\dfrac{M}{E}\boldsymbol{r}_1-\dfrac{N}{G}\boldsymbol{r}_2 \end{cases} \tag{2-53}$$

这些公式在以下各节中将会用到.

习 题

1. 证明:(1) $g^{ij}g_{ji}=2$;

(2) $\dfrac{\partial \ln\sqrt{g}}{\partial u^l}=\Gamma_{1l}^{1}+\Gamma_{2l}^{2}$.

2. 证明:当曲面的参数 u,v 变为 $\bar{u},\bar{v}$ 时,第二基本形式的判别式

$$\bar{L}\bar{N}-\bar{M}^2=\left[\frac{\partial(u,v)}{\partial(\bar{u},\bar{v})}\right]^2(LN-M^2)$$

3. 平面上取极坐标时,线素为 $ds^2=dr^2+r^2d\theta^2$,计算 Γ_{ij}^{k}.

4. 用 E、F、G 及其偏导数表出联络系数 Γ_{ij}^{k},并算出(2-50′)中的 ω_i^j.

5. 计算曲面 $z=f(x,y)$ 的联络系数.

6. 用第一、第二基本形式的系数表示下列混合积:

$$(\boldsymbol{n},\boldsymbol{n}_1,\boldsymbol{r}_1),\quad (\boldsymbol{n},\boldsymbol{n}_1,\boldsymbol{r}_2),\quad (\boldsymbol{n},\boldsymbol{n}_2,\boldsymbol{r}_1),\quad (\boldsymbol{n},\boldsymbol{n}_2,\boldsymbol{r}_2)$$

3.3 Weingarten 变换 W

我们可以利用曲面基本公式中的系数矩阵(ω_j^i)来定义曲面上每点 P 的切平面中的 Weingarten 变换,简称 W-变换,它是一个线性变换. 它将切平面中的基向量 $\boldsymbol{r}_j$ 变到 $\omega_j^i\boldsymbol{r}_i$,即

$$W(\boldsymbol{r}_j)=\omega_j^i\boldsymbol{r}_i$$

下一节中,我们将充分利用 W-变换来讨论曲面上的各种曲率.为此,我们在这里再进一步弄清楚这个线性变换的一些性质.

首先,曲面基本公式中的 Weingarten 公式可改写成

$$d\boldsymbol{n}=-W(du^j\boldsymbol{r}_j)=-W(d\boldsymbol{r})$$

其次，利用 W-变换后，第二基本形式就可改写为

$$\mathrm{II}=\Omega_{ij}\mathrm{d}u^i\mathrm{d}u^j=-(\mathrm{d}\boldsymbol{n},\mathrm{d}\boldsymbol{r})=(W(\mathrm{d}\boldsymbol{r}),\mathrm{d}\boldsymbol{r})$$

再次，我们可以证明 W-变换关于切平面中的内积是自共轭的，即有

定理　对 P 点的切平面中的任何向量 $\boldsymbol{a},\boldsymbol{b}$，成立

$$(W\boldsymbol{a},\boldsymbol{b})=(\boldsymbol{a},W\boldsymbol{b})$$

证明　由于 W 是线性变换，我们只需对 $\boldsymbol{a}=\boldsymbol{r}_i,\boldsymbol{b}=\boldsymbol{r}_j$ 时证明上式即可.因为

$$(W\boldsymbol{r}_i,\boldsymbol{r}_j)=(\omega_i^k\boldsymbol{r}_k,\boldsymbol{r}_j)=\omega_i^k g_{kj}=\Omega_{ji}$$

同样

$$(\boldsymbol{r}_i,W\boldsymbol{r}_j)=\Omega_{ij}$$

注意到第二基本形式的系数 Ω_{ij} 关于 i,j 是对称的，因此定理证毕.

最后，根据线性代数知识知道，自共轭线性变换 W 有两个实的特征值 k_1,k_2，而且可选取相应的特征向量 $\boldsymbol{e}_1,\boldsymbol{e}_2$，使得 $\boldsymbol{e}_1,\boldsymbol{e}_2$ 关于切平面中的内积是单位正交的.即 $(\boldsymbol{e}_i,\boldsymbol{e}_j)=\delta_{ij}$，且

$$W\boldsymbol{e}_1=k_1\boldsymbol{e}_1$$

$$W\boldsymbol{e}_2=k_2\boldsymbol{e}_2$$

我们在下节中将利用 W-变换及其特征向量、特征值去讨论曲面的主方向、主曲率.

3.4　曲面的共轭方向　渐近方向　渐近曲线

如在曲面的 P 点处两个向量 $\boldsymbol{a},\boldsymbol{b}$ 满足

$$(W\boldsymbol{a},\boldsymbol{b})=0$$

则称这两个向量是**相互共轭的**.

设 $\boldsymbol{a}=a^j\boldsymbol{r}_j,\boldsymbol{b}=b^i\boldsymbol{r}_i$，则

$$(W\boldsymbol{a},\boldsymbol{b})=(W(a^j\boldsymbol{r}_j),b^i\boldsymbol{r}_i)=a^jb^i(W\boldsymbol{r}_j,\boldsymbol{r}_i)=\Omega_{ij}a^ib^j$$

因此 $\boldsymbol{a},\boldsymbol{b}$ 互相共轭的充要条件是

$$\Omega_{ij}a^ib^j=0$$

也可写作

$$L(a^1b^1)+M(a^1b^2+a^2b^1)+N(a^2b^2)=0$$

如果 $\boldsymbol{a}$ 与自己本身互相共轭，则称 $\boldsymbol{a}$ 为**渐近方向**. $\boldsymbol{a}$ 为渐近方向的充要条件是 $\Omega_{ij}a^ia^j=0$，即

$$L(a^1)^2+2Ma^1a^2+N(a^2)^2=0$$

如果曲面上一条曲线：$u=u(t),v=v(t)$ 上每点的切向量都是渐近方

向,则称这条曲线为**渐近曲线**.它的微分方程为

$$L\,\mathrm{d}u^2+2M\,\mathrm{d}u\mathrm{d}v+N\,\mathrm{d}v^2=0$$

当曲面 S 的参数曲线网是共轭曲线网,即 $\boldsymbol{r}_1,\boldsymbol{r}_2$ 互相共轭时,则有

$$0=(W\boldsymbol{r}_1,\boldsymbol{r}_2)=\Omega_{12}=M$$

反之亦然. 于是得到

定理 曲面 S 的参数曲线网是共轭曲线网的充要条件是 $M=0$.

当曲面 S 的参数曲线网是渐近曲线网,即 $\boldsymbol{r}_1,\boldsymbol{r}_2$ 都是渐近方向时,则

$$0=(W\boldsymbol{r}_1,\boldsymbol{r}_1)=\Omega_{11}=L,\quad 0=(W\boldsymbol{r}_2,\boldsymbol{r}_2)=\Omega_{22}=N$$

反之,如 $L=N=0$,则 $\boldsymbol{r}_1,\boldsymbol{r}_2$ 均为渐近方向,所以 S 的这两族参数曲线都是渐近曲线. 于是得出

定理 曲面 S 的参数曲线是渐近曲线网的充要条件是 $L=N=0$.

习 题

1. 证明:平移曲面 $\boldsymbol{r}=\boldsymbol{a}(u)+\boldsymbol{b}(v)$ 的参数曲线构成共轭曲线网.

2. 证明:椭圆抛物面 $\boldsymbol{r}=\left(u,v,\dfrac{1}{2}\left(\dfrac{u^2}{a^2}+\dfrac{v^2}{b^2}\right)\right)$ 是平移曲面,它可由抛物线 $z=\dfrac{x^2}{2a^2},y=0$ 沿着 $z=\dfrac{y^2}{2b^2},x=0$ 平行移动而得.

3. 证明:曲面 $\boldsymbol{r}=(\cos u,\sin u+\sin v,\cos v)$ 的参数曲线都是圆,并且构成共轭曲线网.

4. 证明:正螺面的渐近曲线就是它上面的直母线与螺线.

5. 求悬链面 $\boldsymbol{r}=\left(a\ \mathrm{ch}\dfrac{t}{a}\cos\theta,a\ \mathrm{ch}\dfrac{t}{a}\sin\theta,t\right)$ 上的渐近曲线.

6. 证明:(1) 曲面上的直线是曲面上的渐近曲线;

(2) 可展曲面上的渐近曲线(除脊线外)就是它的直母线;

(3) 若曲面上每一点均有落在曲面上的三条不同直线相交,则此曲面必为平面.

7. 证明:每一条曲线在它的主法线曲面上是渐近曲线.

8. 求双曲抛物面 $\boldsymbol{r}=(a(u+v),b(u-v),2uv)$ 的渐近曲线.

9. 求旋转曲面 $\boldsymbol{r}=(f(t)\cos\theta,f(t)\sin\theta,t)$ 的渐近曲线.

10. 求曲面 $F(x,y,z)=0$ 的渐近曲线应满足的方程.

11. 若曲面的参数曲线所构成的四边形对边长相等,则称为 Chebyshev 网.证明:

(1) 参数曲线构成 Chebyshev 网的充要条件是 $E_2=G_1=0$;

(2) 当参数曲线取 Chebyshev 网时,线素可取如下形式:

$$\mathrm{d}s^2=\mathrm{d}u^2+2\cos\omega\mathrm{d}u\mathrm{d}v+\mathrm{d}v^2$$

其中 ω 为参数曲线的交角.

(3) 证明平移曲面 $\boldsymbol{r}=\boldsymbol{a}(u)+\boldsymbol{b}(v)$ 的参数曲线构成 Chebyshev 网.

§4 曲面上的曲率

对于空间曲线的性质我们已有所了解，很自然地希望利用曲线论中的一些结果作为工具来研究曲面上的几何性质. 在本节中，借助于曲面上曲线的曲率的性质，引进曲面上曲率的概念，进而讨论曲面的种种几何性质.

4.1 曲面上曲线的法曲率

设曲面 S 的方程为 $\boldsymbol{r}=\boldsymbol{r}(u^1,u^2)$，曲线 C 是 S 上过点 $P(u^1,u^2)$ 的一条曲线，参数方程是 $u^i=u^i(s)$，其中 s 是弧长参数(见图 21). 曲线 C 的切向量为

$$\boldsymbol{T}=\frac{\mathrm{d}\boldsymbol{r}}{\mathrm{d}s}=\boldsymbol{r}_i\frac{\mathrm{d}u^i}{\mathrm{d}s}$$

现用 k 表示曲线 C 在 P 点的曲率，$\boldsymbol{N}$ 表示曲线 C 在 P 点的主法线单位向量，由 Frenet 公式知道 C 的曲率向量为

$$\begin{aligned}k\boldsymbol{N}&=\frac{\mathrm{d}}{\mathrm{d}s}\left(\frac{\mathrm{d}\boldsymbol{r}}{\mathrm{d}s}\right)=\frac{\mathrm{d}^2u^i}{\mathrm{d}s^2}\boldsymbol{r}_i+\frac{\mathrm{d}u^i}{\mathrm{d}s}\left(\Gamma_{ij}^k\frac{\mathrm{d}u^j}{\mathrm{d}s}\boldsymbol{r}_k+\Omega_{ij}\frac{\mathrm{d}u^j}{\mathrm{d}s}\boldsymbol{n}\right)\\&=\left(\frac{\mathrm{d}^2u^k}{\mathrm{d}s^2}+\Gamma_{ij}^k\frac{\mathrm{d}u^i}{\mathrm{d}s}\frac{\mathrm{d}u^j}{\mathrm{d}s}\right)\boldsymbol{r}_k+\Omega_{ij}\frac{\mathrm{d}u^i}{\mathrm{d}s}\frac{\mathrm{d}u^j}{\mathrm{d}s}\boldsymbol{n}\end{aligned}\qquad(2-54)$$

上式右端第二项是 $k\boldsymbol{N}$ 在 P 点的曲面法向量上的投影向量，记为 $k_n\boldsymbol{n}$，我们称这个向量为曲线 C 在 P 点的**法曲率向量**，而把 k_n 称为曲线 C 在 P 点处的**法曲率**. 而上式右端第一项是 $k\boldsymbol{N}$ 在 P 点的切平面 T_P 上的投影向量，称为**测地曲率向量**，记作 $\boldsymbol{\tau}$. 我们将在 §6 中再对测地曲率向量进行详细的研究.

由法曲率的定义知道

$$k_n=\frac{\Omega_{ij}\mathrm{d}u^i\mathrm{d}u^j}{\mathrm{d}s^2}=\frac{\Omega_{ij}\mathrm{d}u^i\mathrm{d}u^j}{g_{ij}\mathrm{d}u^i\mathrm{d}u^j}=\frac{(W(\mathrm{d}\boldsymbol{r}),\mathrm{d}\boldsymbol{r})}{(\mathrm{d}\boldsymbol{r},\mathrm{d}\boldsymbol{r})}\qquad(2-55)$$

图 21

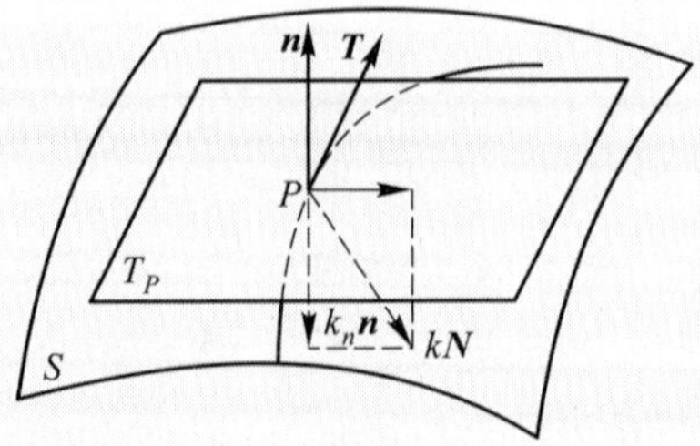

因此 k_n 只与曲线 C 的切向量的方向有关，而与切向量的长度无关.于是得到

定理(Meusnier) 若曲面上的两条曲线在某点相切，则它们在这点的法曲率也相同.

曲面 S 在 P 点的**法截线**是指过 P 点的法线的平面与曲面 S 的交线(见图22).如果以曲线 C 的切向 $\boldsymbol{T}$ 与法向 $\boldsymbol{n}$ 所张成的平面 T 截得的法截线记为 C^*，则由 Meusnier 定理知道：在 P 点，曲线 C 的法曲率与法截线 C^* 的法曲率是相同的.又因为 C^* 是平面 T 中的曲线，所以 C^* 的法曲率的绝对值就是它的曲率. 因此得到

系 曲线 C 在 P 点的法曲率的绝对值即为其相应的法截线 C^* 在 P 点的曲率.

设 $P\in S,\boldsymbol{e}_1,\boldsymbol{e}_2$ 是 P 点的切平面中 W-变换的两个相互正交的单位特征向量，其特征值分别为 k_1,k_2(不妨设 $k_2\leqslant k_1$)，即

$$\begin{cases}W\boldsymbol{e}_1=k_1\boldsymbol{e}_1\\ W\boldsymbol{e}_2=k_2\boldsymbol{e}_2\end{cases}$$

现在我们来计算 $\boldsymbol{e}_1$ 方向的法曲率，它等于

$$\frac{(W(\boldsymbol{e}_1),\boldsymbol{e}_1)}{(\boldsymbol{e}_1,\boldsymbol{e}_1)}=\frac{k_1(\boldsymbol{e}_1,\boldsymbol{e}_1)}{(\boldsymbol{e}_1,\boldsymbol{e}_1)}=k_1$$

同样，$\boldsymbol{e}_2$ 方向的法曲率为 k_2.这样，就得到了 W-变换的特征值的几何意义：W-变换的特征值等于其相应特征方向的法曲率.

如果 $\boldsymbol{T}$ 是 P 点切平面上的任意一个单位向量，那么相应于 $\boldsymbol{T}$ 的法曲率 k_n 是否可以用 k_1,k_2 来表示？

因为 $\boldsymbol{e}_1,\boldsymbol{e}_2$ 是正交的，所以任何单位切向量 $\boldsymbol{T}$ 可表示为

$$\boldsymbol{T}=\cos\theta\boldsymbol{e}_1+\sin\theta\boldsymbol{e}_2$$

其中 θ 为从 $\boldsymbol{e}_1$ 到 $\boldsymbol{T}$ 的正向夹角(即对着 $\boldsymbol{n}$ 的箭头方向看过去，逆时针方向为正向)(见图23).所以相应于 θ 方向的法曲率为

$$\begin{aligned}k_n(\theta)=\frac{(W(\boldsymbol{T}),\boldsymbol{T})}{(\boldsymbol{T},\boldsymbol{T})}&=(W(\cos\theta\boldsymbol{e}_1+\sin\theta\boldsymbol{e}_2),\cos\theta\boldsymbol{e}_1+\sin\theta\boldsymbol{e}_2)\\&=(\cos\theta\cdot k_1\boldsymbol{e}_1+\sin\theta\cdot k_2\boldsymbol{e}_2,\ \cos\theta\boldsymbol{e}_1+\sin\theta\boldsymbol{e}_2)\\&=k_1\cos^2\theta+k_2\sin^2\theta\end{aligned}\tag{2-56}$$

这就是计算法曲率的 Euler **公式**.

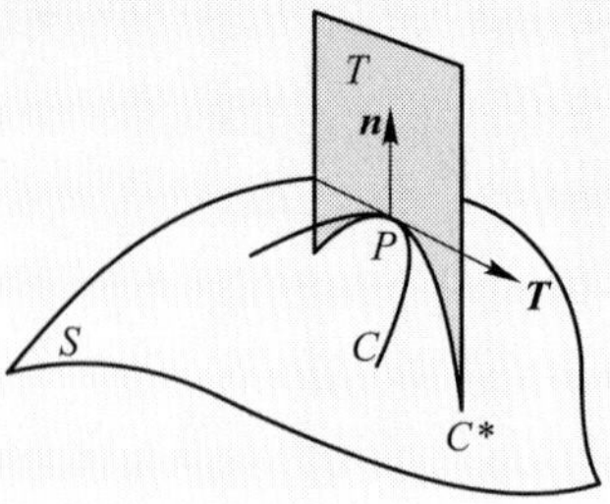

图22

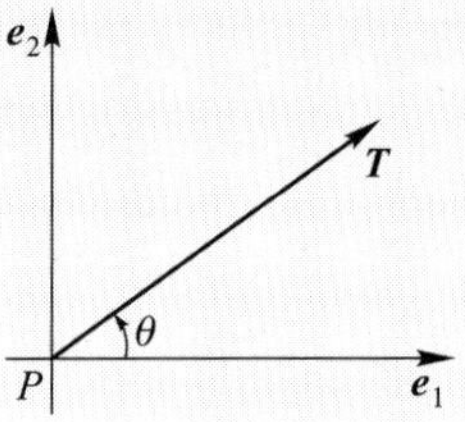

图23

习 题

1. 设在曲面上,曲线 C 的主法线与曲面法线交角为 θ.证明:

$$k_n = k\cos\theta$$

并在半径为 R 的球面上验证上述公式.

2. 证明曲线 C 为曲面的渐近曲线的充要条件是:C 为直线,或者 C 的密切平面与曲面的切平面重合.

3. 设曲面 S_1, S_2 的交线 C 的曲率为 k,曲线 C 在 S_i 上的法曲率为 $k_i(i=1,\ 2)$. S_1, S_2 的法线交角为 θ. 证明:

$$k^2\sin^2\theta = k_1^2 + k_2^2 - 2k_1k_2\cos\theta$$

4. 证明:任何两个正交方向的法曲率之和为常数.

4.2 主方向 主曲率

在(2-56)中,当 θ 变动时,相应的法曲率 $k_n(\theta)$ 当然也随着变动.现在我们来研究 θ 取什么值时,相应的法曲率会有极值.由(2-56)

$$\frac{\mathrm{d}k_n}{\mathrm{d}\theta} = (k_2 - k_1)\cdot 2\sin\theta\cos\theta = 0$$

知,当 $k_1 \neq k_2$ 时有 $\sin\theta\cos\theta = 0$,即 $\boldsymbol{T}$ 的方向必与 $\boldsymbol{e}_1$ 或 $\boldsymbol{e}_2$ 一致.又因为已设 $k_2 \leqslant k_1$,因此 S 的 W-变换特征方向 $\boldsymbol{e}_1$ 就是使 P 点的法曲率达到最大的方向,而特征方向 $\boldsymbol{e}_2$ 是使 P 点的法曲率达到最小的方向.以后我们把这两个方向称为**主方向**,相应的法曲率 k_1, k_2 称为**主曲率**.

如果在曲面 S 上的某一点 P,$k_1 = k_2$,则由(2-56) 可知,P 点的任何方向的法曲率都相等.我们称 P 为曲面的**脐点**.所以由(2-55) 知道,在脐点处有

$$\Omega_{ij} = \rho g_{ij}$$

其中 ρ 为法曲率.当 $\rho=0$ 时,称此脐点为**平点**,当 $\rho\neq0$ 时,称此脐点为**圆点**.

习 题

1. 证明:平面上的点均为平点,球面上的点均为圆点.
2. 求椭圆面的圆点,并证明:过原点而与圆点处切平面平行的平面截椭圆面于一圆.
3. 求曲面 $xyz=a^3$ 的脐点.

4.3 Dupin 标线

因为对 P 点的切平面中任何方向都能算出相应的法曲率,于是沿着每条与 $\boldsymbol{e}_1$ 正向夹角为 θ 的射线上截取长度为 $\sqrt{\dfrac{1}{|k_n|}}$ 的点 Q,除非 $k_n=0$,这种点 Q 所形成的曲线称为曲面 S 在 P 点的 Dupin 标线(见图 24).我们现在来计算 Dupin 标线的方程.

在 P 点的切平面中选取以 P 为原点,单位主方向 $\boldsymbol{e}_1,\boldsymbol{e}_2$ 为基向量的笛卡儿直角坐标系 (X^1, X^2) .这时 Dupin 标线的极坐标方程为

$$\rho=\frac{1}{\sqrt{|k_n|}}=\frac{1}{\sqrt{|k_1\cos^2\theta+k_2\sin^2\theta|}}$$

故由

$$X^1=\rho\cos\theta=\frac{\cos\theta}{\sqrt{|k_1\cos^2\theta+k_2\sin^2\theta|}}$$

$$X^2=\rho\sin\theta=\frac{\sin\theta}{\sqrt{|k_1\cos^2\theta+k_2\sin^2\theta|}}$$

得出 Dupin 标线的方程为

$$k_1(X^1)^2+k_2(X^2)^2=\pm1$$

其图形如图 25.以后可以看出,Dupin 标线与曲面在 P 点附近的形状有密切关系.

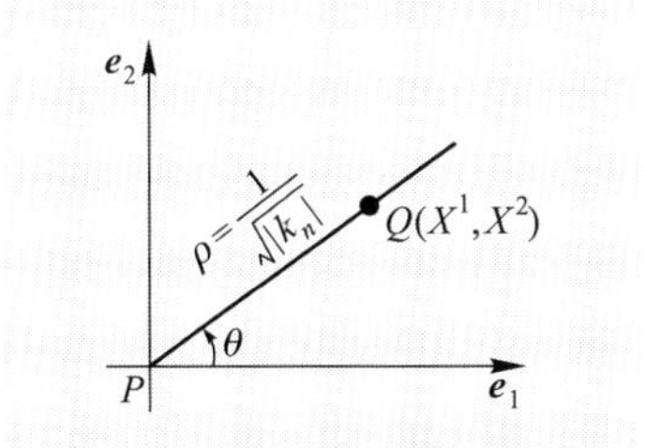

图 24

图 25

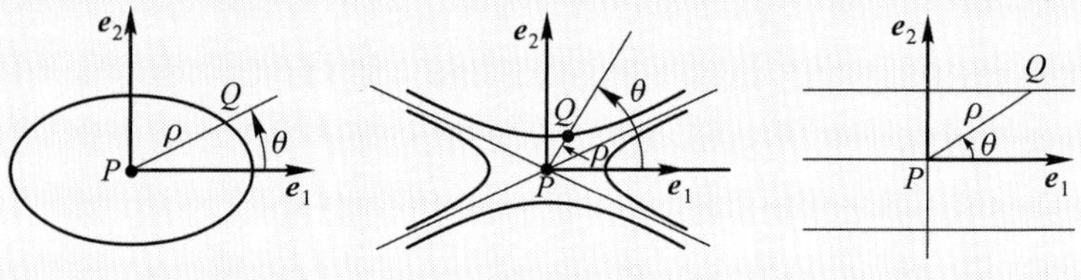

(a) k_1,k_2非零、同号　(b) k_1,k_2非零、异号　(c) k_1,k_2中有一个为零（如$k_1=0$）

习题

1. 对于曲面$z=\frac{1}{2}(ax^2+2bxy+cy^2)+\cdots(a,b,c$ 为常数$)$，其中省略部分是x,y的三次以上项.证明：原点处的渐近方向由下式确定：

$$a\,\mathrm{d}x^2+2b\,\mathrm{d}x\mathrm{d}y+c\,\mathrm{d}y^2=0$$

2. 设曲面方程的展开式为

$$z=\frac{1}{2}(a_1x^2+a_2y^2)+\frac{1}{3!}(b_1x^3+3b_2x^2y+3b_3xy^2+b_4y^3)+\cdots$$

证明：在原点有

$$a_1=k_1,\quad a_2=k_2,\quad b_1=\frac{\partial}{\partial x}k_1,\quad b_2=\frac{\partial}{\partial y}k_1,\quad b_3=\frac{\partial}{\partial x}k_2,\quad b_4=\frac{\partial}{\partial y}k_2$$

4.4 曲率线

设C是曲面S上的一条曲线，如果在C上每一点P的切线正好都是曲面在P点的主方向，那么我们就称曲线C是曲面S的**曲率线**.换言之，曲率线是曲面S上主方向场的积分曲线.

下面我们证明

定理(Rodrigues 公式)　**曲线C:$\boldsymbol{r}=\boldsymbol{r}(s)$为曲面$S$的曲率线的充要条件是存在函数$\lambda(s)$，使得**

$$\frac{\mathrm{d}\boldsymbol{n}}{\mathrm{d}s}=-\lambda(s)\frac{\mathrm{d}\boldsymbol{r}}{\mathrm{d}s}$$

这时$\lambda(s)$正好是曲面在$\boldsymbol{r}(s)$的主曲率.

注　以后我们常把$\frac{\mathrm{d}\boldsymbol{n}}{\mathrm{d}s}=-\lambda(s)\frac{\mathrm{d}\boldsymbol{r}}{\mathrm{d}s}$简写为沿$C$成立着等式$\mathrm{d}\boldsymbol{n}=-\lambda(s)\mathrm{d}\boldsymbol{r}$.

证明　因为C是曲率线，所以它的切向$\mathrm{d}\boldsymbol{r}$是主方向，即$\mathrm{d}\boldsymbol{r}$是W-

变换的特征方向,故有

$$W(\mathrm{d}\boldsymbol{r})=\lambda(s)\mathrm{d}\boldsymbol{r}$$

其中 $\lambda(s)$ 为主曲率.再由曲面基本公式就得到了

$$\mathrm{d}\boldsymbol{n}=-W(\mathrm{d}\boldsymbol{r})=-\lambda(s)\mathrm{d}\boldsymbol{r}$$

反之,把上述过程倒推过去,就可从 $\mathrm{d}\boldsymbol{n}=-\lambda\mathrm{d}\boldsymbol{r}$ 得出 C 为曲率线.定理证毕.

下面我们给出曲率线的另一特征.

定理 曲面 S 上的曲线 C 为曲率线的充要条件是,由 C 上每点的曲面法线所生成的直纹面 Σ 为可展曲面.

证明 如图 26.设曲线 C 的方程为 $\boldsymbol{\rho}(s)$,则曲线 C 的曲面法线所形成的直纹面 Σ 的方程为

$$\boldsymbol{r}^*=\boldsymbol{\rho}(s)+v\boldsymbol{n}(s)$$

必要性:设曲线 C 为曲率线,其相应的主曲率为 $k_1(s)$.为了说明直纹面 Σ 为可展曲面,就必须验证

$$(\boldsymbol{\rho}',\ \boldsymbol{n},\ \boldsymbol{n}')=\frac{(\mathrm{d}\boldsymbol{\rho},\ \boldsymbol{n},\ \mathrm{d}\boldsymbol{n})}{\mathrm{d}s^2}=0$$

利用 Rodrigues 公式后知道

$$\frac{\mathrm{d}\boldsymbol{n}}{\mathrm{d}s}=-k_1\frac{\mathrm{d}\boldsymbol{\rho}}{\mathrm{d}s}$$

因此确有

$$(\boldsymbol{\rho}',\ \boldsymbol{n},\ \boldsymbol{n}')=(\boldsymbol{\rho}',\ \boldsymbol{n},\ -k_1\boldsymbol{\rho}')=0$$

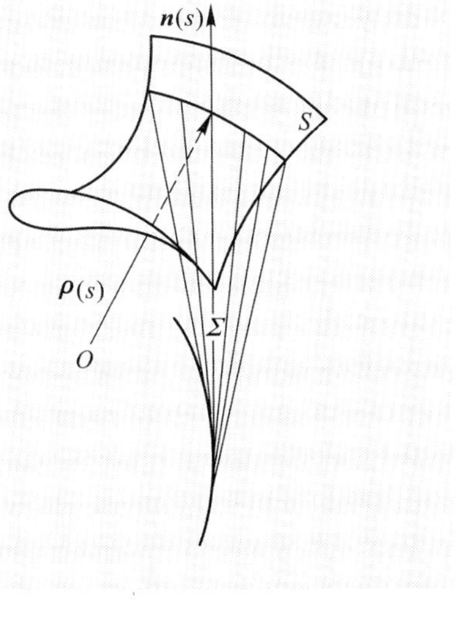

图 26

充分性：设 Σ 可展，于是 $(\mathrm{d}\boldsymbol{\rho}, \boldsymbol{n}, \mathrm{d}\boldsymbol{n})=0$.因而存在适当的不全为 0 的 a,b,c，使得

$$a\ \mathrm{d}\boldsymbol{\rho}+b\boldsymbol{n}+c\ \mathrm{d}\boldsymbol{n}=\boldsymbol{0}$$

两边对 $\boldsymbol{n}$ 求内积后得出 $b=0$，于是上式可改写成

$$a\ \mathrm{d}\boldsymbol{\rho}+c\ \mathrm{d}\boldsymbol{n}=\boldsymbol{0}$$

这时 c 不为 0，否则将导致 $\mathrm{d}\boldsymbol{\rho}=\boldsymbol{0}$，而这是不可能的.所以由 Rodrigues 公式知道曲线 C 必为曲率线.定理证毕.

上述定理中的直纹面 Σ 也称为沿曲线 C 的**法线曲面**.

从这个定理易见旋转面上的经线和纬线都是曲率线.这是因为由经线所形成的法线面正好就是经线所在的平面，而纬线所形成的法线面正好是一个正圆锥，它们都是可展曲面.

习 题

1. 证明：可展曲面上的直母线既是渐近线又是曲率线，它所对应的法曲率为零.另一族曲率线为母线的正交轨线.

2. 证明：设一曲率线（非渐近曲线）的密切平面与曲面的切平面交于定角，则该曲率线必为平面曲线.

3. 证明：曲面 S（无脐点）上两族曲率线的法线曲面与 S 的平行曲面（由 S 的每一点法线上截取定长而得的曲面）构成三重正交系.

4. 求二阶直纹面上的曲率线.

5. 求旋转曲面 $\boldsymbol{r}=(f(t)\cos\theta, f(t)\sin\theta, t)$ 的曲率线.

6. 设曲面沿着曲率线 $C:\boldsymbol{r}=\boldsymbol{\rho}(s)$ 的法曲率 $k_n\neq 0$.证明：

(1) C 的法线曲面 S_1 不是柱面；

(2) 若 S_1 为某曲线 C_1 的切线曲面，则 $C_1:\boldsymbol{r}_1=\boldsymbol{\rho}(s)+\dfrac{\boldsymbol{n}(s)}{k_n}$；

(3) 若 S_1 为锥面，则 $\boldsymbol{r}_1$ = 常向量（即锥面顶点）.

7. 求曲面 $F(x, y, z)=0$ 的曲率线.

4.5 主曲率及曲率线的计算 总曲率 平均曲率

我们欲导出曲面 S 上主曲率及曲率线的计算公式.

1. 主曲率的计算

设 λ 为曲面 S 在 P 点的主曲率，相应的主方向为 $\boldsymbol{e}=a^i\boldsymbol{r}_i$，于是从

$$W(\boldsymbol{e})=\lambda\boldsymbol{e}$$

可得出

$$\lambda(a^i\boldsymbol{r}_i)=W(a^j\boldsymbol{r}_j)=a^jW(\boldsymbol{r}_j)=a^j\omega_j^i\boldsymbol{r}_i$$

即

$$(\omega_j^i-\lambda\delta_j^i)a^j=0 \tag{2-57}$$

因为 a^j 是非零向量,则上述方程组的系数行列式必为 0,即

$$\det(\omega_j^i-\lambda\delta_j^i)=0$$

这是一个关于 λ 的二次方程,常数项是矩阵(ω_j^i)的行列式,而$-\lambda$ 的系数为矩阵(ω_j^i)的迹(记为 $\mathrm{Tr}(\omega_j^i)$),即

$$\lambda^2-\mathrm{Tr}(\omega_j^i)\lambda+\det(\omega_j^i)=0$$

如定义曲面 S 在 P 点的

总曲率 $\qquad K=\det(\omega_j^i)$

平均曲率 $\qquad H=\dfrac{1}{2}\mathrm{Tr}(\omega_j^i)$

则主曲率 k_1,k_2 必为方程

$$\lambda^2-2H\lambda+K=0$$

的解,而且

$$\begin{cases}K=k_1k_2\\ H=\dfrac{1}{2}(k_1+k_2)\end{cases}$$

K,H 的计算公式为

$$K=\det(g^{ik}\Omega_{kj})=\det(g^{ik})\det(\Omega_{kj})=\frac{\det(\Omega_{kj})}{\det(g_{ij})}=\frac{LN-M^2}{EG-F^2}$$

$$\begin{aligned}H&=\frac{1}{2}\mathrm{Tr}(g^{ik}\Omega_{kj})=\frac{1}{2}\mathrm{Tr}\left(\frac{1}{EG-F^2}\begin{pmatrix}G&-F\\-F&E\end{pmatrix}\begin{pmatrix}L&M\\M&N\end{pmatrix}\right)\\&=\frac{1}{2}\frac{GL-2FM+EN}{EG-F^2}\end{aligned}$$

我们也可用别的方法去计算主曲率.对(2-57)式两边乘 g_{ki} 后,再对 i 作和,利用 $g_{ki}\omega_j^i=\Omega_{kj}$,就得到

$$(\Omega_{kj}-\lambda g_{kj})a^j=0 \tag{2-58}$$

于是有 $\det|\Omega_{kj}-\lambda g_{kj}|=0$,即

$$\begin{vmatrix}L-\lambda E&M-\lambda F\\M-\lambda F&N-\lambda G\end{vmatrix}=0$$

λ 也可从这个二次方程中解出,所得到的结果当然和上面的方法所得的结果是一致的.

例 1 计算**环面**(图 27)

图27

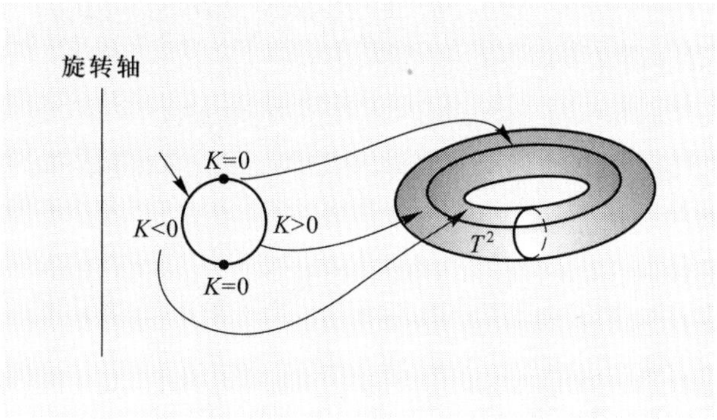

$$\boldsymbol{r}(u,v)=((a+r\cos u)\cos v,\ (a+r\cos u)\sin v, r\sin u)$$

上的点的总曲率K,其中$0\leqslant u<2\pi, 0\leqslant v<2\pi$.

解 由

$$\boldsymbol{r}_u=(-r\sin u\cos v,\ -r\sin u\sin v,\ r\cos u)$$

$$\boldsymbol{r}_v=(-(a+r\cos u)\sin v,\ (a+r\cos u)\cos v,\ 0)$$

$$\boldsymbol{r}_{uu}=(-r\cos u\cos v,\ -r\cos u\sin v, -r\sin u)$$

$$\boldsymbol{r}_{uv}=(r\sin u\sin v,\ -r\sin u\cos v,\ 0)$$

$$\boldsymbol{r}_{vv}=(-(a+r\cos u)\cos v,\ -(a+r\cos u)\sin v, 0)$$

得到

$$E=\boldsymbol{r}_u\cdot\boldsymbol{r}_u=r^2,\quad F=\boldsymbol{r}_u\cdot\boldsymbol{r}_v=0,\quad G=\boldsymbol{r}_v\cdot\boldsymbol{r}_v=(a+r\cos u)^2$$

又

$$L=\frac{(\boldsymbol{r}_u,\boldsymbol{r}_v,\boldsymbol{r}_{uu})}{\sqrt{EG-F^2}}=r$$

$$M=\frac{(\boldsymbol{r}_u,\boldsymbol{r}_v,\boldsymbol{r}_{uv})}{\sqrt{EG-F^2}}=0$$

$$N=\frac{(\boldsymbol{r}_u,\boldsymbol{r}_v,\boldsymbol{r}_{vv})}{\sqrt{EG-F^2}}=\cos u(a+r\cos u)$$

所以

$$K=\frac{LN-M^2}{EG-F^2}=\frac{\cos u}{r(a+r\cos u)}$$

于是,$K=0$ 的点是 $u=\frac{\pi}{2}$ 及 $\frac{3\pi}{2}$,即环面上最高、最低处的纬线;

$K<0$ 的点是 $\frac{\pi}{2}<u<\frac{3\pi}{2}$,这是环面的内侧面;

$K>0$ 的点是 $0<u<\dfrac{\pi}{2}$ 及 $\dfrac{3\pi}{2}<u<2\pi$，这是环面的外侧面.

例 2 在直角坐标系下，如曲面的方程为 $z=f(x,y)$，其中 x,y 是作为曲面的参数.现在来计算曲面 S 的总曲率及平均曲率.

解 由 $\boldsymbol{r}(x,y)=(x,y,f(x,y))$ 知道

$$\boldsymbol{r}_x=(1,0,f_x)\ ,\quad \boldsymbol{r}_y=(0,1,f_y)$$

因此

$$\boldsymbol{r}_{xx}=(0,0,f_{xx}),\quad \boldsymbol{r}_{xy}=(0,0,f_{xy}),\quad \boldsymbol{r}_{yy}=(0,0,f_{yy})$$

$$\boldsymbol{n}=\frac{(-f_x,-f_y,1)}{\sqrt{1+f_x^2+f_y^2}}$$

$$L=\frac{f_{xx}}{\sqrt{1+f_x^2+f_y^2}}$$

$$M=\frac{f_{xy}}{\sqrt{1+f_x^2+f_y^2}}$$

$$N=\frac{f_{yy}}{\sqrt{1+f_x^2+f_y^2}}$$

$$K=\frac{f_{xx}f_{yy}-f_{xy}^2}{(1+f_x^2+f_y^2)^2}$$

$$H=\frac{1}{2}\ \frac{(1+f_x^2)f_{yy}-2f_xf_yf_{xy}+(1+f_y^2)f_{xx}}{(1+f_x^2+f_y^2)^{3/2}}$$

2. 曲率线的计算

设 C 为曲率线，λ 是它的主曲率.曲率线的切向 $\mathrm{d}\boldsymbol{r}=\mathrm{d}u^i\boldsymbol{r}_i$ 为主方向，所以由(2-58) 得到

$$(\Omega_{ki}-\lambda g_{ki})\mathrm{d}u^i=0$$

在上式中分别令 $k=1,2$ 后即得

$$\begin{cases}(L-\lambda E)\mathrm{d}u^1+(M-\lambda F)\mathrm{d}u^2=0\\(M-\lambda F)\mathrm{d}u^1+(N-\lambda G)\mathrm{d}u^2=0\end{cases}\tag{2-59}$$

因为 λ 是特征值，即 $\begin{vmatrix}L-\lambda E & M-\lambda F\\ M-\lambda F & N-\lambda G\end{vmatrix}=0$，所以上面两个方程中只有一个是独立的. 这是曲率线的微分方程，从中能解出主方向$(\mathrm{d}u^1,\mathrm{d}u^2)$，利用常微分方程的理论求出此主方向场的积分曲线，它即为曲率线.

也可不必先求出 λ，而用下面的方法直接求出曲率线的微分方程.这只要在(2-59)中把 λ 消去即可，即把(2-59)改写为

$$\begin{cases}(L\,\mathrm{d}u^1+M\,\mathrm{d}u^2)-\lambda(E\,\mathrm{d}u^1+F\,\mathrm{d}u^2)=0\\(M\,\mathrm{d}u^1+N\,\mathrm{d}u^2)-\lambda(F\,\mathrm{d}u^1+G\,\mathrm{d}u^2)=0\end{cases}$$

因为$(1,-\lambda)$是上述方程组的非零解,于是有

$$\begin{vmatrix}L\,\mathrm{d}u^1+M\,\mathrm{d}u^2 & E\,\mathrm{d}u^1+F\,\mathrm{d}u^2\\M\,\mathrm{d}u^1+N\,\mathrm{d}u^2 & F\,\mathrm{d}u^1+G\,\mathrm{d}u^2\end{vmatrix}=0$$

即

$$(LF-ME)(\mathrm{d}u^1)^2+(LG-NE)\mathrm{d}u^1\mathrm{d}u^2+(MG-NF)(\mathrm{d}u^2)^2=0$$

我们可把上述曲率线的微分方程改写成便于记忆的形式:

$$\begin{vmatrix}(\mathrm{d}u^2)^2 & -\mathrm{d}u^1\mathrm{d}u^2 & (\mathrm{d}u^1)^2\\E & F & G\\L & M & N\end{vmatrix}=0 \tag{2-60}$$

例 3 求旋转面的曲率线.

因为旋转面

$$\boldsymbol{r}(u,v)=(f(v)\cos u,f(v)\sin u,g(v))$$

的第一、二基本形式系数已求得为(见本章 2.1 小节例 2,2.5 小节例 1)

$$E=f^2,\quad F=0,\quad G=f'^2+g'^2$$

$$L=\frac{-fg'}{\sqrt{f'^2+g'^2}},\quad M=0,\quad N=\frac{f''g'-f'g''}{\sqrt{f'^2+g'^2}}$$

由(2-60)可得曲率线的微分方程为

$$[f^2(f''g'-f'g'')+fg'(f'^2+g'^2)]\mathrm{d}u\mathrm{d}v=0$$

如果旋转面上无脐点,即$\dfrac{L}{E}\neq\dfrac{N}{G}$,则 $\mathrm{d}u\mathrm{d}v$ 前的系数也不为 0,因此得到 $\mathrm{d}u\mathrm{d}v=0$,即曲率线为 $u=$常数,或 $v=$常数,于是曲率线正好是旋转面上所有的经线和纬线.

习 题

1. 证明:在曲面上的一点,若 $K>0$,则不存在实的渐近方向;若 $K<0$,则存在两个渐近方向,且主方向平分两渐近方向所张成的角.

2. 证明:直纹面的总曲率不可能为正.

3. 证明:球面(半径为 a)的总曲率与平均曲率都是常数:

$$K=\frac{1}{a^2},\quad H=\frac{1}{a}$$

4. 求螺面 $\boldsymbol{r}=(u\cos v,u\sin v,u+v)$ 的总曲率与平均曲率.

5. 证明:

$$\boldsymbol{n}_1\times\boldsymbol{n}_2=K\sqrt{g}\,\boldsymbol{n}$$

6. 设曲面上曲线的切向量与一个主方向夹角为 θ. 证明:

$$H=\frac{1}{2\pi}\int_0^{2\pi}k_n\mathrm{d}\theta$$

7. 设过曲面上一点有 m 条切线,相邻两条之间交角为$\frac{2\pi}{m}$.设 $\rho_1,\rho_2,\cdots,\rho_m$ 分别为曲面法线与这些切线所定平面截线的曲率半径.证明:当 $m>2$ 时

$$H=\frac{1}{m}\left(\frac{1}{\rho_1}+\cdots+\frac{1}{\rho_m}\right)$$

8. 求双曲抛物面 $\boldsymbol{r}=(a(u+v),b(u-v),2uv)$ 的主曲率.

9. 比较切线曲面上曲率线的曲率与曲面的主曲率.

4.6 曲率线网

设曲面 S 上没有脐点,于是过曲面 S 上每点有两个独立的主方向.由本章 2.2 小节的定理知道,必可选到参数(u,v),使得两族坐标曲线都是曲率线,这样的参数曲线网就是曲率线网.

如果我们已选取曲面 S 的曲率线网作为参数曲线网,这时两个主方向 $\boldsymbol{r}_1,\boldsymbol{r}_2$ 彼此正交,$g_{12}=F=0$,因此由 $\mathrm{d}\boldsymbol{r}=\boldsymbol{r}_i\mathrm{d}u^i$ 得到

$$\mathrm{I}=(\mathrm{d}\boldsymbol{r},\mathrm{d}\boldsymbol{r})=g_{ij}\mathrm{d}u^i\mathrm{d}u^j=E\,(\mathrm{d}u^1)^2+G\,(\mathrm{d}u^2)^2$$

又因为 $\boldsymbol{r}_i$ 为主方向,所以 $W(\boldsymbol{r}_i)=k_i\boldsymbol{r}_i$,其中 k_i 为相应的主曲率,于是

$$\begin{aligned}\mathrm{II}&=(W(\mathrm{d}\boldsymbol{r}),\mathrm{d}\boldsymbol{r})=(W(\boldsymbol{r}_i\mathrm{d}u^i),\boldsymbol{r}_j\mathrm{d}u^j)=(\mathrm{d}u^ik_i\boldsymbol{r}_i,\boldsymbol{r}_j\mathrm{d}u^j)\\&=k_ig_{ij}\mathrm{d}u^i\mathrm{d}u^j=k_1E\,(\mathrm{d}u^1)^2+k_2G\,(\mathrm{d}u^2)^2\end{aligned}$$

即

$$L=k_1E,\quad M=0,\quad N=k_2G$$

这时,两个主曲率分别为

$$k_1=\frac{L}{E},\quad k_2=\frac{N}{G}$$

我们还可以证明下列定理.

定理 在不含有脐点的曲面上,参数曲线网为曲率线网的充要条件是 $F=M=0$.

证明 必要性上面已经证得.现证充分性.

因为 $F=0,M=0$,所以由(2-60)知曲率线的微分方程为

$$(EN-LG)\mathrm{d}u^1\mathrm{d}u^2=0$$

如 $EN-LG\neq0$,即$\frac{E}{L}\neq\frac{G}{N}$时,由 $\mathrm{d}u^1\mathrm{d}u^2=0$ 知道 $u^1=$常数,或 $u^2=$常数都是

曲率线，即两族坐标曲线均为曲率线.

当$\dfrac{E}{L}=\dfrac{G}{N}$时，再加上 $F=M=0$ 后就得到了脐点的条件，定理中的假设已排除了这种情形的发生.定理证毕.

习题

1. 设三个函数 $x(u,v)$, $y(u,v)$, $z(u,v)$ 为微分方程

$$\frac{\partial^2\theta}{\partial u\partial v}=A(u,v)\frac{\partial\theta}{\partial u}+B(u,v)\frac{\partial\theta}{\partial v}$$

的独立解，且 $x^2+y^2+z^2$ 亦为方程的解.证明：曲面 $\boldsymbol{r}=(x(u,v),y(u,v),z(u,v))$ 的参数曲线为曲率线.

2. 证明：三族互相正交的曲面交线必为所在曲面的曲率线(Dupin 定理).

3. 求二次曲面$\dfrac{x^2}{a}+\dfrac{y^2}{b}+\dfrac{z^2}{c}=1$ 的曲率线.

4.7 曲面在一点邻近处的形状

设在曲面上采用曲率线网作为参数曲线网.我们现在来考察一下曲面在 $P(u^1,u^2)$ 点邻近处的形状.设 $P'(u^1+\Delta u^1,u^2+\Delta u^2)$ 为 P 的邻近点(见图 28)，则

$$\begin{aligned}\overrightarrow{PP'}&=\Delta\boldsymbol{r}=\boldsymbol{r}_i\Delta u^i+\frac{1}{2}\boldsymbol{r}_{ij}\Delta u^i\Delta u^j+\cdots\\&=\boldsymbol{r}_i\Delta u^i+\frac{1}{2}(\Gamma_{ij}^k\boldsymbol{r}_k+\Omega_{ij}\boldsymbol{n})\Delta u^i\Delta u^j+\cdots\\&=\boldsymbol{r}_1\left(\Delta u^1+\frac{1}{2}\Gamma_{ij}^1\Delta u^i\Delta u^j\right)+\boldsymbol{r}_2\left(\Delta u^2+\frac{1}{2}\Gamma_{ij}^2\Delta u^i\Delta u^j\right)\\&\quad+\boldsymbol{n}\left(\frac{1}{2}\Omega_{ij}\Delta u^i\Delta u^j\right)+\cdots\end{aligned}$$

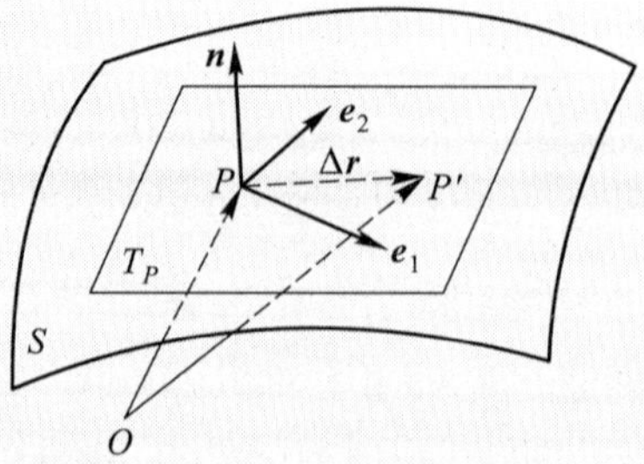

图 28

如取 E^3 中的笛卡儿直角坐标系 $\{X^1, X^2, Z\}$ 的原点为 P，三个单位正交的基向量为单位主方向 $\boldsymbol{e}_1, \boldsymbol{e}_2$ 及法向量 $\boldsymbol{n}$，在这个直角坐标系下，曲面在 P 点邻近处的方程可写为

$$\Delta \boldsymbol{r} = X^1 \boldsymbol{e}_1 + X^2 \boldsymbol{e}_2 + Z\boldsymbol{n}$$

其中三个直角坐标为

$$X^1 = \left(\Delta u^1 + \frac{1}{2}\Gamma^1_{ij}\Delta u^i \Delta u^j\right)\sqrt{E} + \cdots$$

$$X^2 = \left(\Delta u^2 + \frac{1}{2}\Gamma^2_{ij}\Delta u^i \Delta u^j\right)\sqrt{G} + \cdots$$

$$Z = \frac{1}{2}\Omega_{ij}\Delta u^i \Delta u^j + \cdots$$

因为 $M=0$，所以

$$Z = \frac{L}{2}(\Delta u^1)^2 + \frac{N}{2}(\Delta u^2)^2 + \cdots = \frac{L}{2}\left(\frac{X^1}{\sqrt{E}}\right)^2 + \frac{N}{2}\left(\frac{X^2}{\sqrt{G}}\right)^2 + \cdots$$

$$= \frac{k_1}{2}(X^1)^2 + \frac{k_2}{2}(X^2)^2 + \cdots$$

故当略去二阶以上的小量后，曲面在 P 点的邻近处的形状近似地为一个二次曲面

$$Z = \frac{k_1}{2}(X^1)^2 + \frac{k_2}{2}(X^2)^2$$

如果我们用与 P 点的切平面（$Z=0$）平行的邻近平面 $Z=c$ 去截此曲面 S，所得的截口形状就近似地为

$$k_1 (X^1)^2 + k_2 (X^2)^2 = 2c$$

可见它与 Dupin 标线的形状相似.

因为当 $K=k_1k_2>0$ 时截口是椭圆型，$K<0$ 时是双曲型，$K=0$ 时是抛物型，于是我们就把曲面上的点按照在这点的总曲率的符号来分类（见图 29(a)，(b)，(c)）：

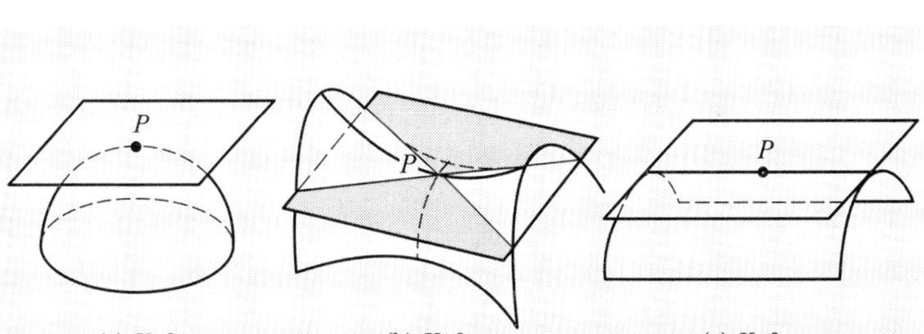

(a) $K>0$　(b) $K<0$　(c) $K=0$

图 29

$K>0$ 的点称为**椭圆点**,

$K<0$ 的点称为**双曲点**,

$K=0$ 的点称为**抛物点**.

习题

1. 曲面上的椭圆点、双曲点、抛物点、脐点是否是等距不变的?

2. 证明:(1) 椭圆面、双叶双曲面、椭圆抛物面上的点均为椭圆点;

(2) 单叶双曲面、双曲抛物面上的点均为双曲点;

(3) 锥面、柱面上的点均为抛物点.

3. 求曲面 $\boldsymbol{r}=(u^3,v^3,u+v)$ 的抛物点轨迹.

4. 设旋转曲面的经线有水平切线.证明这些切线上的切点都是抛物点.

5. 设曲面 $S:\boldsymbol{r}=\boldsymbol{r}(u,v)$ 上没有抛物点,并设 S 的一个平行曲面为 $\overline{S}:\overline{\boldsymbol{r}}=\boldsymbol{r}+\lambda\boldsymbol{n}$($\lambda$ 为常数).证明:可选取 $\overline{S}$ 的法向量 $\overline{\boldsymbol{n}}$,使 $\overline{S}$ 的总曲率与平均曲率分别为

$$\overline{K}=\frac{K}{1-2\lambda H+\lambda^2K},\quad \overline{H}=\frac{H-\lambda K}{1-2\lambda H+\lambda^2K}$$

4.8 Gauss 映射及第三基本形式

1. Gauss 映射

对曲面 S 上每点 P,可作出它的单位法向量 $\boldsymbol{n}$.因为 $|\boldsymbol{n}|=1$,所以把法向量 $\boldsymbol{n}$ 的起点平行地移到原点 O 后,$\boldsymbol{n}$ 的终点就是在以 O 为球心的单位球面 S^2 上的一点 P'. 我们把这种点的映射

$$\mathscr{N}:\quad P\to P'$$

称为曲面 S 的 **Gauss 映射**(见图 30).在 Gauss 映射下,曲面 S 的像是单位球面内的一个点集 Σ,其方程为

$$\boldsymbol{n}=\boldsymbol{n}(u^1,u^2)$$

这个点集不一定遮住整个球面,可能是球面上一个点,可能是一条球面曲线,也可能是球面上一个区域(见图 31).我们把 $\mathrm{d}\boldsymbol{n}$ 的长度平方称为**曲面的第三基本形式**,记为

$$\mathrm{III}=\mathrm{d}\boldsymbol{n}\cdot\mathrm{d}\boldsymbol{n}$$

曲面的三个基本形式 Ⅰ,Ⅱ,Ⅲ 之间并非独立的,即有

定理　曲面 S 的三个基本形式之间存在着关系式

$$\mathrm{III}-2H\,\mathrm{II}+K\,\mathrm{I}=0$$

其中 K 是曲面的总曲率,H 为曲面的平均曲率.

证明　取 S 的曲率线网为其参数曲线网,于是

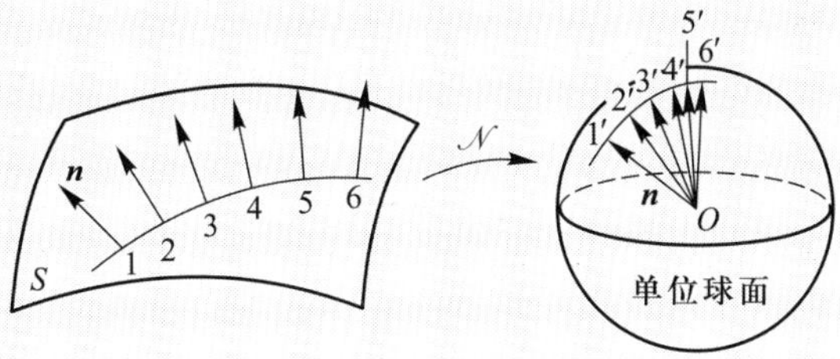

图30

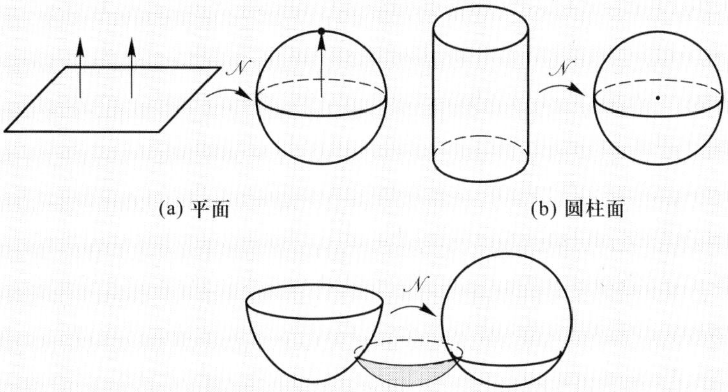

(a) 平面　　(b) 圆柱面

(c) 抛物面

图31

$$\mathrm{I}=E(\mathrm{d}u^1)^2+G(\mathrm{d}u^2)^2$$

$$\mathrm{II}=L(\mathrm{d}u^1)^2+N(\mathrm{d}u^2)^2=k_1E(\mathrm{d}u^1)^2+k_2G(\mathrm{d}u^2)^2$$

$$K=k_1k_2,\quad H=\frac{k_1+k_2}{2}$$

由 Rodrigues 公式知道 $\boldsymbol{n}_1=-k_1\boldsymbol{r}_1,\boldsymbol{n}_2=-k_2\boldsymbol{r}_2$,因此

$$\begin{aligned}\mathrm{III}&=\mathrm{d}\boldsymbol{n}\cdot\mathrm{d}\boldsymbol{n}=(\boldsymbol{n}_1\mathrm{d}u^1+\boldsymbol{n}_2\mathrm{d}u^2)\cdot(\boldsymbol{n}_1\mathrm{d}u^1+\boldsymbol{n}_2\mathrm{d}u^2)\\&=\boldsymbol{n}_1^2(\mathrm{d}u^1)^2+\boldsymbol{n}_2^2(\mathrm{d}u^2)^2=k_1^2E(\mathrm{d}u^1)^2+k_2^2G(\mathrm{d}u^2)^2\end{aligned}$$

代入表达式 $\mathrm{III}-2H\mathrm{II}+K\mathrm{I}$ 后即得知它为0. 定理证毕.

2. 总曲率的另一种表示

利用 Gauss 映射,我们可以对总曲率 K 作如下的解释.由(2-50′)知

$$\boldsymbol{n}_1=-\omega_1^i\boldsymbol{r}_i,\quad \boldsymbol{n}_2=-\omega_2^j\boldsymbol{r}_j$$

于是

图 32

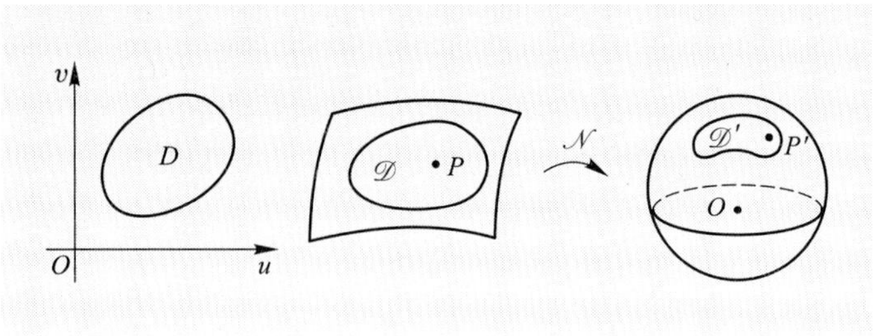

$$\begin{aligned}\boldsymbol{n}_1\times\boldsymbol{n}_2&=(\omega_1^1\boldsymbol{r}_1+\omega_1^2\boldsymbol{r}_2)\times(\omega_2^1\boldsymbol{r}_1+\omega_2^2\boldsymbol{r}_2)\\&=(\omega_1^1\omega_2^2-\omega_1^2\omega_2^1)(\boldsymbol{r}_1\times\boldsymbol{r}_2)\\&=\det(\omega_j^i)(\boldsymbol{r}_1\times\boldsymbol{r}_2)=K(\boldsymbol{r}_1\times\boldsymbol{r}_2)\end{aligned}$$

即

$$|\boldsymbol{n}_1\times\boldsymbol{n}_2|=|K|\cdot|\boldsymbol{r}_1\times\boldsymbol{r}_2|$$

另一方面,在 Gauss 映射下,它把曲面 S 中(相应于参数平面中区域 D 的)一个区域 $\mathscr{D}$ 映到球面上的区域 $\mathscr{D}'$(见图 32),设它们的面积分别是 A,A',于是

$$A=\int_D|\boldsymbol{r}_1\times\boldsymbol{r}_2|\mathrm{d}u^1\mathrm{d}u^2$$

而

$$A'=\int_D|\boldsymbol{n}_1\times\boldsymbol{n}_2|\mathrm{d}u^1\mathrm{d}u^2=\int_D|K|\cdot|\boldsymbol{r}_1\times\boldsymbol{r}_2|\mathrm{d}u^1\mathrm{d}u^2$$

设点 P 是区域 $\mathscr{D}$ 中的一点,当区域 $\mathscr{D}$ 越来越缩小到 P 点时,利用积分中值定理得到

$$\lim_{\mathscr{D}\to P}\frac{A'}{A}=\lim_{D\to 0}\frac{\int_D|K|\cdot|\boldsymbol{r}_1\times\boldsymbol{r}_2|\mathrm{d}u^1\mathrm{d}u^2}{\int_D|\boldsymbol{r}_1\times\boldsymbol{r}_2|\mathrm{d}u^1\mathrm{d}u^2}=|K(P)|$$

因而,$|K(P)|$正好是在 Gauss 映射下包含 P 点的区域 $\mathscr{D}$ 的像 $\mathscr{D}'$的面积 A'与 $\mathscr{D}$ 的面积 A 之比当 $\mathscr{D}$ 收缩到 P 点时的极限值.

习 题

1. 设曲面的第三基本形式$\mathrm{III}=e'\mathrm{d}u^2+2f'\mathrm{d}u\mathrm{d}v+g'\mathrm{d}v^2$.证明:

(1) $|K|=\sqrt{\dfrac{e'g'-f'^2}{EG-F^2}}$;

(2) $(LN-M^2)^2=(EG-F^2)(e'g'-f'^2)$.

2. 证明:在曲面的渐近曲线(曲率不为零)上,$|\tau|=\sqrt{-K}$,这里 K 是曲面的总曲率.

4.9 总曲率、平均曲率满足某些性质的曲面

1. 全脐点曲面

如果曲面 S 的每点都是脐点,则称此曲面为**全脐点曲面**.在全脐点曲面上的各点,第一、二基本形式的系数分别成比例,即存在着函数 ρ,使得

$$\Omega_{ij}=\rho g_{ij}$$

这时曲面上各点的任何切向量都是主方向,而且主曲率 $k_1=k_2$,即 $\lambda^2-2H\lambda+K=0$ 的解是重根,于是 $H^2=K$.

下面的定理给出了所有的全脐点曲面.

定理 全脐点曲面 S 必为平面或球面的一部分.

证明 因为全脐点曲面 S 上有 $\Omega_{ij}=\rho g_{ij}$,所以对 S 上任何点 P 处有

$$\boldsymbol{n}_i=-\omega_i^j\boldsymbol{r}_j=-(g^{jl}\Omega_{li})\boldsymbol{r}_j=-(g^{jl}\rho g_{li})\boldsymbol{r}_j=-\rho\boldsymbol{r}_i \qquad (2-61)$$

于是由 $\dfrac{\partial\boldsymbol{n}_i}{\partial u^j}=\dfrac{\partial^2\boldsymbol{n}}{\partial u^i\partial u^j}=\dfrac{\partial\boldsymbol{n}_j}{\partial u^i}$,就推出了

$$\frac{\partial\rho}{\partial u^i}\boldsymbol{r}_j=\frac{\partial\rho}{\partial u^j}\boldsymbol{r}_i$$

特别,$\dfrac{\partial\rho}{\partial u^1}\boldsymbol{r}_2=\dfrac{\partial\rho}{\partial u^2}\boldsymbol{r}_1$.因 $\boldsymbol{r}_1,\boldsymbol{r}_2$ 线性独立,有 $\dfrac{\partial\rho}{\partial u^1}=\dfrac{\partial\rho}{\partial u^2}=0$,即 $\rho=$常数.

如果 $\rho=0$,则 $\mathrm{d}\boldsymbol{n}=\boldsymbol{0}$,所以 $\boldsymbol{n}=$常向量,因此

$$\mathrm{d}(\boldsymbol{r}\cdot\boldsymbol{n})=\mathrm{d}\boldsymbol{r}\cdot\boldsymbol{n}+\boldsymbol{r}\cdot\mathrm{d}\boldsymbol{n}=0$$

所以 $\boldsymbol{r}\cdot\boldsymbol{n}=$常数.这是一个平面方程,因此 S 是平面的一部分.

如 $\rho\neq0$,则由(2-61)得到 $\mathrm{d}\boldsymbol{n}+\rho\mathrm{d}\boldsymbol{r}=\boldsymbol{0}$,即 $\mathrm{d}(\boldsymbol{n}+\rho\boldsymbol{r})=\boldsymbol{0}$. 所以

$$\boldsymbol{n}+\rho\boldsymbol{r}=\boldsymbol{a} \quad (\text{常向量})$$

于是从 $\boldsymbol{n}=\boldsymbol{a}-\rho\boldsymbol{r}$ 得到 $|\boldsymbol{a}-\rho\boldsymbol{r}|=|\boldsymbol{n}|=1$ 即

$$\left|\boldsymbol{r}-\frac{\boldsymbol{a}}{\rho}\right|=\frac{1}{|\rho|}$$

这是一个以 $\dfrac{\boldsymbol{a}}{\rho}$ 为球心,$\dfrac{1}{|\rho|}$ 为半径的球面方程,所以 S 是球面的一部分.定理证毕.

2. 总曲率为 0 的曲面

因为 $K=k_1k_2=0$,不妨令 $k_1=0$.取这个曲面的曲率线网 (u,v) 作为参数曲线网,并设 u 曲线是主曲率 $k_1=0$ 的曲率线,u 为此曲率线的弧长参数.

于是有 $E=1$ 及 $L=k_1E=0$,故由(2-53)式得出

$$\boldsymbol{r}_{11}=\frac{E_1}{2E}\boldsymbol{r}_1-\frac{E_2}{2G}\boldsymbol{r}_2+L\boldsymbol{n}=0$$

因此 $\boldsymbol{r}_1=\boldsymbol{l}(v)$,所以

$$\boldsymbol{r}=u\boldsymbol{l}(v)+\boldsymbol{a}(v)$$

其中 $\boldsymbol{l},\boldsymbol{a}$ 是与 u 无关的向量.故曲面为直纹面.

这时 u 曲线为直纹面的母线,且因 $\boldsymbol{n}_1=-k_1\boldsymbol{r}_1=\boldsymbol{0}$,所以沿着这个直纹面的母线,切平面都相同,因此它是一个可展曲面.于是只能是柱面、锥面或切线面之一.反之,柱面、锥面及切线面的总曲率 $K=0$,所以得到

定理 曲面总曲率为 0 的充要条件为曲面是可展曲面,即为柱面、锥面或切线面之一.

3. 平均曲率 $H=0$ 的曲面(极小曲面)

现在我们来讨论 $H=0$ 的曲面 S,称这种曲面为**极小曲面**.下面我们来解释为什么把 $H=0$ 的曲面 S 称为极小曲面.

设曲面 S 的方程 $\boldsymbol{r}=\boldsymbol{r}(u,v)$ 中参数 (u,v) 的变化区域为 D,令 $h(u,v)$ 是定义在 D 中的一个函数,$\boldsymbol{n}(u,v)$ 为曲面 S 的单位法向量.现在作一族以 t 为参数的新的曲面 S^t:

$$\boldsymbol{r}^t=\boldsymbol{r}^t(u,v)=\boldsymbol{r}(u,v)+t\cdot h(u,v)\boldsymbol{n}(u,v)$$

其中 $-\varepsilon<t<\varepsilon$.当 $t=0$ 时,S^t 就是原来的曲面 S(见图33).

现在来计算曲面 S^t 的面积

$$A(t)=\int_D\sqrt{E^tG^t-(F^t)^2}\,\mathrm{d}u\mathrm{d}v$$

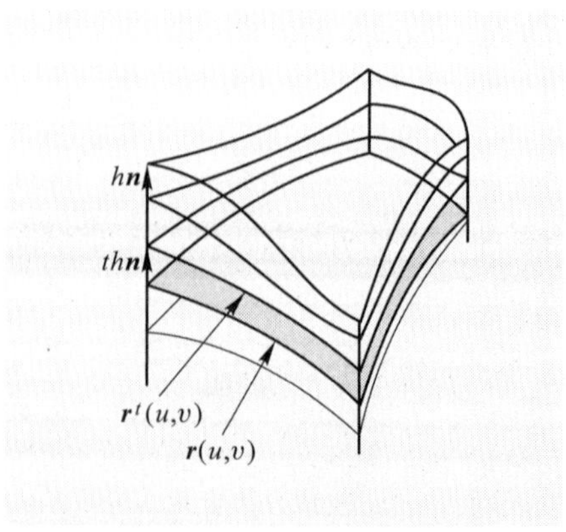

图33

其中E^t,F^t,G^t是曲面S^t的第一基本形式的系数，并考察面积函数$A(t)$在$t=0$附近的性质.

曲面S的第二基本形式系数及平均曲率为

$$L=-\boldsymbol{r}_u\cdot\boldsymbol{n}_u,\quad M=-\frac{1}{2}(\boldsymbol{r}_u\cdot\boldsymbol{n}_v+\boldsymbol{r}_v\cdot\boldsymbol{n}_u)$$

$$N=-\boldsymbol{r}_v\cdot\boldsymbol{n}_v,\quad H=\frac{1}{2}\frac{EN-2FM+GL}{EG-F^2}$$

而对曲面S^t,

$$\boldsymbol{r}_u^t=\boldsymbol{r}_u+th\boldsymbol{n}_u+th_u\boldsymbol{n}$$

$$\boldsymbol{r}_v^t=\boldsymbol{r}_v+th\boldsymbol{n}_v+th_v\boldsymbol{n}$$

$$\begin{aligned}E^t&=E+th(\boldsymbol{r}_u\cdot\boldsymbol{n}_u+\boldsymbol{r}_u\cdot\boldsymbol{n}_u)+t^2h^2\boldsymbol{n}_u\cdot\boldsymbol{n}_u+t^2h_uh_u\\&=E-2thL+o(t)\\F^t&=F+th(\boldsymbol{r}_u\cdot\boldsymbol{n}_v+\boldsymbol{r}_v\cdot\boldsymbol{n}_u)+t^2h^2\boldsymbol{n}_u\cdot\boldsymbol{n}_v+t^2h_uh_v\\&=F-2thM+o(t)\\G^t&=G+th(\boldsymbol{r}_v\cdot\boldsymbol{n}_v+\boldsymbol{r}_v\cdot\boldsymbol{n}_v)+t^2h^2\boldsymbol{n}_v\cdot\boldsymbol{n}_v+t^2h_vh_v\\&=G-2thN+o(t)\end{aligned}$$

所以得到

$$\begin{aligned}E^tG^t-(F^t)^2&=EG-F^2-2th(EN-2FM+GL)+o(t)\\&=(EG-F^2)(1-4thH)+o(t)\end{aligned}$$

于是

$$\begin{aligned}A(t)&=\int_D\sqrt{E^tG^t-(F^t)^2}\,\mathrm{d}u\mathrm{d}v\\&=\int_D\sqrt{1-4thH+o(t)}\cdot\sqrt{EG-F^2}\,\mathrm{d}u\mathrm{d}v\end{aligned}$$

$$\begin{aligned}\left.\frac{\mathrm{d}A}{\mathrm{d}t}\right|_{t=0}&=\int_D\frac{\mathrm{d}}{\mathrm{d}t}\left(\sqrt{1-4thH+o(t)}\right)\Big|_{t=0}\sqrt{EG-F^2}\,\mathrm{d}u\mathrm{d}v\\&=-\int_D2hH\sqrt{EG-F^2}\,\mathrm{d}u\mathrm{d}v\end{aligned}\tag{2-62}$$

于是我们有下列定理:

定理　曲面S为极小曲面的充要条件是曲面S的面积达到逗留值，即$A'(0)=0$.

证明　必要性:由$H=0$及(2-62)式立即得到$A'(0)=0$.

充分性:用反证法.设平均曲率H在曲面S上某点Q处不为0,不妨设$H(Q)>0$,于是我们能选取Q点的一个小邻域,使得H在这个邻域中的函数值都大于0.在这个邻域中,我们可再选取函数h,使得$h\geqslant 0$,且$h(Q)>0$

而在小邻域外取 $h=0$，这样(2-62)式右端的积分就小于 0，而与假设 $A'(0)=0$ 矛盾.同样 $H(Q)<0$ 也不可能.定理证毕.

例 把悬链线 $y=a\operatorname{ch}\dfrac{z}{a}$ 绕 z 轴旋转后得到的悬链面方程为

$$\boldsymbol{r}(u,t)=\left(a\operatorname{ch}\frac{t}{a}\cos u,a\operatorname{ch}\frac{t}{a}\sin u,t\right)$$

其中 $0\leqslant u<2\pi$，$-\infty<t<\infty$.在本章 1.5 小节的 3 中令 $f=a\operatorname{ch}\dfrac{t}{a}$，$g=t$，即可得

$$\boldsymbol{r}_u=\left(-a\operatorname{ch}\frac{t}{a}\sin u,a\operatorname{ch}\frac{t}{a}\cos u,0\right)$$

$$\boldsymbol{r}_t=\left(\cos u\operatorname{sh}\frac{t}{a},\sin u\operatorname{sh}\frac{t}{a},1\right)$$

$$E=a^2\operatorname{ch}^2\frac{t}{a},\quad F=0,\quad G=\operatorname{ch}^2\frac{t}{a}$$

又因为

$$\boldsymbol{n}=\frac{\boldsymbol{r}_u\times\boldsymbol{r}_t}{|\boldsymbol{r}_u\times\boldsymbol{r}_t|}=\frac{1}{\operatorname{ch}\dfrac{t}{a}}\left(\cos u,\sin u,-\operatorname{sh}\frac{t}{a}\right)$$

$$\boldsymbol{r}_{uu}=\left(-a\operatorname{ch}\frac{t}{a}\cos u,-a\operatorname{ch}\frac{t}{a}\sin u,0\right)$$

$$\boldsymbol{r}_{tt}=\left(\frac{1}{a}\cos u\operatorname{ch}\frac{t}{a},\frac{1}{a}\sin u\operatorname{ch}\frac{t}{a},0\right)$$

所以

$$L=\boldsymbol{r}_{uu}\cdot\boldsymbol{n}=-a,\quad M=\boldsymbol{r}_{ut}\cdot\boldsymbol{n}=0$$

$$N=\boldsymbol{r}_{tt}\cdot\boldsymbol{n}=\frac{1}{a}$$

于是

$$H=\frac{1}{2}\frac{GL-2FM+EN}{EG-F^2}=0$$

因此悬链面是极小曲面.

反之，如旋转面为极小曲面，我们可以证明它必为悬链面.

事实上，设此旋转面是由 $y=f(z)$ 绕 z 轴旋转而得，因而它的方程为

$$\boldsymbol{r}=(f(v)\cos u,f(v)\sin u,v)$$

由 $H=0$ 知道

$$GL-2FM+EN=\sqrt{1+(f')^2}\cdot(-f)+\frac{f^2f''}{\sqrt{1+(f')^2}}=0$$

即

$$(f')^2+1=ff''$$

现在来求解这个常微分方程.先将它改写成

$$\frac{f'}{f}=\frac{f'f''}{1+(f')^2}$$

两边积分后得$f=c\sqrt{1+(f')^2}$,其中 c 为正的积分常数,于是

$$f'=\pm\sqrt{\left(\frac{f}{c}\right)^2-1},$$

即

$$\frac{\mathrm{d}f}{\mathrm{d}v}=\pm\sqrt{\left(\frac{f}{c}\right)^2-1}$$

或

$$\mathrm{d}v=\pm\frac{\mathrm{d}f}{\sqrt{\left(\frac{f}{c}\right)^2-1}}$$

再两边积分后得到

$$\frac{v}{c}+b=\pm\operatorname{arch}\frac{f}{c}$$

其中 b 是另一积分常数.于是

$$f=c\operatorname{ch}\left(\frac{v}{c}+b\right)$$

显然这个旋转面为悬链面.

习 题

1. 证明:曲面为球面或平面的充要条件是 $H^2=K$.

2. 证明:若曲面的所有曲线均为曲率线,则它为全脐点的曲面.

3. 证明:若曲面与其 Gauss 映射的像成共形对应,则曲面必为球面或极小曲面.

4. 求总曲率为零的旋转曲面.

5. 证明:若平移曲面 $\boldsymbol{r}=\boldsymbol{a}(u)+\boldsymbol{b}(v)$的参数曲线构成正交网,则它必为柱面.

6. 证明:若曲面在某一参数表示下,E、F、G、L、M、N 均为常数,则曲面为柱面.

7. 证明正螺面 $\boldsymbol{r}=(u\cos v,u\sin v,bv)$为极小曲面,并证明除平面外,直纹极小曲面都是正螺面.

8. 证明:若劈锥曲面 $\boldsymbol{r}=(u\cos v,u\sin v,\varphi(v))$是极小曲面,则它必是正螺面.

9. 证明:$z=c\arctan\dfrac{y}{x}$是极小曲面.

10. 若 $z=f(x)+g(y)$ 是极小曲面.证明:除相差一个常数外,它可写成

$$az=\ln\frac{\cos ay}{\cos ax}\quad (\text{Scherk 曲面})$$

11. 证明曲面 $\boldsymbol{r}=(3u(1+v^2)-u^3,3v(1+u^2)-v^3,3(u^2-v^2))$ 是极小曲面(Enneper 曲面),并证明它的曲率线是平面曲线,求出曲率线所在的平面.

12. 证明曲面为极小曲面的充要条件是:曲面上存在两族正交的渐近曲线.

§5 曲面的基本方程及曲面论的基本定理

前面我们已经看到,曲面 S 的基本公式为

$$\begin{cases}\mathrm{d}\boldsymbol{r}=\mathrm{d}u^j\boldsymbol{r}_j\\ \mathrm{d}\boldsymbol{r}_i=\Gamma_{ij}^k\mathrm{d}u^j\boldsymbol{r}_k+\Omega_{ij}\mathrm{d}u^j\boldsymbol{n}\\ \mathrm{d}\boldsymbol{n}=-\omega_j^k\mathrm{d}u^j\boldsymbol{r}_k\quad (\text{其中 }\omega_j^k=g^{kl}\Omega_{lj})\end{cases}$$

现在有这样几个问题需要讨论:

(1) 曲面 S 的 g_{ij},Ω_{ij} 之间是否存在着某些关系?

(2) 如果 g_{ij},Ω_{ij} 满足了这些关系,那么能否决定出一个曲面,使得它的第一、二基本形式的系数正好是预先给定的 g_{ij},Ω_{ij}?

(3) 满足上述性质的曲面有多少?

5.1 曲面的基本方程

可以把曲面的基本公式改写成

$$\begin{cases}\dfrac{\partial\boldsymbol{r}}{\partial u^i}=\boldsymbol{r}_i\\[2ex] \dfrac{\partial\boldsymbol{r}_i}{\partial u^j}=\Gamma_{ij}^k\boldsymbol{r}_k+\Omega_{ij}\boldsymbol{n}\\[2ex] \dfrac{\partial\boldsymbol{n}}{\partial u^j}=-\omega_j^k\boldsymbol{r}_k\quad (\text{其中 }\omega_j^k=g^{kl}\Omega_{lj})\end{cases}\tag{2-63}$$

对向量 $\boldsymbol{r},\boldsymbol{r}_i,\boldsymbol{n}$ 运用二阶连续偏导数可交换次序的规则,必须成立:

$$\frac{\partial}{\partial u^i}\left(\frac{\partial\boldsymbol{r}}{\partial u^j}\right)=\frac{\partial}{\partial u^j}\left(\frac{\partial\boldsymbol{r}}{\partial u^i}\right)\tag{2-64}$$

$$\frac{\partial}{\partial u^l}\left(\frac{\partial\boldsymbol{r}_i}{\partial u^j}\right)=\frac{\partial}{\partial u^j}\left(\frac{\partial\boldsymbol{r}_i}{\partial u^l}\right)\tag{2-65}$$

$$\frac{\partial}{\partial u^i}\left(\frac{\partial \boldsymbol{n}}{\partial u^j}\right)=\frac{\partial}{\partial u^j}\left(\frac{\partial \boldsymbol{n}}{\partial u^i}\right) \tag{2-66}$$

先把(2-63)代入(2-64)后就得到

$$\Gamma_{ij}^k\boldsymbol{r}_k+\Omega_{ij}\boldsymbol{n}=\Gamma_{ji}^k\boldsymbol{r}_k+\Omega_{ji}\boldsymbol{n}$$

因为 Γ_{ij}^k,Ω_{ij}关于 i,j 是对称的,因而上式自动成立,并不对 g_{ij}, Ω_{ij}附加约束条件.

再把(2-63)代入(2-65)后就得到

$$\frac{\partial \Gamma_{ij}^k}{\partial u^l}\boldsymbol{r}_k+\Gamma_{ij}^k(\Gamma_{kl}^m\boldsymbol{r}_m+\Omega_{kl}\boldsymbol{n})+\frac{\partial \Omega_{ij}}{\partial u^l}\boldsymbol{n}+\Omega_{ij}(-\omega_l^k\boldsymbol{r}_k)$$

$$=\frac{\partial \Gamma_{il}^k}{\partial u^j}\boldsymbol{r}_k+\Gamma_{il}^k(\Gamma_{kj}^m\boldsymbol{r}_m+\Omega_{kj}\boldsymbol{n})+\frac{\partial \Omega_{il}}{\partial u^j}\boldsymbol{n}+\Omega_{il}(-\omega_j^k\boldsymbol{r}_k)$$

利用 $\boldsymbol{r}_k$ 及 $\boldsymbol{n}$ 的独立性就得出

$$\frac{\partial \Gamma_{ij}^k}{\partial u^l}-\frac{\partial \Gamma_{il}^k}{\partial u^j}+\Gamma_{ij}^m\Gamma_{ml}^k-\Gamma_{il}^m\Gamma_{mj}^k=\Omega_{ij}\omega_l^k-\Omega_{il}\omega_j^k \tag{2-67}$$

$$\frac{\partial \Omega_{ij}}{\partial u^l}-\frac{\partial \Omega_{il}}{\partial u^j}+\Gamma_{ij}^m\Omega_{ml}-\Gamma_{il}^m\Omega_{mj}=0 \tag{2-68}$$

最后,把(2-63)代入(2-66)后就得到

$$-\frac{\partial \omega_j^k}{\partial u^i}\boldsymbol{r}_k-\omega_j^k(\Gamma_{ki}^l\boldsymbol{r}_l+\Omega_{ki}\boldsymbol{n})=-\frac{\partial \omega_i^k}{\partial u^j}\boldsymbol{r}_k-\omega_i^k(\Gamma_{kj}^l\boldsymbol{r}_l+\Omega_{kj}\boldsymbol{n})$$

于是

$$\frac{\partial \omega_i^k}{\partial u^j}-\frac{\partial \omega_j^k}{\partial u^i}-\omega_j^l\Gamma_{li}^k+\omega_i^l\Gamma_{lj}^k=0 \tag{2-69}$$

$$\omega_j^k\Omega_{ki}=\omega_i^k\Omega_{kj} \tag{2-70}$$

因此得到 g_{ij},Ω_{ij}之间必须适合关系式(2-67)—(2-70).

因为 $\omega_j^i=g^{ih}\Omega_{hj}$,所以(2-70)自动成立.而且可以证明(2-69)能从(2-68)中推出.这只要在(2-68)两边乘 g^{ki},并对 i 作和,就得到

$$0=g^{ki}\left(\frac{\partial \Omega_{ij}}{\partial u^l}-\frac{\partial \Omega_{il}}{\partial u^j}+\Gamma_{ij}^m\Omega_{ml}-\Gamma_{il}^m\Omega_{mj}\right)$$

$$=\frac{\partial(g^{ki}\Omega_{ij})}{\partial u^l}-\frac{\partial(g^{ki}\Omega_{il})}{\partial u^j}-\frac{\partial g^{ki}}{\partial u^l}\Omega_{ij}+\frac{\partial g^{ki}}{\partial u^j}\Omega_{il}$$

$$+g^{ki}\Gamma_{ij}^m\Omega_{ml}-g^{ki}\Gamma_{il}^m\Omega_{mj}$$

再利用(2-51)后就得到

$$0=\frac{\partial \omega_j^k}{\partial u^l}-\frac{\partial \omega_l^k}{\partial u^j}+(g^{kp}\Gamma_{pl}^i+g^{ip}\Gamma_{pl}^k)\Omega_{ij}$$

$$-(g^{kp}\Gamma_{pj}^i+g^{ip}\Gamma_{pj}^k)\Omega_{il}+g^{ki}\Gamma_{ij}^m\Omega_{ml}-g^{ki}\Gamma_{il}^m\Omega_{mj}$$

将上式展开后,上式右边第四项为 $\omega_j^p\Gamma_{pl}^k$,第六项为 $-\omega_l^p\Gamma_{pj}^k$,而第三项与末项相消,第五项与第七项相消,于是得到

$$\frac{\partial\omega_j^k}{\partial u^l}-\frac{\partial\omega_l^k}{\partial u^j}+\omega_j^p\Gamma_{pl}^k-\omega_l^p\Gamma_{pj}^k=0$$

这就是(2-69).

因此曲面的第一、二基本形式的系数 g_{ij}, Ω_{ij} 必须满足(2-67),(2-68)两式,我们称这两组方程为**曲面的基本方程**,其中前一组方程(2-67)称为 **Gauss 方程**,后一组方程(2-68)为 **Codazzi 方程**.

如果我们分别令 $i,j,k=1,2$,并用记号 E,F,G,L,M,N,则从(2-67),(2-68)就可写出许多方程,但是这些方程中有许多彼此等价的方程.如果我们选用正交曲线网作为参数曲线网,则因为 $F=0$,于是 Gauss 方程中只有一个独立方程

$$-\frac{1}{\sqrt{EG}}\left\{\left[\frac{(\sqrt{E})_v}{\sqrt{G}}\right]_v+\left[\frac{(\sqrt{G})_u}{\sqrt{E}}\right]_u\right\}=\frac{LN-M^2}{EG}\qquad(2-71)$$

而 Codazzi 方程中只有两个独立方程:

$$\begin{cases}\left(\dfrac{L}{\sqrt{E}}\right)_v-\left(\dfrac{M}{\sqrt{E}}\right)_u-N\dfrac{(\sqrt{E})_v}{G}-M\dfrac{(\sqrt{G})_u}{\sqrt{EG}}=0\\ \left(\dfrac{N}{\sqrt{G}}\right)_u-\left(\dfrac{M}{\sqrt{G}}\right)_v-L\dfrac{(\sqrt{G})_u}{E}-M\dfrac{(\sqrt{E})_v}{\sqrt{EG}}=0\end{cases}\qquad(2-72)$$

演算是直接的,详细的演算过程这里就不一一写出了.

作为 Gauss-Codazzi 方程的推论,我们可以证明一个极为重要的定理:

定理(Gauss) 曲面的总曲率 K 由曲面的第一基本形式所确定.

证明 取曲面的正交曲线网后,由(2-71)得到

$$K=-\frac{1}{\sqrt{EG}}\left\{\left[\frac{(\sqrt{E})_v}{\sqrt{G}}\right]_v+\left[\frac{(\sqrt{G})_u}{\sqrt{E}}\right]_u\right\}\qquad(2-73)$$

此式右边只与第一基本形式系数有关.定理证毕.

在 4.5 小节中定义总曲率 $K=\det(\omega_j^i)=k_1k_2$ 时利用了 W-变换,因而 K 中不仅利用了第一基本形式(即曲面上的度量),而且也涉及了第二基本形式.所以从表面上看,K 不是内蕴几何量. 但上述著名的 Gauss 定理,表明了总曲率 K 实质上仅由曲面的度量性质就可确定,即 K 是一个内蕴几何量.

习题

1. 证明:在曲面的一般参数下,Gauss 方程为

$$KF=(\Gamma_{12}^{1})_1-(\Gamma_{11}^{1})_2+\Gamma_{12}^{2}\Gamma_{12}^{1}-\Gamma_{11}^{2}\Gamma_{22}^{1}$$

$$KE=(\Gamma_{11}^{2})_2-(\Gamma_{12}^{2})_1+\Gamma_{11}^{1}\Gamma_{12}^{2}+\Gamma_{11}^{2}\Gamma_{22}^{2}-\Gamma_{12}^{1}\Gamma_{11}^{2}-(\Gamma_{12}^{2})^2$$

$$KG=(\Gamma_{22}^{1})_1-(\Gamma_{12}^{1})_2+\Gamma_{22}^{2}\Gamma_{12}^{1}+\Gamma_{22}^{1}\Gamma_{11}^{1}-\Gamma_{12}^{2}\Gamma_{22}^{1}-(\Gamma_{12}^{1})^2$$

$$KF=(\Gamma_{12}^{2})_2-(\Gamma_{22}^{2})_1+\Gamma_{12}^{1}\Gamma_{12}^{2}-\Gamma_{22}^{1}\Gamma_{11}^{2}$$

而 Codazzi 方程为

$$L_2-M_1=L\Gamma_{12}^{1}+M(\Gamma_{12}^{2}-\Gamma_{11}^{1})-N\Gamma_{11}^{2}$$

$$M_2-N_1=L\Gamma_{22}^{1}+M(\Gamma_{22}^{2}-\Gamma_{12}^{1})-N\Gamma_{12}^{2}$$

2. 证明:假设将 Codazzi 方程中的 L,M,N 分别用 E,F,G 代替,则可得到恒等式:

$$E_2-F_1=E\Gamma_{12}^{1}+F(\Gamma_{12}^{2}-\Gamma_{11}^{1})-G\Gamma_{11}^{2}$$

$$F_2-G_1=E\Gamma_{22}^{1}+F(\Gamma_{22}^{2}-\Gamma_{12}^{1})-G\Gamma_{12}^{2}$$

3. 证明:当曲面的参数曲线取曲率线网时,Codazzi 方程化为

$$L_2=HE_2,\quad N_1=HG_1$$

从而证明:平均曲率为常数的曲面或者是平面,或者第一、第二基本形式由下式给出:

$$\mathrm{I}=\lambda(\mathrm{d}u^2+\mathrm{d}v^2)$$

$$\mathrm{II}=(1+\lambda H)\mathrm{d}u^2-(1-\lambda H)\mathrm{d}v^2$$

4. 已知以下曲面的第一基本形式,求总曲率:

(1) $\mathrm{I}=\dfrac{\mathrm{d}u^2+\mathrm{d}v^2}{\left[1+\dfrac{k}{4}(u^2+v^2)\right]^2}$;

(2) $\mathrm{I}=\dfrac{a^2}{v^2}(\mathrm{d}u^2+\mathrm{d}v^2)\quad(v>0)$;

(3) $\mathrm{I}=\mathrm{d}u^2+\mathrm{e}^{\frac{2u}{a}}\mathrm{d}v^2$;

(4) $\mathrm{I}=\mathrm{d}u^2+\mathrm{ch}^2\dfrac{u}{a}\mathrm{d}v^2$,

其中 k, a 为常数.

5. 设曲面线素取等温形式:$\mathrm{I}=\rho^2(\mathrm{d}u^2+\mathrm{d}v^2)$. 证明:

$$K=-\frac{1}{\rho^2}\Delta\ln\rho$$

其中 $\Delta=\dfrac{\partial^2}{\partial u^2}+\dfrac{\partial^2}{\partial v^2}$. 从而证明:当 $\rho=\dfrac{1}{u^2+v^2+c}$ 时,$K=4c$(常数).

6. 证明:在曲面的一般参数下,

$$K=\frac{1}{g^2}\left(\begin{vmatrix}-\dfrac{G_{11}}{2}+F_{12}-\dfrac{E_{22}}{2} & \dfrac{E_1}{2} & F_1-\dfrac{E_2}{2}\\ F_2-\dfrac{G_1}{2} & E & F\\ \dfrac{G_2}{2} & F & G\end{vmatrix}-\begin{vmatrix}0 & \dfrac{E_2}{2} & \dfrac{G_1}{2}\\ \dfrac{E_2}{2} & E & F\\ \dfrac{G_1}{2} & F & G\end{vmatrix}\right)$$

7. 设曲面 S_1 与 S_2 的第一基本形式相差正常数倍：$\mathrm{I}_1=\rho\mathrm{I}_2$（称两曲面位似）. 证明：相应的总曲率有如下关系：

$$K_1=\frac{1}{\rho}K_2$$

8. 证明下列曲面之间不存在等距对应：

（1）球面；（2）柱面；（3）鞍面 $z=x^2-y^2$.

9. 证明：曲面 S：$\boldsymbol{r}=(u\cos v, u\sin v, \ln u)$ 与 $\overline{S}$：$\overline{\boldsymbol{r}}=(\overline{u}\cos\overline{v}, \overline{u}\sin\overline{v}, \overline{v})$，在点 (u,v) 与 $(\overline{u},\overline{v})$ 处总曲率相等，但 S 与 $\overline{S}$ 不存在等距对应.

10. 证明：曲面 S：$\boldsymbol{r}=\left(au, bv, \dfrac{au^2+bv^2}{2}\right)$ 与 $\overline{S}$：$\overline{\boldsymbol{r}}=\left(\overline{a}\,\overline{u}, \overline{b}\,\overline{v}, \dfrac{\overline{a}\,\overline{u}^2+\overline{b}\,\overline{v}^2}{2}\right)$，当 $ab=\overline{a}\,\overline{b}$ 时，在点 (u,v) 与 $(\overline{u},\overline{v})$ 处总曲率相等，但 S 与 $\overline{S}$ 不存在等距对应.

5.2 曲面论的基本定理

从上面知道，如果所给出的函数 g_{ij}, Ω_{ij} 不满足 Gauss-Codazzi 方程，则它们肯定不能成为某个曲面的第一、二基本形式的系数. 如果它们满足了 Gauss-Codazzi 方程，详细地说，在参数 (u,v) 平面中的一个单连通区域中给出了两族函数 $\{g_{ij}\}$，$\{\Omega_{ij}\}$，它们关于 i，j 是对称的，且满足 Gauss-Codazzi 方程，那么能否找出曲面，使得它的第一、二基本形式的系数就是所给的函数 g_{ij}, Ω_{ij} 呢？

也就是说，如 Gauss-Codazzi 方程成立，那么是否能从 (2-63) 中解出 $\boldsymbol{r}, \boldsymbol{r}_i, \boldsymbol{n}$ 来？这相当于全微分方程组

$$\begin{cases} \mathrm{d}\boldsymbol{r}=\boldsymbol{r}_i\mathrm{d}u^i \\ \mathrm{d}\boldsymbol{r}_i=\Gamma_{ij}^k\mathrm{d}u^j\boldsymbol{r}_k+\Omega_{ij}\mathrm{d}u^j\boldsymbol{n} \\ \mathrm{d}\boldsymbol{n}=-g^{kl}\Omega_{lj}\mathrm{d}u^j\boldsymbol{r}_k \end{cases} \tag{2-74}$$

在下列初值条件下求解 $\{\boldsymbol{r}, \boldsymbol{r}_i, \boldsymbol{n}\}$ 的问题：

在 $u^i=u_0^i$ 时

$$\begin{cases} \boldsymbol{r}=\underset{0}{\boldsymbol{r}} \\ \boldsymbol{r}_i=\underset{0}{\boldsymbol{r}}{}_i \\ \boldsymbol{n}=\underset{0}{\boldsymbol{n}} \end{cases} \tag{2-75}$$

其中

$$\begin{cases} \underset{0}{\boldsymbol{r}}{}_i\cdot\underset{0}{\boldsymbol{r}}{}_j=g_{ij}(u_0) \\ \underset{0}{\boldsymbol{r}}{}_i\cdot\underset{0}{\boldsymbol{n}}=0 \\ \underset{0}{\boldsymbol{n}}\cdot\underset{0}{\boldsymbol{n}}=1 \end{cases}$$

我们分几步来讨论.

1. 方程组(2-74)在初值条件(2-75)下解的存在、唯一性:

我们来证明如下的命题.

命题　若单连通参数(u^1,u^2)区域中定义的g_{ij},Ω_{ij}(它们关于i,j是对称的,其中g_{ij}为正定)满足 Gauss-Codazzi 方程,则全微分方程组(2-74)在初值条件(2-75)下存在唯一解$\{\boldsymbol{r},\boldsymbol{r}_i,\boldsymbol{n}\}$.

证明　(i) 在参数平面中用一条曲线C_0把初始点$P_0(u_0)$与参数区域中任一点$P_1(u_1)$连接起来(见图34).设C_0的方程为

$$u^i=u^i(t),\quad 0\leqslant t\leqslant 1$$

其中$u^i(0)=u_0^i$,$u^i(1)=u_1^i$,沿此曲线,全微分方程组(2-74)就变成了常微分方程组

$$\begin{cases}\dfrac{\mathrm{d}\boldsymbol{r}}{\mathrm{d}t}=\boldsymbol{r}_i\dfrac{\mathrm{d}u^i}{\mathrm{d}t}\\[2ex]\dfrac{\mathrm{d}\boldsymbol{r}_i}{\mathrm{d}t}=\Gamma_{ij}^k\dfrac{\mathrm{d}u^j}{\mathrm{d}t}\boldsymbol{r}_k+\Omega_{ij}\dfrac{\mathrm{d}u^j}{\mathrm{d}t}\boldsymbol{n}\\[2ex]\dfrac{\mathrm{d}\boldsymbol{n}}{\mathrm{d}t}=-g^{kl}\Omega_{lj}\dfrac{\mathrm{d}u^j}{\mathrm{d}t}\boldsymbol{r}_k\end{cases}\tag{2-76}$$

于是在初值条件(2-75)下,此常微分方程组(2-76)有解$\{\boldsymbol{r}(t),\boldsymbol{r}_i(t),\boldsymbol{n}(t)\}$,因而在$P_1(u_1)$处就得到了解

$$\{\boldsymbol{r}(1),\boldsymbol{r}_i(1),\boldsymbol{n}(1)\}\tag{2-77}$$

如果我们进一步能证明所得的解实质上与曲线C_0的选取无关,那么(2-77)就可作为全微分方程组(2-74)在初值条件(2-75)下的解在点$P_1(u_1)$处的值了.

(ii) 下面我们来证明解(2-77)与连接P_0,P_1的曲线选择方式无关.

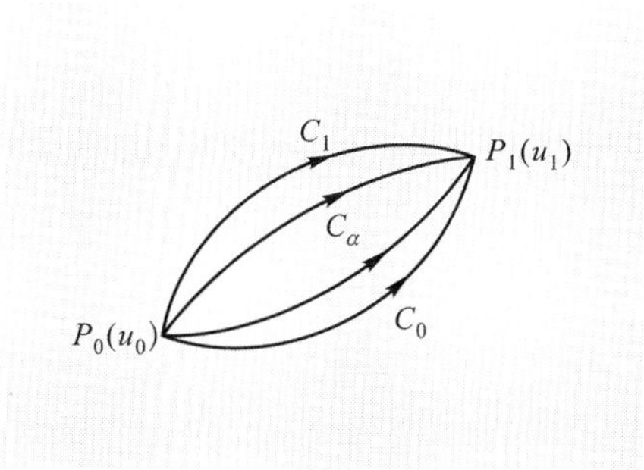

图34

为此,我们另选一条连接 P_0,P_1 点的曲线 C_1,因为参数区域是单连通区域,所以能选取一族曲线 C_α,其中每一条曲线都是连接 P_0,P_1 点的.设它们的方程为

$$u^i = u^i(t;\alpha) \tag{2-78}$$

其中 t 是每条曲线上的参数,$0\leqslant t\leqslant 1$,而 $t=0$ 代表 P_0 点,$t=1$ 代表 P_1 点;α 表征曲线族中不同曲线,$0\leqslant \alpha\leqslant 1$,其中 $\alpha=0$ 代表 C_0,$\alpha=1$ 代表 C_1.所以有

$$\begin{cases} u^i(0,\alpha)=u_0^i, & \dfrac{\partial u^i}{\partial \alpha}(0,\alpha)=0 \\ u^i(1,\alpha)=u_1^i, & \dfrac{\partial u^i}{\partial \alpha}(1,\alpha)=0 \end{cases} \tag{2-79}$$

当固定 α 时,沿曲线 C_α,如上类似地可在初值条件(2-75)下求解常微分方程组(2-76),得到解

$$\{\boldsymbol{r}(t,\alpha),\boldsymbol{r}_i(t,\alpha),\boldsymbol{n}(t,\alpha)\} \tag{2-80}$$

其中 α 是作为一个参变量,即方程组(2-76)实际上应写为

$$\begin{cases} \dfrac{\partial \boldsymbol{r}}{\partial t}=\boldsymbol{r}_i\ \dfrac{\partial u^i}{\partial t} \\ \dfrac{\partial \boldsymbol{r}_i}{\partial t}=\Gamma_{ij}^k\dfrac{\partial u^j}{\partial t}\boldsymbol{r}_k+\Omega_{ij}\dfrac{\partial u^j}{\partial t}\boldsymbol{n} \\ \dfrac{\partial \boldsymbol{n}}{\partial t}=-g^{kl}\Omega_{lj}\dfrac{\partial u^j}{\partial t}\boldsymbol{r}_k \end{cases} \tag{2-81}$$

又从常微分方程组的解对参数连续可微性定理知道,解(2-80)对 α 也是连续可微的.

我们进而希望能证出

$$\begin{cases} \dfrac{\partial \boldsymbol{r}}{\partial \alpha}=\boldsymbol{r}_i\ \dfrac{\partial u^i}{\partial \alpha} \\ \dfrac{\partial \boldsymbol{r}_i}{\partial \alpha}=\Gamma_{ij}^k\dfrac{\partial u^j}{\partial \alpha}\boldsymbol{r}_k+\Omega_{ij}\dfrac{\partial u^j}{\partial \alpha}\boldsymbol{n} \\ \dfrac{\partial \boldsymbol{n}}{\partial \alpha}=-g^{kl}\Omega_{lj}\dfrac{\partial u^j}{\partial \alpha}\boldsymbol{r}_k \end{cases} \tag{2-82}$$

因为(2-82)若成立,则在式中令 $t=1$,由于$\left.\dfrac{\partial u^i}{\partial \alpha}\right|_{t=1}=0$,于是

$$\begin{cases}\dfrac{\partial \boldsymbol{r}\big|_{t=1}}{\partial \alpha}=\dfrac{\partial \boldsymbol{r}}{\partial \alpha}\bigg|_{t=1}=0\\[2ex]\dfrac{\partial \boldsymbol{r}_i\big|_{t=1}}{\partial \alpha}=\dfrac{\partial \boldsymbol{r}_i}{\partial \alpha}\bigg|_{t=1}=0\\[2ex]\dfrac{\partial \boldsymbol{n}\big|_{t=1}}{\partial \alpha}=\dfrac{\partial \boldsymbol{n}}{\partial \alpha}\bigg|_{t=1}=0\end{cases}$$

所以$\boldsymbol{r}\big|_{t=1},\boldsymbol{r}_i\big|_{t=1},\boldsymbol{n}\big|_{t=1}$与 α 无关,也就是说,沿不同的曲线 C_α 求解,在 P_1 点所得到的解都是相同的.特别地,沿 C_0 和沿 C_1 所得的解(2-77)是相同的,这就达到了我们的目的.

(iii) 最后,剩下要去证明(2-82).先写出

$$\begin{cases}\dfrac{\partial \boldsymbol{r}}{\partial \alpha}=\boldsymbol{r}_i\dfrac{\partial u^i}{\partial \alpha}+\boldsymbol{\varepsilon}\\[2ex]\dfrac{\partial \boldsymbol{r}_i}{\partial \alpha}=\Gamma^k_{ij}\dfrac{\partial u^j}{\partial \alpha}\boldsymbol{r}_k+\Omega_{ij}\dfrac{\partial u^j}{\partial \alpha}\boldsymbol{n}+\boldsymbol{\varepsilon}_i\\[2ex]\dfrac{\partial \boldsymbol{n}}{\partial \alpha}=-g^{kl}\Omega_{lj}\dfrac{\partial u^j}{\partial \alpha}\boldsymbol{r}_k+\boldsymbol{\eta}\end{cases}\tag{2-83}$$

现欲证明其中的差向量 $\boldsymbol{\varepsilon},\boldsymbol{\varepsilon}_i,\boldsymbol{\eta}$ 均为零向量.

由于 $\boldsymbol{r},\boldsymbol{r}_i,\boldsymbol{n}$ 都是(t,α)的连续可微函数,所以由二阶偏导数次序交换规则得出

$$\begin{cases}\dfrac{\partial}{\partial t}\left(\dfrac{\partial \boldsymbol{r}}{\partial \alpha}\right)=\dfrac{\partial}{\partial \alpha}\left(\dfrac{\partial \boldsymbol{r}}{\partial t}\right)\\[2ex]\dfrac{\partial}{\partial t}\left(\dfrac{\partial \boldsymbol{r}_i}{\partial \alpha}\right)=\dfrac{\partial}{\partial \alpha}\left(\dfrac{\partial \boldsymbol{r}_i}{\partial t}\right)\\[2ex]\dfrac{\partial}{\partial t}\left(\dfrac{\partial \boldsymbol{n}}{\partial \alpha}\right)=\dfrac{\partial}{\partial \alpha}\left(\dfrac{\partial \boldsymbol{n}}{\partial t}\right)\end{cases}$$

将(2-83)代入上面各式的左端,而把(2-81)代入上面各式的右端后,利用 $\Gamma^k_{ij},\Omega_{ij}$关于 i,j 的对称性及 Gauss-Codazzi 方程,经整理后就得到

$$\begin{cases}\dfrac{\partial \boldsymbol{\varepsilon}}{\partial t}=\boldsymbol{\varepsilon}_i\dfrac{\partial u^i}{\partial t}\\[2ex]\dfrac{\partial \boldsymbol{\varepsilon}_i}{\partial t}=\Gamma^k_{ij}\dfrac{\partial u^j}{\partial t}\boldsymbol{\varepsilon}_k+\Omega_{ij}\dfrac{\partial u^j}{\partial t}\boldsymbol{\eta}\\[2ex]\dfrac{\partial \boldsymbol{\eta}}{\partial t}=-g^{kl}\Omega_{lj}\dfrac{\partial u^j}{\partial t}\boldsymbol{\varepsilon}_k\end{cases}\tag{2-84}$$

在(2-83)中令 $t=0$ 后就得到方程组(2-84)的初值条件应为

$$\boldsymbol{\varepsilon}\big|_{t=0}=\boldsymbol{\varepsilon}_i\big|_{t=0}=\boldsymbol{\eta}\big|_{t=0}=\mathbf{0}\tag{2-85}$$

因为沿每一条曲线 C_α 在初值条件(2-85)下求解(2-84),只能得到零解 $\boldsymbol{\varepsilon}=\boldsymbol{\varepsilon}_i=\boldsymbol{\eta}=\boldsymbol{0}$,于是我们证出了(2-82).命题证毕.

2. 现在来验证微分方程组(2-74)的解曲面 $\boldsymbol{r}$ 具有已给的第一、二基本形式.

我们分两步来讨论.

(1) 首先要说明从方程组(2-74)中同时被解出的 $\boldsymbol{r},\boldsymbol{r}_i,\boldsymbol{n}$ 之间有着下列密切的关系:

$$\boldsymbol{r}_i\cdot\boldsymbol{r}_j-g_{ij}=0 \tag{2-86}$$

$$\boldsymbol{r}_i\cdot\boldsymbol{n}=0 \tag{2-87}$$

$$\boldsymbol{n}\cdot\boldsymbol{n}-1=0 \tag{2-88}$$

这里 $\boldsymbol{r}_i$ 是曲面 $\boldsymbol{r}$ 的坐标曲线切向量,$\{\boldsymbol{r}_i,\boldsymbol{n}\}$ 构成曲面上的活动标架.

因为

$$\begin{aligned}
\mathrm{d}(\boldsymbol{r}_i\cdot\boldsymbol{r}_j-g_{ij})&=\mathrm{d}\boldsymbol{r}_i\cdot\boldsymbol{r}_j+\boldsymbol{r}_i\cdot\mathrm{d}\boldsymbol{r}_j-\mathrm{d}g_{ij}\\
&=(\Gamma_{il}^k\mathrm{d}u^l\boldsymbol{r}_k)\cdot\boldsymbol{r}_j+\boldsymbol{r}_i\cdot(\Gamma_{jl}^k\mathrm{d}u^l\boldsymbol{r}_k)-\mathrm{d}g_{ij}\\
&\quad+(\Omega_{il}\mathrm{d}u^l\boldsymbol{n})\cdot\boldsymbol{r}_j+\boldsymbol{r}_i\cdot(\Omega_{jl}\mathrm{d}u^l\boldsymbol{n})\\
&=\Gamma_{il}^k\mathrm{d}u^l(\boldsymbol{r}_k\cdot\boldsymbol{r}_j-g_{kj})+\Gamma_{jl}^k\mathrm{d}u^l(\boldsymbol{r}_i\cdot\boldsymbol{r}_k-g_{ik})\\
&\quad+\Omega_{il}\mathrm{d}u^l\boldsymbol{r}_j\cdot\boldsymbol{n}+\Omega_{jl}\mathrm{d}u^l\boldsymbol{r}_i\cdot\boldsymbol{n}\\
&\quad+\left(\Gamma_{il}^kg_{kj}+\Gamma_{jl}^kg_{ik}-\frac{\partial g_{ij}}{\partial u^l}\right)\mathrm{d}u^l
\end{aligned}$$

由本章§3中公式(2-46)知道上式右边最后一项为0,于是

$$\left\{\begin{aligned}
\mathrm{d}(\boldsymbol{r}_i\cdot\boldsymbol{r}_j-g_{ij})&=\Gamma_{il}^k\mathrm{d}u^l(\boldsymbol{r}_k\cdot\boldsymbol{r}_j-g_{kj})\\
&\quad+\Gamma_{jl}^k\mathrm{d}u^l(\boldsymbol{r}_i\cdot\boldsymbol{r}_k-g_{ik})\\
&\quad+\Omega_{il}\mathrm{d}u^l\boldsymbol{r}_j\cdot\boldsymbol{n}+\Omega_{jl}\mathrm{d}u^l\boldsymbol{r}_i\cdot\boldsymbol{n}\\
\mathrm{d}(\boldsymbol{n}\cdot\boldsymbol{n}-1)&=2\boldsymbol{n}\cdot\mathrm{d}\boldsymbol{n}=-2\omega_j^k\mathrm{d}u^j(\boldsymbol{r}_k\cdot\boldsymbol{n})\\
\mathrm{d}(\boldsymbol{r}_i\cdot\boldsymbol{n})&=\mathrm{d}\boldsymbol{r}_i\cdot\boldsymbol{n}+\boldsymbol{r}_i\cdot\mathrm{d}\boldsymbol{n}\\
&=\Gamma_{ij}^k\mathrm{d}u^j(\boldsymbol{r}_k\cdot\boldsymbol{n})+\Omega_{ij}\mathrm{d}u^j(\boldsymbol{n}\cdot\boldsymbol{n})-\boldsymbol{r}_i\omega_j^k\mathrm{d}u^j\cdot\boldsymbol{r}_k\\
&=\Gamma_{ij}^k\mathrm{d}u^j(\boldsymbol{r}_k\cdot\boldsymbol{n})+\Omega_{ij}\mathrm{d}u^j(\boldsymbol{n}\cdot\boldsymbol{n}-1)
\end{aligned}\right. \tag{2-89}$$

是关于未知函数 $\boldsymbol{r}_i\cdot\boldsymbol{r}_j-g_{ij},\boldsymbol{r}_i\cdot\boldsymbol{n}$ 及 $\boldsymbol{n}\cdot\boldsymbol{n}-1$ 的线性微分方程组,在 $u^i=u_0^i$ 处的初值条件为

$$\begin{cases}\underset{0}{\boldsymbol{r}}_i\cdot\underset{0}{\boldsymbol{r}}_j-g_{ij}(u_0)=0\\ \underset{0}{\boldsymbol{r}}_i\cdot\underset{0}{\boldsymbol{n}}=0\\ \underset{0}{\boldsymbol{n}}\cdot\underset{0}{\boldsymbol{n}}-1=0\end{cases}\tag{2-90}$$

现证明(2-89)只有零解,即(2-86)—(2-88)成立.

事实上,设 C 是连接 $P_0(u_0^i)$ 及曲面上任意点 $P(u)$ 的一条任意曲线,它的方程设为 $u^i=u^i(t)$.于是沿着曲线 C,方程组(2-89)化为

$$\begin{cases}\dfrac{\mathrm{d}(\boldsymbol{r}_i\cdot\boldsymbol{r}_j-g_{ij})}{\mathrm{d}t}=\Gamma_{il}^k\dfrac{\mathrm{d}u^l}{\mathrm{d}t}(\boldsymbol{r}_k\cdot\boldsymbol{r}_j-g_{kj})+\Gamma_{jl}^k\dfrac{\mathrm{d}u^l}{\mathrm{d}t}(\boldsymbol{r}_i\cdot\boldsymbol{r}_k-g_{ik})\\ \qquad\qquad+\Omega_{il}\dfrac{\mathrm{d}u^l}{\mathrm{d}t}\boldsymbol{r}_j\cdot\boldsymbol{n}+\Omega_{jl}\dfrac{\mathrm{d}u^l}{\mathrm{d}t}\boldsymbol{r}_i\cdot\boldsymbol{n}\\ \dfrac{\mathrm{d}(\boldsymbol{n}\cdot\boldsymbol{n}-1)}{\mathrm{d}t}=-2\omega_j^k\dfrac{\mathrm{d}u^j}{\mathrm{d}t}(\boldsymbol{r}_k\cdot\boldsymbol{n})\\ \dfrac{\mathrm{d}(\boldsymbol{r}_i\cdot\boldsymbol{n})}{\mathrm{d}t}=\Gamma_{ij}^k\dfrac{\mathrm{d}u^j}{\mathrm{d}t}(\boldsymbol{r}_k\cdot\boldsymbol{n})+\Omega_{ij}\dfrac{\mathrm{d}u^j}{\mathrm{d}t}(\boldsymbol{n}\cdot\boldsymbol{n}-1)\end{cases}\tag{2-91}$$

常微分方程组(2-91)在零初值条件下只有零解,因此沿着曲线 C,在 C 的终点 P 处就成立(2-86)—(2-88).

(2) 现在我们来计算曲面的第一、二基本形式,由于

$$\mathrm{I}=\mathrm{d}\boldsymbol{r}\cdot\mathrm{d}\boldsymbol{r}=(\boldsymbol{r}_i\mathrm{d}u^i)\cdot(\boldsymbol{r}_j\mathrm{d}u^j)=g_{ij}\mathrm{d}u^i\mathrm{d}u^j$$

$$\mathrm{II}=-\mathrm{d}\boldsymbol{n}\cdot\mathrm{d}\boldsymbol{r}=(\omega_i^k\mathrm{d}u^i\boldsymbol{r}_k)\cdot(\boldsymbol{r}_j\mathrm{d}u^j)=\Omega_{ij}\mathrm{d}u^i\mathrm{d}u^j$$

所以这个曲面具有已给的第一、二基本形式.

3. 最后,我们来证明不同初值条件下的解曲面 $\boldsymbol{r}$ 之间只差欧氏空间中一个运动.取两组不同的满足(2-90)的初值条件

$$\{\underset{0}{\boldsymbol{r}};\underset{0}{\boldsymbol{r}}_i,\underset{0}{\boldsymbol{n}}\}\quad 及\quad \{\underset{0}{\boldsymbol{r}}';\underset{0}{\boldsymbol{r}}_i',\underset{0}{\boldsymbol{n}}'\}$$

所解出的曲面 S 与 S' 当然就不相同.但由于两组初值条件中相应基向量之间的内积都相同,故可用 E^3 中一个运动把 $\{\underset{0}{\boldsymbol{r}}';\underset{0}{\boldsymbol{r}}_i',\underset{0}{\boldsymbol{n}}'\}$ 移到 $\{\underset{0}{\boldsymbol{r}};\underset{0}{\boldsymbol{r}}_i,\underset{0}{\boldsymbol{n}}\}$.在这个运动下,设曲面 S' 被变到曲面 S^*.又因为第一、二基本形式在 E^3 的一个运动下是不变的,而且曲面 S^* 和 S 有相同的初值条件,于是由上述方程组在初值条件下解的唯一性知道 S^* 与 S 重合,故曲面 S 与 S' 只差一个 E^3 中的运动.

综上所述,我们得到了下列的曲面论基本定理.

曲面论基本定理　如在单连通参数区域中给出了两组函数 g_{ij},$\Omega_{ij}(i,j=1,2)$,它们关于 i,j 是对称的,其中 g_{ij} 正定,而且满足 Gauss-

Codazzi 方程,则存在曲面,它以 g_{ij}, Ω_{ij} 为第一、二基本形式的系数,且满足这性质的曲面除 E^3 中的一个运动外是唯一的.

习 题

1. 利用曲面论基本定理证明:不存在曲面,使

$$E=G=1,\quad F=0,\quad L=1,\quad M=0,\quad N=-1$$

又:是否存在曲面,使

$$E=1,\quad F=0,\quad G=\cos^2 u;\quad L=\cos^2 u,\quad M=0,\quad N=1$$

2. 设曲面的第一、第二基本形式为

$$\mathrm{I}=\mathrm{II}=\mathrm{d}u^2+\cos^2 u\,\mathrm{d}v^2$$

证明:曲面是单位球面.

3. 若曲面的第一、第二基本形式分别为

$$\mathrm{I}=(1+u^2)\,\mathrm{d}u^2+u^2\mathrm{d}v^2,\quad \mathrm{II}=\frac{\mathrm{d}u^2+u^2\mathrm{d}v^2}{\sqrt{1+u^2}}$$

求该曲面.

§6　测地曲率　测地线

从现在开始,直到本章结束(除了 6.6 小节以外),我们将把注意力集中于曲面的内蕴几何学,即研究单由曲面的度量所决定的几何性质.

6.1　测地曲率向量　测地曲率

设 C 是曲面 S 上过 P 点的一条曲线.在本章 4.1 小节中我们从 C 的曲率向量

$$\frac{\mathrm{d}\boldsymbol{T}}{\mathrm{d}s}=k\boldsymbol{N}=\boldsymbol{\tau}+k_n\boldsymbol{n} \tag{2-92}$$

出发,定义了曲线 C 在 P 点的测地曲率向量

$$\boldsymbol{\tau}=\left(\frac{\mathrm{d}^2u^k}{\mathrm{d}s^2}+\Gamma^k_{ij}\frac{\mathrm{d}u^i}{\mathrm{d}s}\frac{\mathrm{d}u^j}{\mathrm{d}s}\right)\boldsymbol{r}_k \tag{2-93}$$

它是 C 的曲率向量在切平面上的投影向量(见图 35).

现在把曲线 C 投影到切平面 T_P 上去,得到切平面上的一条曲线 C',这时投影直线就织成了一个柱面 Σ. 曲线 C 和 C' 都是柱面上过 P 点的曲

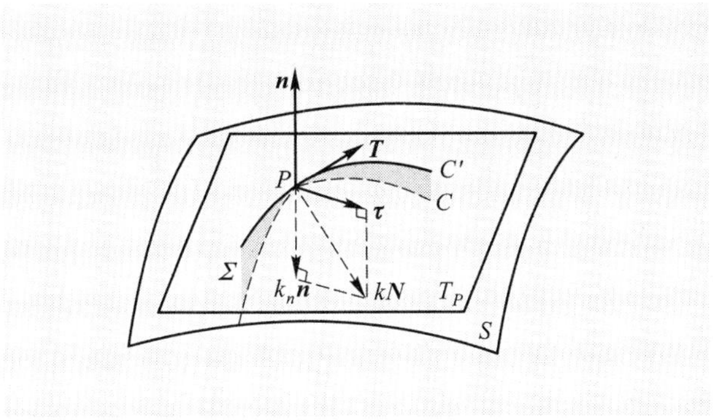

图 35

线,它们的切向都是 $\boldsymbol{T}$,而且 $\boldsymbol{\tau}$ 可看成是曲线 C 在 P 点关于柱面的法曲率向量,所以对柱面运用 Meusnier 定理后知道 $\boldsymbol{\tau}$ 亦为 C'关于柱面的法曲率向量.但是曲线 C'又可看成是柱面上过 P 点的相应于方向 $\boldsymbol{T}$ 的法截线,因此 $\boldsymbol{\tau}$ 就是 C'的曲率向量,于是得到:

定理 曲线 C 在 P 点的测地曲率向量 $\boldsymbol{\tau}$,即为 C 在切平面 T_P 上的投影曲线 C'在 P 点的曲率向量.

现在我们来定义测地曲率.对(2-92)两边关于 $\boldsymbol{T}$ 求内积. 因为 $\boldsymbol{N}\cdot\boldsymbol{T}=0,\boldsymbol{n}\cdot\boldsymbol{T}=0$,所以 $\boldsymbol{\tau}\cdot\boldsymbol{T}=0$,即 $\boldsymbol{\tau}$ 与 $\boldsymbol{T}$ 垂直.但 $\boldsymbol{\tau}$ 又在切平面上,所以 $\boldsymbol{\tau}$ 与 $\boldsymbol{n}$ 也垂直,因此 $\boldsymbol{\tau}$ 与单位向量 $\boldsymbol{n}\times\boldsymbol{T}$ 平行.记

$$\boldsymbol{\tau}=k_g\cdot(\boldsymbol{n}\times\boldsymbol{T}) \tag{2-94}$$

称 k_g 为曲线 C 在 P 点处的**测地曲率**.由(2-94)知 $|k_g|=|\boldsymbol{\tau}|$,即 $|k_g|$为测地曲率向量的长度.于是从(2-92)得到

$$k^2=k_g^2+k_n^2 \tag{2-95}$$

习 题

计算曲线 $\boldsymbol{r}=\left(\dfrac{1}{k}\cos ks,\dfrac{1}{k}\sin ks,h\right)$ 的曲率,其中 $0<h<1$, $k=\dfrac{1}{\sqrt{1-h^2}}$, 并求它在单位球面上的切向法曲率及测地曲率,并验证:

$$k\boldsymbol{N}=k_n\boldsymbol{n}+\boldsymbol{\tau}$$

6.2 计算测地曲率的 Liouville 公式

现在我们来导出计算测地曲率 k_g 的公式.为简单起见,选取曲面 S 上的正交曲线网作为参数曲线网.因为 $\boldsymbol{n}\times\boldsymbol{T}$ 是单位向量,所以对(2-94)两边

关于 $\boldsymbol{n}\times\boldsymbol{T}$ 作内积后就得到

$$k_g=(\boldsymbol{n}\times\boldsymbol{T})\cdot\boldsymbol{\tau}=(\boldsymbol{n}\times\boldsymbol{T})\cdot\left(\frac{\mathrm{d}\boldsymbol{T}}{\mathrm{d}s}-k_n\boldsymbol{n}\right)=(\boldsymbol{n}\times\boldsymbol{T})\cdot\frac{\mathrm{d}\boldsymbol{T}}{\mathrm{d}s}$$

现用

$$\boldsymbol{e}_1=\frac{\boldsymbol{r}_1}{\sqrt{E}},\quad \boldsymbol{e}_2=\frac{\boldsymbol{r}_2}{\sqrt{G}}$$

为基来表示出单位切向量 $\boldsymbol{T}$.如果用 θ 来表示从 $\boldsymbol{r}_1$ 到 $\boldsymbol{T}$ 的正向夹角(见图 36),类似于第一章中的切线旋转指标定理的论证中知道，可以不妨选取夹角 $\theta(s)$ 是 s 的可微函数,即

$$\boldsymbol{T}=\cos\theta\boldsymbol{e}_1+\sin\theta\boldsymbol{e}_2$$

因而

$$\boldsymbol{T}=\frac{\mathrm{d}\boldsymbol{r}}{\mathrm{d}s}=\boldsymbol{r}_1\frac{\mathrm{d}u^1}{\mathrm{d}s}+\boldsymbol{r}_2\frac{\mathrm{d}u^2}{\mathrm{d}s}=\sqrt{E}\boldsymbol{e}_1\frac{\mathrm{d}u^1}{\mathrm{d}s}+\sqrt{G}\boldsymbol{e}_2\frac{\mathrm{d}u^2}{\mathrm{d}s}$$

所以从上两式就可得到

$$\sqrt{E}\frac{\mathrm{d}u^1}{\mathrm{d}s}=\cos\theta,\quad \sqrt{G}\frac{\mathrm{d}u^2}{\mathrm{d}s}=\sin\theta \tag{2-96}$$

则

$$\boldsymbol{n}\times\boldsymbol{T}=\boldsymbol{n}\times(\cos\theta\boldsymbol{e}_1+\sin\theta\boldsymbol{e}_2)=\cos\theta\boldsymbol{e}_2-\sin\theta\boldsymbol{e}_1$$

$$\frac{\mathrm{d}\boldsymbol{T}}{\mathrm{d}s}=\cos\theta\frac{\mathrm{d}\boldsymbol{e}_1}{\mathrm{d}s}+\sin\theta\frac{\mathrm{d}\boldsymbol{e}_2}{\mathrm{d}s}+(-\sin\theta\boldsymbol{e}_1+\cos\theta\boldsymbol{e}_2)\frac{\mathrm{d}\theta}{\mathrm{d}s}$$

因此得到

$$\begin{aligned}k_g&=(\boldsymbol{n}\times\boldsymbol{T})\cdot\frac{\mathrm{d}\boldsymbol{T}}{\mathrm{d}s}\\&=(\cos\theta\boldsymbol{e}_2-\sin\theta\boldsymbol{e}_1)\cdot\left[\cos\theta\frac{\mathrm{d}\boldsymbol{e}_1}{\mathrm{d}s}+\sin\theta\frac{\mathrm{d}\boldsymbol{e}_2}{\mathrm{d}s}+(-\sin\theta\boldsymbol{e}_1+\cos\theta\boldsymbol{e}_2)\frac{\mathrm{d}\theta}{\mathrm{d}s}\right]\end{aligned}$$

因为 $\boldsymbol{e}_1,\boldsymbol{e}_2$ 是单位正交的,所以

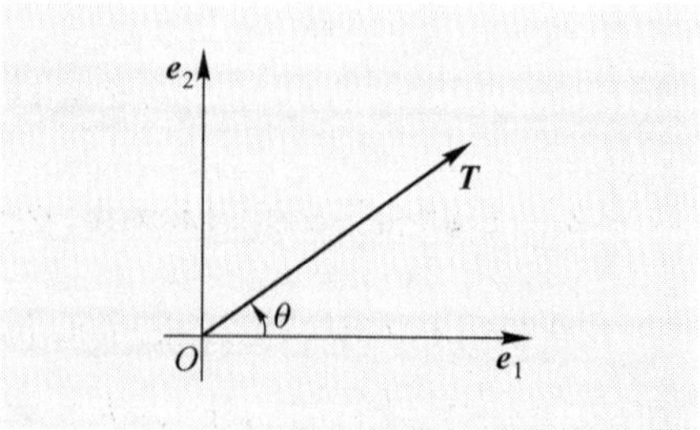

图 36

$$k_g=\boldsymbol{e}_2\cdot\frac{\mathrm{d}\boldsymbol{e}_1}{\mathrm{d}s}+\frac{\mathrm{d}\theta}{\mathrm{d}s}=\boldsymbol{e}_2\cdot\frac{\mathrm{d}}{\mathrm{d}s}\left(\frac{\boldsymbol{r}_1}{\sqrt{E}}\right)+\frac{\mathrm{d}\theta}{\mathrm{d}s}=\frac{\boldsymbol{e}_2}{\sqrt{E}}\cdot\frac{\mathrm{d}\boldsymbol{r}_1}{\mathrm{d}s}+\frac{\mathrm{d}\theta}{\mathrm{d}s}$$

$$=\frac{\boldsymbol{e}_2}{\sqrt{E}}\left(\Gamma_{1k}^1\frac{\mathrm{d}u^k}{\mathrm{d}s}\boldsymbol{r}_1+\Gamma_{1k}^2\frac{\mathrm{d}u^k}{\mathrm{d}s}\boldsymbol{r}_2\right)+\frac{\mathrm{d}\theta}{\mathrm{d}s}$$

$$=\frac{\boldsymbol{e}_2}{\sqrt{E}}\Gamma_{1k}^2\frac{\mathrm{d}u^k}{\mathrm{d}s}\sqrt{G}\boldsymbol{e}_2+\frac{\mathrm{d}\theta}{\mathrm{d}s}$$

$$=\sqrt{\frac{G}{E}}\left(\Gamma_{11}^2\frac{\mathrm{d}u^1}{\mathrm{d}s}+\Gamma_{12}^2\frac{\mathrm{d}u^2}{\mathrm{d}s}\right)+\frac{\mathrm{d}\theta}{\mathrm{d}s}$$

由§3中关于Γ_{ij}^k的公式(2-52)得到

$$k_g=\frac{1}{2\sqrt{EG}}\left(-E_2\frac{\mathrm{d}u^1}{\mathrm{d}s}+G_1\frac{\mathrm{d}u^2}{\mathrm{d}s}\right)+\frac{\mathrm{d}\theta}{\mathrm{d}s}\tag{2-97}$$

再由(2-96)可得

$$\begin{aligned}k_g&=\frac{1}{2\sqrt{EG}}\left(-E_2\frac{\cos\theta}{\sqrt{E}}+G_1\frac{\sin\theta}{\sqrt{G}}\right)+\frac{\mathrm{d}\theta}{\mathrm{d}s}\\&=\frac{\mathrm{d}\theta}{\mathrm{d}s}-\frac{1}{2\sqrt{G}}\frac{\partial\ln E}{\partial v}\cos\theta+\frac{1}{2\sqrt{E}}\frac{\partial\ln G}{\partial u}\sin\theta\end{aligned}\tag{2-98}$$

这就是计算测地曲率的 Liouville 公式.公式中只涉及E,F,G,所以测地曲率k_g是曲面的内蕴几何量.

习 题

1. 当参数曲线构成正交网时,求参数曲线的测地曲率k_{g_1}与k_{g_2},并证明:

(1) 此时 Liouville 公式可写成

$$k_g=\frac{\mathrm{d}\theta}{\mathrm{d}s}+k_{g_1}\cos\theta+k_{g_2}\sin\theta$$

(2) $K=\dfrac{1}{\sqrt{EG}}\left[\dfrac{\partial}{\partial v}(k_{g_1}\sqrt{E})-\dfrac{\partial}{\partial u}(k_{g_2}\sqrt{G})\right]$

(3) 若k为u曲线的曲率,则

$$k^2=\frac{(E_2)^2}{4E^2G}+\frac{L^2}{E^2}$$

2. 证明:在球面$\boldsymbol{r}=(a\cos u\cos v,\ a\cos u\sin v, a\sin u)\left(-\dfrac{\pi}{2}\leqslant u\leqslant\dfrac{\pi}{2},0\leqslant v<2\pi\right)$上,任何曲线的测地曲率可写成

$$k_g=\frac{\mathrm{d}\theta}{\mathrm{d}s}-\sin u\frac{\mathrm{d}v}{\mathrm{d}s}$$

其中θ表示曲线与经线的交角.

3. 证明:旋转曲面上的纬线的测地曲率等于常数.它的倒数(测地曲率半径)等于经线的切线上从切点到旋转轴之间的线段长.

4. 证明:在曲面的一般参数下,弧长参数曲线 $u=u(s)$, $v=v(s)$ 的测地曲率为

$$k_g=\sqrt{g}\,(Bu'-Av'+u'v''-v'u'')$$

其中

$$A=\Gamma_{11}^1u'^2+2\Gamma_{12}^1u'v'+\Gamma_{22}^1v'^2,\quad B=\Gamma_{11}^2u'^2+2\Gamma_{12}^2u'v'+\Gamma_{22}^2v'^2$$

从而证明参数曲线的测地曲率分别为

$$k_{g_1}=\sqrt{g}\,\Gamma_{11}^2u'^3,\quad k_{g_2}=-\sqrt{g}\,\Gamma_{22}^1v'^3$$

6.3 测地线

如果曲面 S 中一条曲线 C 上每点的测地曲率都等于 0,则称它为**测地线**.因为 $k_g=0$,所以 $\boldsymbol{\tau}=\mathbf{0}$.但

$$\boldsymbol{\tau}=\left(\frac{\mathrm{d}^2u^i}{\mathrm{d}s^2}+\Gamma_{jk}^i\frac{\mathrm{d}u^j}{\mathrm{d}s}\frac{\mathrm{d}u^k}{\mathrm{d}s}\right)\boldsymbol{r}_i$$

于是得到了测地线的微分方程为

$$\frac{\mathrm{d}^2u^i}{\mathrm{d}s^2}+\Gamma_{jk}^i\frac{\mathrm{d}u^j}{\mathrm{d}s}\frac{\mathrm{d}u^k}{\mathrm{d}s}=0$$

这是一个二阶常微分方程组,在初值条件

$$s=s_0:\ u^i=u_0^i,\quad \frac{\mathrm{d}u^i}{\mathrm{d}s}=\left.\frac{\mathrm{d}u^i}{\mathrm{d}s}\right|_0$$

时方程有唯一解,也就是说,过一点及过这点的一个已知单位切向量,可以引出唯一的一条测地线 $u^i=u^i(s)$.当然这时它的定义域是在 s_0 的一个小邻域中.

也可用 Liouville 公式把测地线的微分方程表示为

$$k_g=\frac{\mathrm{d}\theta}{\mathrm{d}s}-\frac{1}{2\sqrt{G}}\frac{\partial\ln E}{\partial v}\cos\theta+\frac{1}{2\sqrt{E}}\frac{\partial\ln G}{\partial u}\sin\theta=0$$

其中

$$\frac{\mathrm{d}u}{\mathrm{d}s}=\frac{1}{\sqrt{E}}\cos\theta,\qquad \frac{\mathrm{d}v}{\mathrm{d}s}=\frac{1}{\sqrt{G}}\sin\theta$$

所以从上述三个式子中可得出

$$\begin{cases}\dfrac{\mathrm{d}\theta}{\mathrm{d}u}=\dfrac{\sqrt{E}}{2\sqrt{G}}\dfrac{\partial\ln E}{\partial v}-\dfrac{1}{2}\dfrac{\partial\ln G}{\partial u}\tan\theta\\[2ex]\dfrac{\mathrm{d}v}{\mathrm{d}u}=\sqrt{\dfrac{E}{G}}\tan\theta\end{cases}$$

因此在初值条件

$$u=u_0: \theta=\theta_0, \quad v=v_0$$

下可求出唯一的一条测地线.

我们从上述测地线方程中看到,测地线的决定仅依赖于曲面的第一基本形式,于是当两个曲面成等距对应时,与测地线相对应的曲线也是测地线.

由于沿测地线 $k_g=0$,因此测地线上各点的曲率向量

$$\frac{\mathrm{d}\boldsymbol{T}}{\mathrm{d}s}=k\boldsymbol{N}=k_n\boldsymbol{n}$$

所以测地线上每点的主法线与曲面在这点的法线平行.

反之,如曲面上一条曲线 C 上各点的主法线向量恰与曲面在这点的法线平行,则成立 $k_g=0$,因此曲线 C 为测地线.这样得到了下列定理.

定理 曲面上一条曲线为测地线的充要条件是这条曲线上每点的主法线向量与曲面在这点的法线平行.

例如,球面上的大圆是测地线,这是因为大圆弧的主法线正好与球面法线平行.又由于过球面上任何一点及任何方向都可引一条大圆弧,于是球面上的所有测地线就是大圆弧全体.

下面我们进一步考察测地线的几何意义.

设曲线 $C:u^i=u^i(s)$ 是曲面 S 上以 A 点为起点,以 B 点为终点的一条曲线;其中 s 是它的弧长参数,$a\leqslant s\leqslant b$.沿着曲线 C,其向径记为 $\boldsymbol{r}(s)$,切向量 $\boldsymbol{T}(s)=\dfrac{\mathrm{d}\boldsymbol{r}}{\mathrm{d}s}$,曲面的单位法向量为 $\boldsymbol{n}(s)$.

如果让曲线 C 作保持两个端点的连续变动,得到一族曲线 C_λ (见图 37).它们的参数方程为

$$C_\lambda: u^i=u^i(s,\lambda)$$

其中 s 是 C_λ 的参数,$a\leqslant s\leqslant b$,而 λ 是曲线族的参数,特别当 $\lambda=0$ 时,曲线 C_0 正好就是曲线 C.曲线 C_λ 的向径方程为

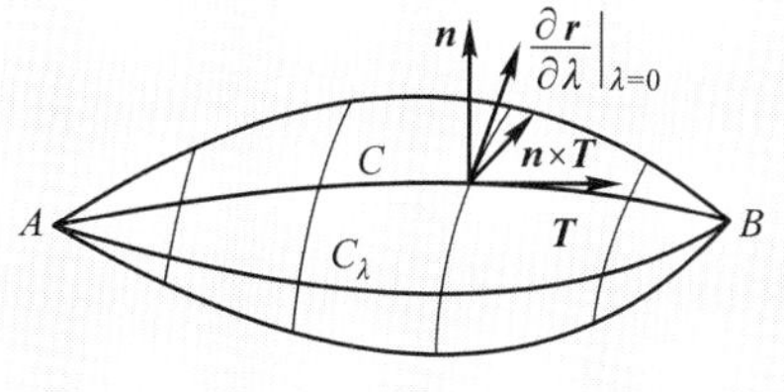

图 37

$$C_\lambda:\ \boldsymbol{r}=\boldsymbol{r}(u^i(s,\lambda))$$

由于曲线 C_λ 的两端点总是 A 或 B 点,因而

$$\boldsymbol{r}\big|_A=\text{常向量},\quad \boldsymbol{r}\big|_B=\text{常向量}$$

要注意的是 s 为 C 的弧长参数,但不一定是其他曲线 C_λ 的弧长参数.

显然

$$\left.\frac{\partial \boldsymbol{r}}{\partial s}\right|_{\lambda=0}=\boldsymbol{T}$$

当我们固定 s,而变动 λ 时,就得到了另一族曲线,它的切向量为$\dfrac{\partial \boldsymbol{r}}{\partial \lambda}$. 所以 $\left.\dfrac{\partial \boldsymbol{r}}{\partial \lambda}\right|_{\lambda=0}$ 是沿 C 的一个向量场.又因为在曲线 C 上每点处 $\boldsymbol{T}(s)$ 与 $\boldsymbol{n}(s)\times\boldsymbol{T}(s)$ 是相互垂直的两个单位切向量,于是可写

$$\left.\frac{\partial \boldsymbol{r}}{\partial \lambda}\right|_{\lambda=0}=l(s)\boldsymbol{T}+h(s)\boldsymbol{n}\times\boldsymbol{T}$$

其中 $l(s)$,$h(s)$ 是沿曲线 C 定义的两个函数.由于曲线 C 的连续变动的任意性,可导致函数 $l(s)$,$h(s)$ 的任意性.这一点在下面将会被用到.

沿曲线 C_λ 从 A 到 B 点的弧长为

$$L(C_\lambda)=\int_a^b\left|\frac{\partial \boldsymbol{r}}{\partial s}\right|\mathrm{d}s=\int_a^b\sqrt{\frac{\partial \boldsymbol{r}}{\partial s}\cdot\frac{\partial \boldsymbol{r}}{\partial s}}\,\mathrm{d}s$$

再计算

$$\frac{\mathrm{d}L}{\mathrm{d}\lambda}=\int_a^b\frac{\partial}{\partial\lambda}\sqrt{\frac{\partial \boldsymbol{r}}{\partial s}\cdot\frac{\partial \boldsymbol{r}}{\partial s}}\,\mathrm{d}s=\int_a^b\frac{\dfrac{\partial \boldsymbol{r}}{\partial s}\cdot\dfrac{\partial}{\partial\lambda}\left(\dfrac{\partial \boldsymbol{r}}{\partial s}\right)}{\sqrt{\dfrac{\partial \boldsymbol{r}}{\partial s}\cdot\dfrac{\partial \boldsymbol{r}}{\partial s}}}\mathrm{d}s$$

于是

$$\begin{aligned}
L'(0)=\left.\frac{\mathrm{d}L(C_\lambda)}{\mathrm{d}\lambda}\right|_{\lambda=0}&=\int_a^b\left(\frac{\dfrac{\partial \boldsymbol{r}}{\partial s}\cdot\dfrac{\partial}{\partial s}\left(\dfrac{\partial \boldsymbol{r}}{\partial \lambda}\right)}{\sqrt{\dfrac{\partial \boldsymbol{r}}{\partial s}\cdot\dfrac{\partial \boldsymbol{r}}{\partial s}}}\right)_{\lambda=0}\mathrm{d}s\\
&=\int_a^b\boldsymbol{T}\cdot\frac{\partial}{\partial s}\left(\left.\frac{\partial \boldsymbol{r}}{\partial \lambda}\right|_{\lambda=0}\right)\mathrm{d}s\\
&=\int_a^b\boldsymbol{T}\cdot\frac{\partial}{\partial s}[l(s)\boldsymbol{T}+h(s)\boldsymbol{n}\times\boldsymbol{T}]\mathrm{d}s\\
&=\int_a^b\boldsymbol{T}[h'\boldsymbol{n}\times\boldsymbol{T}+h(\boldsymbol{n}'\times\boldsymbol{T}+\boldsymbol{n}\times\boldsymbol{T}')+l'\boldsymbol{T}+l\boldsymbol{T}']\mathrm{d}s\\
&=\int_a^b[h\boldsymbol{T}\cdot(\boldsymbol{n}\times\boldsymbol{T}')+l']\mathrm{d}s
\end{aligned}$$

由于 $\boldsymbol{T}'=k\boldsymbol{N}=k_n\boldsymbol{n}+\boldsymbol{\tau}$，及 $\boldsymbol{\tau}=k_g(\boldsymbol{n}\times\boldsymbol{T})$，所以

$$\boldsymbol{n}\times\boldsymbol{T}'=\boldsymbol{n}\times(k_n\boldsymbol{n}+\boldsymbol{\tau})=\boldsymbol{n}\times\boldsymbol{\tau}=-k_g(\boldsymbol{n}\times\boldsymbol{T})\times\boldsymbol{n}=-k_g\boldsymbol{T}$$

故得

$$L'(0)=\int_a^b(-hk_g+l')\mathrm{d}s=l(b)-l(a)-\int_a^b hk_g\mathrm{d}s$$

又因为在 $s=a,b$ 处，$\boldsymbol{r}$=常向量，所以

$$\left.\frac{\partial\boldsymbol{r}}{\partial\lambda}\right|_{\substack{\lambda=0\\ s=a,b}}=\boldsymbol{0}$$

于是 $l(a)=l(b)=0$，因此得到了**弧长的第一变分公式**为

$$L'(0)=-\int hk_g\mathrm{d}s \tag{2-99}$$

我们有下列定理：

定理　曲面上曲线 C 是测地线的充要条件是曲线 C 的长度达到逗留值，即 $L'(0)=0$.

证明　必要性：由 $k_g=0$ 就知道 $L'(0)=0$.

充分性：用反证法，如 k_g 在曲线 C 的某点 Q 处不为 0，不妨设 $k_g(Q)>0$，于是可选曲线 C 上 Q 点的一个小邻域，使得在这个邻域中的 $k_g>0$.在这个邻域中我们可选取函数 h，使得 $h\geqslant0$，且 $h(Q)>0$，而在这个小邻域外取 $h=0$.这样，(2-99)式右端的积分就小于 0，而与假设 $L'(0)=0$ 矛盾.同样 $k_g(Q)<0$ 也不可能.定理证毕.

习题

1. 证明：曲线(非直线)为曲面上的测地线的充要条件是，曲线的密切平面与曲面的切平面正交，即曲线的从切平面与曲面的切平面重合.

2. 证明：若曲面的所有测地线均为平面曲线，则曲面为全脐点曲面.

3. 利用 Liouville 公式证明：

(1) 平面上的测地线为直线；

(2) 圆柱面上的测地线为圆柱螺线.

4. 求正螺面 $\boldsymbol{r}=(u\cos v,u\sin v,av)$ 上的测地线.

5. 求以下曲面的测地线：

(1) $\mathrm{d}s^2=\rho(u)^2(\mathrm{d}u^2+\mathrm{d}v^2)$；

(2) $\mathrm{d}s^2=v(\mathrm{d}u^2+\mathrm{d}v^2)$；

(3) $\mathrm{d}s^2=\dfrac{a^2}{v^2}(\mathrm{d}u^2+\mathrm{d}v^2)$　(a 为常数)；

(4) $\mathrm{d}s^2=[\varphi(u)+\psi(v)](\mathrm{d}u^2+\mathrm{d}v^2)$.

6. 证明:(1) 若曲线既是测地线又是渐近曲线,则它必为直线;

(2) 若曲线既是测地线又是曲率线,则它必为平面曲线.

7. 证明:非直线的测地线若为平面曲线,则它必为曲率线.

8. 证明:若曲面上有两族测地线交于定角,则曲面是可展曲面.

9. 设曲面 S_1 与 S_2 沿着曲线 C 相切,C 是 S_1 的测地线.证明:C 也是 S_2 的测地线.

10. 证明:曲面上测地线的方程在一般参数下可取如下形式:

$$\frac{\mathrm{d}^2 v}{\mathrm{d}u^2}=\Gamma_{11}^2\left(\frac{\mathrm{d}v}{\mathrm{d}u}\right)^3+(2\Gamma_{12}^1-\Gamma_{22}^2)\left(\frac{\mathrm{d}v}{\mathrm{d}u}\right)^2+(\Gamma_{11}^1-2\Gamma_{12}^2)\frac{\mathrm{d}v}{\mathrm{d}u}-\Gamma_{11}^2$$

11. 证明:柱面的测地线是一般螺线.

12. 求旋转曲面 $\boldsymbol{r}=(f(t)\cos\theta, f(t)\sin\theta, t)$ 的测地线.设 θ 为测地线与经线的交角,f 为交点到旋转轴之间的距离,证明:

$$f\sin\theta=常数$$

利用此结果研究正圆锥面上的测地线.

13. 设在旋转曲面上有一条测地线与经线交于定角.证明:此时曲面为圆柱面.

14. 求曲面 $F(x,y,z)=0$ 的测地线方程.

15. 证明:若曲面 S 是某曲线 C 的密切平面的包络,则 C 是 S 的测地线.

6.4 法坐标系 测地极坐标系 测地坐标系

1. 法坐标系

在曲面 S 的 P 点的切平面中,选取一个单位正交标架 $\boldsymbol{e}_1,\boldsymbol{e}_2$,于是切平面中任何一个向量 $\boldsymbol{v}$ 可写成

$$\boldsymbol{v}=y^i\boldsymbol{e}_i$$

(见图 38).设它的长度为 $|\boldsymbol{v}|=s$.然后以 P 点为起点,以 $\boldsymbol{v}$ 为初始方向作一条测地线 C,在测地线 C 上选取一点 M,使得从 P 点到 M 点的测地线弧长为 s.当 $|\boldsymbol{v}|=s$ 充分小时,这总能做到的.这样,我们就得到了曲面 S 在 P 点的切平面中的向量到曲面 S 上点的一个局部的对应.我们把这个对应称为**指数映射**,记为 $\exp_P$,在这个对应下

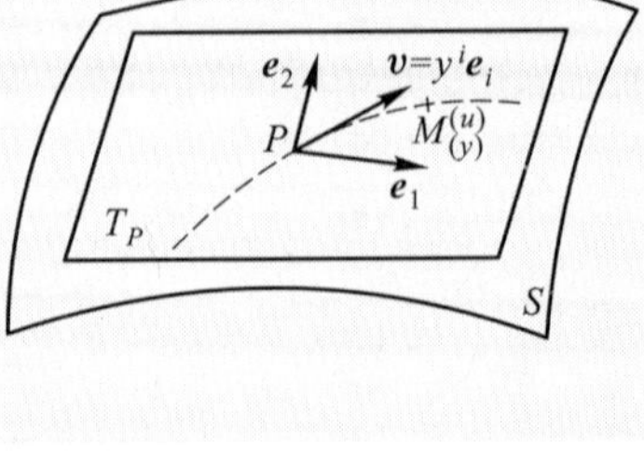

图 38

$$\exp_P: \boldsymbol{v} \longrightarrow M$$

我们想把 $\boldsymbol{v}$ 的分量 (y^i) 取为曲面上点 M 的一个新的坐标.为此必须证明从老坐标系 (u^i) 到新的 (y^i) 之间的 Jacobi 矩阵是非异的,即要证明

$$\det\left(\frac{\partial u^i}{\partial y^j}\right) \neq 0$$

事实上,因为测地线 C 的微分方程是

$$\frac{\mathrm{d}^2 u^i}{\mathrm{d}s^2} + \Gamma_{jk}^i \frac{\mathrm{d}u^j}{\mathrm{d}s} \frac{\mathrm{d}u^k}{\mathrm{d}s} = 0$$

而 C 在 P 点的单位切向量为

$$\left.\frac{\mathrm{d}u^i}{\mathrm{d}s}\right|_{s=0} = \frac{y^i}{|\boldsymbol{v}|} = \frac{y^i}{s}$$

所以

$$\begin{aligned} u^i(s) &= u^i(0) + \left.\frac{\mathrm{d}u^i}{\mathrm{d}s}\right|_0 s + \frac{1}{2}\left(\frac{\mathrm{d}^2 u^i}{\mathrm{d}s^2}\right)_0 s^2 + \cdots \\ &= u^i(0) + \frac{y^i}{s} \cdot s + \frac{1}{2}\left(-\Gamma_{jk}^i \big|_0 \left.\frac{\mathrm{d}u^j}{\mathrm{d}s}\right|_0 \left.\frac{\mathrm{d}u^k}{\mathrm{d}s}\right|_0\right) s^2 + \cdots \\ &= u^i(0) + y^i - \frac{1}{2}\Gamma_{jk}^i \big|_0 y^j y^k + \cdots \end{aligned} \tag{2-100}$$

于是有

$$\left.\frac{\partial u^i}{\partial y^j}\right|_{y=0} = \delta_j^i$$

这样,$\det\left(\left.\frac{\partial u^i}{\partial y^j}\right|_0\right) = 1$,因而在 P 点的邻近有 $\det\left(\frac{\partial u^i}{\partial y^j}\right) \neq 0$,所以用 (y^i) 作为新坐标系是合理的.

我们把坐标系 (y^i) 称为以 P 为原点,以 $\boldsymbol{e}_1, \boldsymbol{e}_2$ 为初始标架的**法坐标系**.在法坐标系下,过 P 点且以单位向量 $\boldsymbol{v}_0 = y_0^i \boldsymbol{e}_i$ 为初始切向量的测地线方程极为简单:

$$y^i = y_0^i s$$

设

$$\mathrm{d}s^2 = E\,(\mathrm{d}y^1)^2 + 2F\mathrm{d}y^1\mathrm{d}y^2 + G\mathrm{d}y^2 \tag{2-101}$$

是曲面在法坐标系下的第一基本形式.因为 y^1 曲线为过 P 点以 $\boldsymbol{e}_1$ 为切方向的测地线,且 y^1 是此测地线的弧长参数,所以 y^1 曲线的切向量 $\boldsymbol{r}_1$ 是单位向量,$\boldsymbol{r}_1 = \boldsymbol{e}_1$.同样有 $\boldsymbol{r}_2 = \boldsymbol{e}_2$.但是 $\boldsymbol{e}_1, \boldsymbol{e}_2$ 是单位正交标架,因此得到

定理 在法坐标系 (y^i) 下,第一基本形式的系数满足

$$E\big|_{y=0} = 1, \quad F\big|_{y=0} = 0, \quad G\big|_{y=0} = 1 \tag{2-102}$$

所以在 P 点的无限邻近处,法坐标系相当于笛卡儿直角坐标系.

如果将在法坐标系 (y^i) 下,过 P 点的测地线方程 $y^i=y_0^i s$(其中 s 为测地线的弧长参数)代入测地线的微分方程

$$\frac{\mathrm{d}^2 y^i}{\mathrm{d}s^2}+\Gamma^i_{jk}(y)\frac{\mathrm{d}y^j}{\mathrm{d}s}\frac{\mathrm{d}y^k}{\mathrm{d}s}=0$$

后就得到 $\Gamma^i_{jk}(y_0 s)y_0^j y_0^k=0$. 再令 $s=0$,就得到

$$\Gamma^i_{jk}\big|_P y_0^j y_0^k=0$$

因为上式对任何单位向量 $\{y_0^i\}$ 都成立,所以有 $\Gamma^i_{jk}\big|_P=0$.再利用(2-46)后就得出

$$\left.\frac{\partial g_{ij}}{\partial y^k}\right|_P=0$$

即在法坐标系下,第一基本形式的系数的导数在 P 点均为零.

2. 测地极坐标系

在 P 点的以 $\boldsymbol{e}_1,\boldsymbol{e}_2$ 为初始标架的法坐标系 (y^1,y^2) 下,再令

$$\begin{aligned} y^1&=\rho\cos\theta,\\ y^2&=\rho\sin\theta, \end{aligned}\qquad 0<\rho<\infty,\quad 0<\theta<2\pi$$

我们称 (ρ,θ) 为以 P 为极点,$\boldsymbol{e}_1$ 为极轴的**测地极坐标系**(见图 39).在 P 点的无限邻近处,测地极坐标系相当于极坐标系.这时极角 $\theta=$常数的曲线是测地线,而把 $\rho=$常数的曲线称为**测地圆**.测地圆上每点到 P 点的测地线弧长都是相等的.

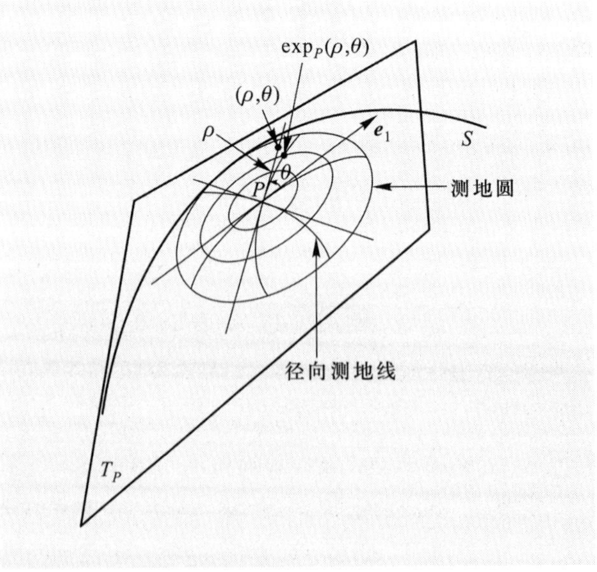

图 39

设曲面在测地极坐标系(ρ,θ)下的第一基本形式为

$$\mathrm{d}s^2=E\,(\mathrm{d}\rho)^2+2F\mathrm{d}\rho\mathrm{d}\theta+G\,(\mathrm{d}\theta)^2$$

我们要证明下列定理.

定理　在测地极坐标系下,第一基本形式的系数满足

$$E=1,\quad F=0$$

$$\lim_{\rho\to0}\sqrt{G}=0,\quad \lim_{\rho\to0}(\sqrt{G})_\rho=1$$

证明　因为ρ是测地线的弧长参数,所以$E=1$.又因为$\theta=$常数是测地线,所以它要满足测地线微分方程:

$$\frac{\mathrm{d}^2u^i}{\mathrm{d}s^2}+\Gamma^i_{jk}\frac{\mathrm{d}u^j}{\mathrm{d}s}\frac{\mathrm{d}u^k}{\mathrm{d}s}=0$$

现在$u^1=\rho,u^2=\theta$,所以用$u^2=$常数代入上述方程组后得到

$$\Gamma^2_{11}=0$$

再由(2-49)知道

$$\begin{aligned}\Gamma^2_{11}&=\frac{1}{2}g^{2l}\left(\frac{\partial g_{l1}}{\partial u^1}+\frac{\partial g_{1l}}{\partial u^1}-\frac{\partial g_{11}}{\partial u^l}\right)\\&=\frac{1}{2}\frac{-F}{EG-F^2}E_1+\frac{1}{2}\frac{E}{EG-F^2}(2F_1-E_2)\\&=\frac{1}{EG-F^2}\cdot F_1=0\end{aligned}$$

所以$F_1=0$,即$F=\boldsymbol{r}_\rho\cdot\boldsymbol{r}_\theta$中不含$\rho$.

另一方面,当$\rho\to0$时测地圆也趋向于点P,因此

$$\lim_{\rho\to0}\boldsymbol{r}_\theta=\boldsymbol{0}$$

于是

$$F=\lim_{\rho\to0}F=\lim_{\rho\to0}\boldsymbol{r}_\rho\cdot\boldsymbol{r}_\theta=0$$

记法坐标系(y^1,y^2)下的第一基本形式的系数为$\overline{E},\overline{F},\overline{G}$,因此在$P$点有

$$\overline{E}\,|_{\rho=0}=1,\quad \overline{F}\,|_{\rho=0}=0,\quad \overline{G}\,|_{\rho=0}=1$$

所以

$$\overline{E}=1+O(\rho),\quad \overline{F}=O(\rho),\quad \overline{G}=1+O(\rho)$$

$$\sqrt{\overline{E}\,\overline{G}-\overline{F}^2}=1+O(\rho)$$

于是

$$\sqrt{EG-F^2}=\sqrt{\overline{E}\,\overline{G}-\overline{F}^2}\cdot\left|\frac{\partial(y^1,y^2)}{\partial(\rho,\theta)}\right|=\rho\sqrt{\overline{E}\,\overline{G}-\overline{F}^2}$$

由于 $E=1,F=0$,故有

$$\sqrt{G}=\rho\cdot\sqrt{\overline{E}\,\overline{G}-\overline{F}^2}$$

于是

$$\lim_{\rho\to 0}\sqrt{G}=0$$

$$\lim_{\rho\to 0}(\sqrt{G})_\rho=\lim_{\rho\to 0}(\sqrt{\overline{E}\,\overline{G}-\overline{F}^2})+\lim_{\rho\to 0}\left[\rho\cdot\left(\sqrt{\overline{E}\,\overline{G}-\overline{F}^2}\right)_\rho\right]$$

$$=1+\lim_{\rho\to 0}\left[\rho\cdot\frac{(\overline{E})_\rho\,\overline{G}+\overline{E}(\overline{G})_\rho-2\overline{F}(\overline{F})_\rho}{2\sqrt{\overline{E}\,\overline{G}-\overline{F}^2}}\right]$$

但因为在法坐标系下

$$\left.\frac{\partial\overline{E}}{\partial y^k}\right|_P=\left.\frac{\partial\overline{F}}{\partial y^k}\right|_P=\left.\frac{\partial\overline{G}}{\partial y^k}\right|_P=0\quad(k=1,2)$$

所以由

$$\frac{\partial\overline{E}}{\partial\rho}=\frac{\partial\overline{E}}{\partial y^k}\frac{\partial y^k}{\partial\rho}=\frac{\partial\overline{E}}{\partial y^1}\cos\theta+\frac{\partial\overline{E}}{\partial y^2}\sin\theta$$

知道

$$\lim_{\rho\to 0}(\overline{E})_\rho=\left.\frac{\partial\overline{E}}{\partial y^1}\right|_P\cos\theta+\left.\frac{\partial\overline{E}}{\partial y^2}\right|_P\sin\theta=0$$

同样

$$\lim_{\rho\to 0}(\overline{F})_\rho=\lim_{\rho\to 0}(\overline{G})_\rho=0$$

最后就得到

$$\lim_{\rho\to 0}(\sqrt{G})_\rho=1$$

定理证毕.

于是在测地极坐标系下的第一基本形式为

$$\mathrm{d}s^2=(\mathrm{d}\rho)^2+G(\rho,\theta)(\mathrm{d}\theta)^2\tag{2-103}$$

其中 G 满足

$$\lim_{\rho\to 0}G=0,\quad\lim_{\rho\to 0}(\sqrt{G})_\rho=1\tag{2-104}$$

从 $F=0$ 知道,测地圆与从 P 点出发的测地线是互相正交的.

法坐标系与测地极坐标系的关系就相当于直角坐标系与极坐标系之间的关系.

3. 测地坐标系

有时在曲面上还选用如下的坐标系.

设曲线 C 是曲面 S 上的一条已知曲线(见图 40).令 v 是曲线 C 的参数.过曲线 C 上每点 $C(v)$,可作出与 C 正交的测地线 A_v.特别,取 $v=v_0$ 的那条测地线 A_{v_0},且令这条测地线的参数为 u.再作这族测地线的正交轨线族,且称这些正交轨线为曲线 C 的**测地平行线**.如果某条测地平行线与特定的那条测地线 A_{v_0} 的交点 Q 的测地线参数为 u,那么我们就把这条测地平行线记为 B_u.

当曲面上一点 P 是测地线 A_v 与测地平行线 B_u 的交点时,我们就取 P 点的坐标为(u,v),并称这种坐标系为**测地坐标系**.

因为这两族曲线互相正交,所以曲面的第一基本形式的系数 $F=0$,因此

$$\mathrm{d}s^2=E\mathrm{d}u^2+G\mathrm{d}v^2$$

这时测地平行线 B_u 是 v 曲线,而测地线 A_v 是 u 曲线.因为沿测地线 A_v 的测地曲率为 0,u 曲线到测地线 A_v(即 u 曲线)的切向之间的正向夹角是 0,因此由测地曲率的 Liouville 公式知道

$$0=k_g=\frac{-1}{2\sqrt{G}}\frac{\partial\ln E}{\partial v}$$

即 E 仅为 u 的函数.

我们现在来计算测地线 A_v 上从参数 $u=u_1$ 到 $u=u_2$ 那段的弧长 L.因为沿 A_v 有 $\mathrm{d}v=0$,所以

$$L=\int_{u=u_1}^{u=u_2}\sqrt{E(u)}\,\mathrm{d}u$$

它与 v 值无关.因此得到

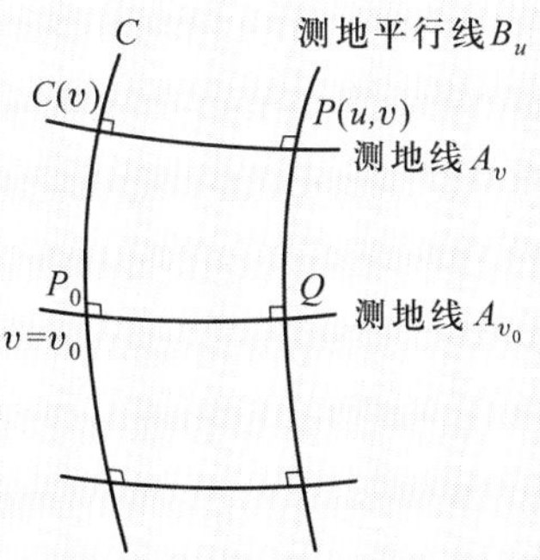

图 40

定理 在测地坐标系中,由任意两条正交轨线所截出的测地线段的长度是相等的.

当取测地线 A_v 的参数 u 为弧长参数时,$E=1$,所以

$$ds^2=du^2+G(u,v)dv^2$$

当已知曲线 C 退化为一点时,测地坐标系就成了测地极坐标系.

习 题

1. 设以曲面上一点 O 为中心,r 为半径作测地圆,周长为 L,面积为 A.证明:

$$K_0=\lim_{r\to 0}\frac{3}{\pi}\frac{2\pi r-L}{r^3}$$

$$K_0=\lim_{r\to 0}\frac{12}{\pi}\frac{\pi r^2-A}{r^4}$$

从而总曲率刻画了曲面在给定点邻近的内蕴几何与平面几何的差异.

2. 设曲面线素为 $ds^2=du^2+G(u,v)dv^2$.

(1) 求 Γ_{ij}^k;

(2) 证明:u 曲线为测地线;

(3) 证明:$K=-\dfrac{1}{\sqrt{G}}\dfrac{\partial^2\sqrt{G}}{\partial u^2}$;

(4) 若一测地线与 u 曲线的交角为 θ,证明:$\dfrac{d\theta}{dv}=-\dfrac{\partial\sqrt{G}}{\partial v}$.

6.5 应用

我们现在利用测地极坐标来证明一些有用的结果.

1. 总曲率 K 为常数的曲面

我们选用曲面上一点 P 为极点的测地极坐标系(ρ,θ),这时曲面的第一基本形式为(2-103),且成立(2-104).由本章§5中的 Gauss 定理(见(2-73))知道,K 仅仅用第一基本形式的系数表示:

$$K=-\frac{1}{2\sqrt{EG}}\left\{\left(\frac{E_\theta}{\sqrt{EG}}\right)_\theta+\left(\frac{G_\rho}{\sqrt{EG}}\right)_\rho\right\}$$

$$=-\frac{(\sqrt{G})_{\rho\rho}}{\sqrt{G}} \qquad (2-105)$$

我们分三种情形来讨论.

(i) $K=0$.

由(2-105)得到

$$(\sqrt{G})_{\rho\rho}=0$$

将上式对 ρ 积分后得到 $(\sqrt{G})_{\rho}=g(\theta)$，其中 $g(\theta)$ 为 θ 的函数. 因为 $\lim\limits_{\rho\to 0}(\sqrt{G})_{\rho}=1$，所以 $g(\theta)=1$，即

$$(\sqrt{G})_{\rho}=1$$

再积分后得到 $\sqrt{G}=\rho+f(\theta)$. 因为 $\lim\limits_{\rho\to 0}\sqrt{G}=0$，于是 $f(\theta)=0$. 故 $\sqrt{G}=\rho$，即 $G=\rho^2$，因此

$$ds^2=(d\rho)^2+\rho^2(d\theta)^2$$

(ii) $K=\dfrac{1}{a^2}>0$（a 为常数）.

由(2-105)得到

$$(\sqrt{G})_{\rho\rho}+\frac{1}{a^2}\sqrt{G}=0$$

所以

$$\sqrt{G}=A(\theta)\cos\left(\frac{\rho}{a}\right)+B(\theta)\sin\left(\frac{\rho}{a}\right)$$

因为 $\lim\limits_{\rho\to 0}\sqrt{G}=0$，于是 $A(\theta)=0$. 由于

$$(\sqrt{G})_{\rho}=B(\theta)\frac{1}{a}\cos\left(\frac{\rho}{a}\right),$$

因为 $\lim\limits_{\rho\to 0}(\sqrt{G})_{\rho}=1$，所以 $B(\theta)=a$. 于是

$$ds^2=(d\rho)^2+a^2\sin^2\left(\frac{\rho}{a}\right)(d\theta)^2$$

(iii) $K=-\dfrac{1}{a^2}<0$（a 为常数）.

由(2-105)得到

$$(\sqrt{G})_{\rho\rho}-\frac{1}{a^2}\sqrt{G}=0$$

所以

$$\sqrt{G}=A(\theta)\operatorname{ch}\left(\frac{\rho}{a}\right)+B(\theta)\operatorname{sh}\left(\frac{\rho}{a}\right)$$

同样利用初值条件后就可得到

$$ds^2=(d\rho)^2+a^2\operatorname{sh}^2\left(\frac{\rho}{a}\right)(d\theta)^2$$

故从内蕴几何的角度来看，两个具有相同常总曲率的曲面总是互相等距的.

平面作为总曲率为 0 的曲面的代表.球面作为总曲率为正常数的曲面的代表,半径为 a 的球面的总曲率为$\frac{1}{a^2}$.

在本章 4.9 小节中已经知道,曲面为可展的充要条件是总曲率为 0.于是可展曲面与平面互相等距,即可展曲面能等距地被展开到平面上去,这也就是它为什么被称为可展曲面的道理.

现在我们来讨论总曲率为 $-\frac{1}{a^2}$的曲面.因为对固定的 a 这种曲面之间彼此是等距的,所以只要找出一个作为代表就行了.为此,我们就在旋转曲面的范围中去找.

设旋转面的待定母线为 yz 平面中的曲线 $z=f(y)$.把它绕 z 轴旋转后就形成了旋转面

$$\boldsymbol{r}=(v\cos u, v\sin u, f(v))$$

前面已经算过旋转面的第一、二基本形式的系数(见本章 4.5 小节例 3),于是

$$K=\frac{LN-M^2}{EG-F^2}=\frac{LN}{EG}=\frac{f'f''}{v[1+(f')^2]^2}$$

为了使这个曲面的总曲率 $K=-\frac{1}{a^2}$,所以待定函数 f 就必须满足下列方程:

$$\frac{f'f''}{v[1+(f')^2]^2}=-\frac{1}{a^2}$$

但我们可把上式改写为

$$\frac{f'\mathrm{d}(f')}{[1+(f')^2]^2}=-\frac{1}{a^2}v\mathrm{d}v$$

两边积分后得

$$\frac{1}{1+(f')^2}=\frac{1}{a^2}v^2+C_1$$

取积分常数 $C_1=0$,于是可解出

$$f'=\pm\frac{\sqrt{a^2-v^2}}{v}$$

我们在上式中取+号后,再积分,就得出:

$$f=\int\frac{\sqrt{a^2-v^2}}{v}\mathrm{d}v$$

如令 $v=a\cos\varphi$ 后

$$f=-a\int\frac{\sin^2\varphi}{\cos\varphi}\mathrm{d}\varphi=-a[\ln(\sec\varphi+\tan\varphi)-\sin\varphi]+C_2$$

不妨再把积分常数 C_2 取为 0,于是以母线

$$\begin{cases}y=a\cos\varphi\\ z=-a[\ln(\sec\varphi+\tan\varphi)-\sin\varphi]\end{cases}\tag{2-106}$$

绕 z 轴旋转后所得的旋转曲面的总曲率正好等于负常数 $-\frac{1}{a^2}$.

我们把母线(2-106)称为**曳物线**[①](见图41(a)),而把曳物线绕 z 轴旋转后所得的曲面称为**伪球面**(见图41(b)).

2. 测地线长度的最短性

我们在前面已经证明了测地线是使弧长达到逗留值的曲线.现在要进一步问:过曲面上两点 A、B 的测地线是否是连接 A、B 两点的曲线中弧长最短的曲线? 一般地说,这个结论是不对的.例如半径为 R 的球面上的大圆弧必为测地线,但当大圆弧 AB 长度 $>\pi R$ 时,就不是连接 A、B 两点的最短线了.然而,当我们限于曲面上一个小范围内讨论时,结论却是成立的.下面我们就来讨论这一问题.

设 A、B 为曲面上一个小区域 $\mathscr{D}$ 中的两个邻近点.设 C 是其中一条以 A、B 为两个端点的测地线段,它的长度为 L.如果曲线 C' 是区域 $\mathscr{D}$ 中另一条以 A、B 为两个端点的曲线,那么我们可以证明下列定理.

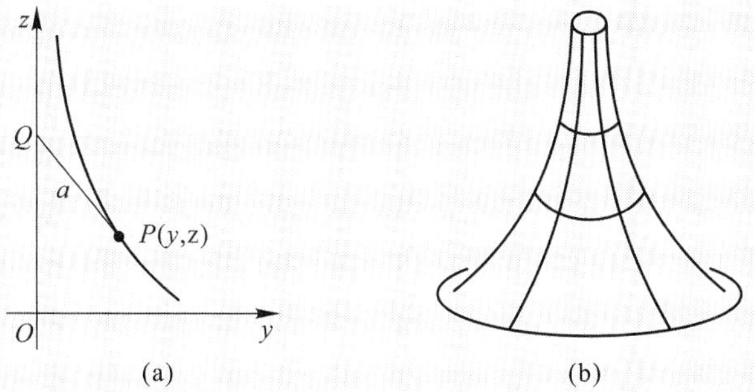

图 41

① 我们之所以称曲线(2-106)为曳物线的原因如下:

过这条曲线上每点 $P(y,z)$,作切线与 z 轴相交于 Q.可以验证:线段 PQ 的长度为 a.这就相当于人 Q 用一根长为 a 的直绳拖曳着物体 P 沿 z 轴走动时,物体 P 所走出的轨迹,它正好就是曲线(2-106),因而我们就称曲线(2-106)为曳物线.

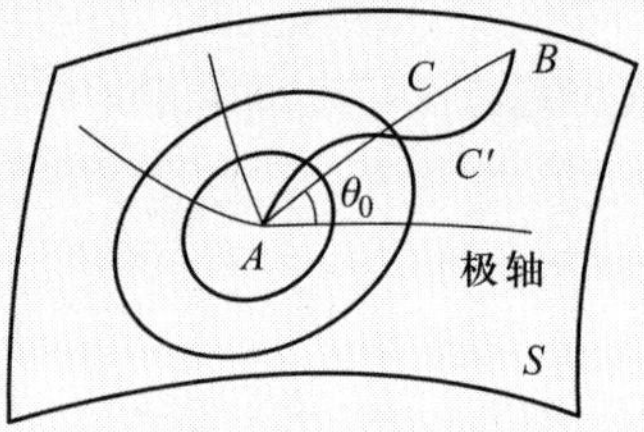

图42

定理　C'的长度$\geqslant L$.

证明　先在曲面S上建立以A为极点的测地极坐标系(ρ,θ)(见图42).于是测地线C的方程为

$$\theta=\theta_0,\quad 0\leqslant\rho\leqslant L$$

而曲线C'的方程可写成

$$\begin{cases}\rho=\rho(t)\\ \theta=\theta(t)\end{cases}$$

其中$a\leqslant t\leqslant b$,而当$t=a$时,$\rho=0$,$t=b$时,$\rho=L$.

因为在这个测地极坐标系下,曲面的第一基本形式为

$$ds^2=(d\rho)^2+G(\rho,\theta)(d\theta)^2$$

于是曲线C'的长度为

$$\int_a^b\sqrt{\left(\frac{d\rho}{dt}\right)^2+G(\rho,\theta)\left(\frac{d\theta}{dt}\right)^2}\,dt\geqslant\int_a^b\sqrt{\left(\frac{d\rho}{dt}\right)^2}\,dt\geqslant\int_0^L d\rho=L$$

定理证毕.

这就是说,在局部范围内,测地线是连接两点之间的最短线.

习　题

1. 证明:存在测地坐标系,使曲面线素取如下形式:

$$ds^2=du^2+Gdv^2$$

且有

$$\sqrt{G}\,\Big|_{u=0}=1,\quad(\sqrt{G})_u\,\Big|_{u=0}=0$$

2. 证明:常曲率曲面的线素可取如下形式:

$K=0$时,　　$ds^2=du^2+dv^2$

$K=\frac{1}{a^2}>0$时,　　$ds^2=du^2+\cos^2\frac{u}{a}dv^2$

$K=-\dfrac{1}{a^2}<0$ 时，　　$ds^2=du^2+\text{ch}^2\dfrac{u}{a}dv^2$

3. 证明：负常曲率曲面$\left(K=-\dfrac{1}{a^2}<0\right)$的线素可取如下形式：

（1）$ds^2=du^2+e^{\frac{2u}{a}}dv^2$；

（2）$ds^2=\dfrac{a^2}{v^2}(du^2+dv^2)$.

4. 证明：在常曲率曲面上，测地圆有常测地曲率.

5. 已给常曲率曲面：

$$ds^2=du^2+\frac{1}{K}\sin^2(\sqrt{K}u)dv^2\quad (K>0)$$

$$ds^2=du^2-\frac{1}{K}\text{sh}^2(\sqrt{-K}u)dv^2\quad (K<0)$$

证明：测地线可分别表示为

$$A\sin(\sqrt{K}u)\cos v+B\sin(\sqrt{K}u)\sin v+C\cos(\sqrt{K}u)=0$$

$$A\text{sh}(\sqrt{-K}u)\cos v+B\text{sh}(\sqrt{-K}u)\sin v+C\text{ch}(\sqrt{-K}u)=0$$

6. 设常曲率曲面 S 的线素为 $ds^2=du^2+c^2e^{\frac{2u}{a}}dv^2$，曲面 $\bar{S}$：$\bar{\boldsymbol{r}}=\boldsymbol{r}-a\boldsymbol{r}_1$. 证明：$\bar{S}$ 与 S 有相同的总曲率，但对应点的切平面互相正交.

6.6 测地挠率

在这里，我们将介绍一下测地挠率的概念.

如图 43，在曲面 S 的 P 点处，以单位切向量 $\boldsymbol{T}$ 为初始方向，可以作出一条测地线 C：$u^i=u^i(s)$，其中 s 为弧长参数，于是 $\boldsymbol{T}=\dfrac{du^i}{ds}\boldsymbol{r}_i$. 我们把这条测地线 C 在 P 点的挠率称为曲面 S 在 P 点关于 $\boldsymbol{T}$ 方向的**测地挠率** τ_g.

现在我们来给出 τ_g 的计算公式. 对测地线 C 运用 Frenet 公式后知道

$$\tau_g=\frac{d\boldsymbol{N}}{ds}\cdot\boldsymbol{B}=\frac{d\boldsymbol{N}}{ds}\cdot(\boldsymbol{T}\times\boldsymbol{N})=\left(\frac{d\boldsymbol{N}}{ds},\boldsymbol{T},\boldsymbol{N}\right)$$

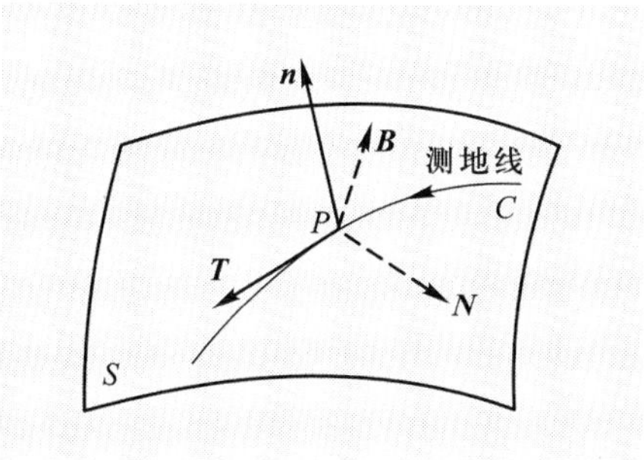

图 43

因为曲线是测地线的充要条件是 $\boldsymbol{N}=\pm\boldsymbol{n}$，于是

$$\tau_g=\left(\frac{\mathrm{d}\boldsymbol{n}}{\mathrm{d}s},\boldsymbol{T},\boldsymbol{n}\right)$$

考虑到

$$\frac{\mathrm{d}\boldsymbol{n}}{\mathrm{d}s}=\boldsymbol{n}_u\frac{\mathrm{d}u}{\mathrm{d}s}+\boldsymbol{n}_v\frac{\mathrm{d}v}{\mathrm{d}s}$$

$$\boldsymbol{T}=\boldsymbol{r}_u\frac{\mathrm{d}u}{\mathrm{d}s}+\boldsymbol{r}_v\frac{\mathrm{d}v}{\mathrm{d}s}$$

于是

$$\tau_g=(\boldsymbol{n},\boldsymbol{n}_u,\boldsymbol{r}_u)\left(\frac{\mathrm{d}u}{\mathrm{d}s}\right)^2+[(\boldsymbol{n},\boldsymbol{n}_u,\boldsymbol{r}_v)+(\boldsymbol{n},\boldsymbol{n}_v,\boldsymbol{r}_u)]\frac{\mathrm{d}u}{\mathrm{d}s}\frac{\mathrm{d}v}{\mathrm{d}s}$$
$$+(\boldsymbol{n},\boldsymbol{n}_v,\boldsymbol{r}_v)\left(\frac{\mathrm{d}v}{\mathrm{d}s}\right)^2$$

因为 $\boldsymbol{n}=\dfrac{\boldsymbol{r}_u\times\boldsymbol{r}_v}{\sqrt{EG-F^2}}$，利用 Lagrange 恒等式，经直接计算后就得到

$$\tau_g=\frac{1}{\sqrt{EG-F^2}}\begin{vmatrix}\left(\dfrac{\mathrm{d}v}{\mathrm{d}s}\right)^2 & -\dfrac{\mathrm{d}u}{\mathrm{d}s}\dfrac{\mathrm{d}v}{\mathrm{d}s} & \left(\dfrac{\mathrm{d}u}{\mathrm{d}s}\right)^2\\ E & F & G\\ L & M & N\end{vmatrix}$$

上式右端行列式等于 0 即为曲率线微分方程（见(2-60)），由此就得到了

定理　曲面上一条曲线 C 为曲率线的充要条件是在曲线 C 的每点处，关于它的切向的测地挠率为 0.

习题

1. 设曲线 $C:\boldsymbol{r}=\boldsymbol{r}(s)$ 是曲面 S 上的弧长参数曲线，$\boldsymbol{\tau}^0=\boldsymbol{n}\times\boldsymbol{T}$. 证明：

$$\begin{aligned}\boldsymbol{T}'&=\qquad\qquad k_g\boldsymbol{\tau}^0+k_n\boldsymbol{n}\\ \boldsymbol{\tau}^{0\prime}&=-k_g\boldsymbol{T}\qquad\quad+\tau_g\boldsymbol{n}\\ \boldsymbol{n}'&=-k_n\boldsymbol{T}-\tau_g\boldsymbol{\tau}^0\end{aligned}$$

2. 设曲面的参数曲线取曲率线网，从 u 曲线正向到方向$(\mathrm{d}u,\mathrm{d}v)$的交角为 θ. 证明：该方向的测地挠率为

$$\tau_g=\frac{1}{2}(k_2-k_1)\sin 2\theta$$

3. 证明：

$$k_n^2+\tau_g^2-2Hk_n+K=0$$

6.7 Gauss-Bonnet 公式

在平面几何中我们都知道三角形三内角之和为 180°,如何把这个定理推广到曲面上去就是这一段要解决的问题.我们将运用计算测地曲率的 Liouville 公式去得出 Gauss-Bonnet 公式.

设曲线 C 是曲面 S 上的一条光滑的闭曲线,它所包围的区域 $\mathscr{D}$ 是一个单连通区域,相应于参数平面中的区域 D (图 44).我们选取曲面上的参数曲线网(u,v)为正交曲线网.

设曲线 C 的参数方程是

$$\begin{cases} u=u(s) \\ v=v(s) \end{cases}$$

其中 s 为弧长参数.$\theta(s)$是曲线 C 在弧长为 s 处的切向量与 u 曲线的正向夹角,而且选取夹角 $\theta(s)$是 s 的可微函数.于是由测地曲率的 Liouville 公式(2-98)得到

$$k_g=\frac{\mathrm{d}\theta}{\mathrm{d}s}-\frac{1}{2\sqrt{G}}\frac{\partial \ln E}{\partial v}\cos\theta+\frac{1}{2\sqrt{E}}\frac{\partial \ln G}{\partial u}\sin\theta$$

在上式两边绕曲线 C 积分一周后得到

$$\int_C k_g\mathrm{d}s=\int_C \mathrm{d}\theta+\int_C\frac{1}{2\sqrt{EG}}(-E_v\mathrm{d}u+G_u\mathrm{d}v) \qquad (2-107)$$

利用第一章中的切线旋转指标定理知道:沿单连通区域的边界曲线的正向绕一周后,边界曲线的切向量转过了 2π 角.对上式右端第二个积分运用 Green 公式后再由 Gauss 定理就有

$$\int_C k_g\mathrm{d}s=2\pi+\int_D\left\{\left(\frac{E_v}{2\sqrt{EG}}\right)_v+\left(\frac{G_u}{2\sqrt{EG}}\right)_u\right\}\mathrm{d}u\mathrm{d}v$$

$$=2\pi-\int_D K\sqrt{EG}\,\mathrm{d}u\mathrm{d}v=2\pi-\int_{\mathscr{D}}K\mathrm{d}\sigma$$

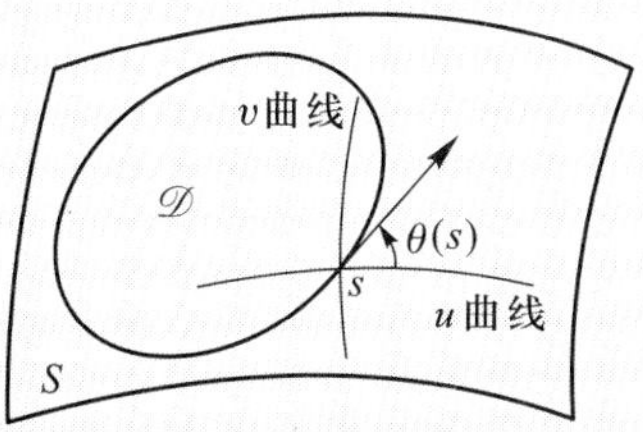

图 44

其中 $d\sigma=\sqrt{EG}\,dudv$ 是曲面 S 的面积元素.因此,有

$$\int_C k_g ds+\int_{\mathscr{D}} K d\sigma = 2\pi \tag{2-108}$$

这就是曲面上光滑闭曲线的 Gauss-Bonnet 公式.

如果曲线 C 是曲面 S 上的一条分段光滑的闭曲线,它由若干段光滑曲线 $C_1,C_2,\cdots$所组成,它的切向量在这些光滑曲线的交接处有"跳跃".设在交接点 A_i 处的"跳跃"角是 θ_i(θ_i 可正可负,见图 45).

因为对每一条曲线 C_i 都有(2-107)成立,再把它们加起来,利用 Green 公式后就有

$$\begin{aligned}\sum_i \int_{C_i} k_g ds &= \sum_i \int_{C_i} d\theta+\sum_i \int_{C_i} \frac{1}{2\sqrt{EG}}(-E_v du+G_u dv)\\ &= \sum_i \int_{C_i} d\theta-\int_{\mathscr{D}} K d\sigma\end{aligned}$$

由于切线绕分段光滑曲线 C 一周的转角为

$$\sum_i \int_{C_i} d\theta+\sum_i \theta_i = 2\pi$$

这就得到了

$$\int_C k_g ds=2\pi-\sum\theta_i-\int_{\mathscr{D}} K d\sigma$$

因而曲线 C 是**逐段光滑时的 Gauss-Bonnet 公式**为

$$\sum_i \theta_i+\int_C k_g ds+\int_{\mathscr{D}} K d\sigma = 2\pi \tag{2-109}$$

左端第一项相当于点曲率,第二项相当于线曲率,第三项相当于面曲率,三者之和为 2π.

如果曲线 C 中的每条光滑曲线 C_i 是测地线,则

$$\int_C k_g ds = \sum_i \int_{C_i} k_g ds = 0$$

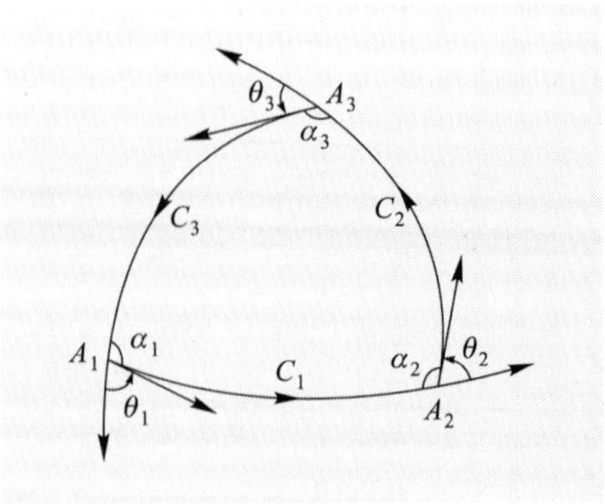

图 45

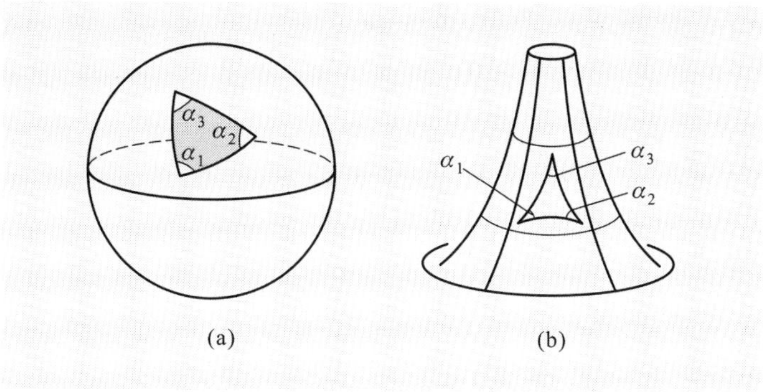

图 46

于是在由测地线段所围成的单连通的测地 n 边形中，Gauss-Bonnet 公式化为

$$\sum_{i=1}^{n}\theta_i+\int_{\mathscr{D}}K\mathrm{d}\sigma=2\pi$$

因为 θ_i 是测地多边形在角点处的外角，如记 α_i 是它的内角，则将

$$\theta_i=\pi-\alpha_i$$

代入上式就得到了

$$\sum_{i=1}^{n}\alpha_i=(n-2)\pi+\int_{\mathscr{D}}K\mathrm{d}\sigma$$

所以当曲面 S 是平面时，因为 $K=0$，于是就得到了常见的多边形内角之和的公式.特别在 $n=3$ 时，得到：三角形三内角之和等于 180°.

当 S 是常曲率曲面时，其上的一个测地三角形的三内角之和为

$$\begin{aligned}\alpha_1+\alpha_2+\alpha_3&=\pi+\int_{\mathscr{D}}K\mathrm{d}\sigma=\pi+K\cdot\int_{\mathscr{D}}\mathrm{d}\sigma\\&=\pi+K\cdot A\end{aligned}$$

其中 A 是这个测地三角形的面积.

当 S 是正常曲率曲面（如球面，见图 46(a)）时，$K>0$，所以测地三角形三内角之和大于 180°；当 S 是负常曲率曲面（如伪球面，见图 46(b)）时，$K<0$，所以测地三角形三内角之和小于 180°.

习 题

设曲面上无限小的测地三角形 ABC 边长分别为 a、b、c.边 $\overset{\frown}{AB}$ 所对的角为 C.证明：三角形面积 S 与点 C 处的总曲率有如下关系：

$$c^2=a^2+b^2-2ab\cos\left(C-\frac{KS}{3}\right)$$

§7 曲面上向量的平行移动

7.1 向量沿曲面上一条曲线的平行移动 绝对微分

在二维、三维欧氏空间中向量的平行移动概念是熟知的.如把始点为P的向量$\boldsymbol{v}$平移到始点为P'的向量$\boldsymbol{v}'$,则在笛卡儿坐标系下,$\boldsymbol{v}$和$\boldsymbol{v}'$的分量是相同的.

在本节中,我们将讨论曲面上不同点处的切平面中的向量的平行移动.设$P(u)$,$P(u+\mathrm{d}u)$是曲面S上的两个无限邻近点.为了记号简洁起见,记$P(u)$为P,$P(u+\mathrm{d}u)$为P^*.又设T_P,T_P^*分别是P,P^*点的切平面(见图47).什么时候才能说T_P中的向量$\boldsymbol{v}$与T_P^*中的向量$\boldsymbol{v}^*$是平行的呢?

我们不能简单地用E^3中平行移动方法将$\boldsymbol{v}^*$平移到P点后所得到的向量称作为$\boldsymbol{v}^*$的平行向量,因为这样做的话,移动后的向量甚至可能根本不落在T_P中.于是只能另想别法.

回忆欧氏平面中平移的基本性质是

(1) 保持线性关系

如果在P点的向量$\boldsymbol{a}$,$\boldsymbol{b}$分别与P^*点的向量$\boldsymbol{a}^*$,$\boldsymbol{b}^*$平行,则对任何系数λ,μ,向量$\lambda\boldsymbol{a}+\mu\boldsymbol{b}$与向量$\lambda\boldsymbol{a}^*+\mu\boldsymbol{b}^*$也彼此平行.

(2) 保持内积

如果$\boldsymbol{a}$与$\boldsymbol{a}^*$平行,$\boldsymbol{b}$与$\boldsymbol{b}^*$平行,则

图 47

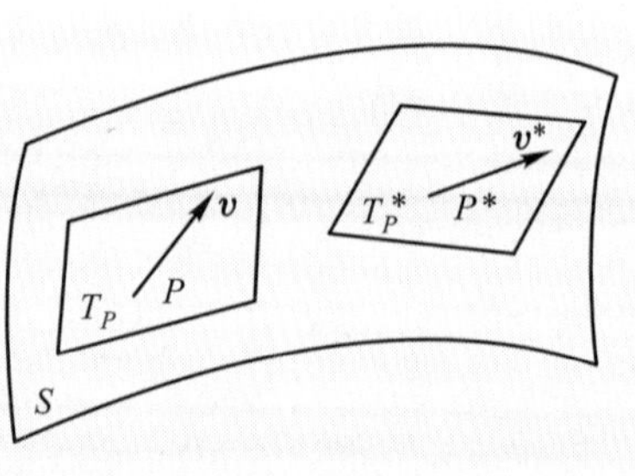

$$\boldsymbol{a}\cdot\boldsymbol{b}=\boldsymbol{a}^*\cdot\boldsymbol{b}^*$$

我们希望曲面上的平行移动至少也要保持这两个性质.如果在 T_P 中取基向量 $\boldsymbol{r}_i$,在 T_P^*中取基向量 $\boldsymbol{r}_i^*$,若把 T_P 中与 $\boldsymbol{r}_i^*$ 平行的向量记为 $\boldsymbol{r}_i^+$,那么由保持线性关系的性质(1)知道,T_P^* 中任何向量 $\lambda^i\boldsymbol{r}_i^*$ 就与 T_P 中的向量 $\lambda^i\boldsymbol{r}_i^+$ 平行,所以关键问题是要去求出 $\boldsymbol{r}_i^+$.

如把 $\boldsymbol{r}_i^+$ 与 $\boldsymbol{r}_i$ 的差向量记为 $D\boldsymbol{r}_i$,它可用基 $\boldsymbol{r}_k$线性表出为

$$D\boldsymbol{r}_i=t_{il}^k\mathrm{d}u^l\boldsymbol{r}_k$$

其中系数 t_{il}^k待定.

又由保持内积的性质(2)知道

$$\boldsymbol{r}_i^+\cdot\boldsymbol{r}_j^+=\boldsymbol{r}_i^*\cdot\boldsymbol{r}_j^*$$

即

$$(\boldsymbol{r}_i+D\boldsymbol{r}_i)\cdot(\boldsymbol{r}_j+D\boldsymbol{r}_j)=\boldsymbol{r}_i^*\cdot\boldsymbol{r}_j^*=g_{ij}(P^*)=g_{ij}+\mathrm{d}g_{ij}$$

所以略去 $\mathrm{d}u^i$ 的高阶项后得到

$$g_{ij}+D\boldsymbol{r}_i\cdot\boldsymbol{r}_j+\boldsymbol{r}_i\cdot D\boldsymbol{r}_j=g_{ij}+\mathrm{d}g_{ij}$$

即

$$t_{il}^k\mathrm{d}u^l\boldsymbol{r}_k\cdot\boldsymbol{r}_j+\boldsymbol{r}_i\cdot t_{jl}^k\mathrm{d}u^l\boldsymbol{r}_k=\mathrm{d}g_{ij}$$

上式也可写为

$$t_{il}^k g_{kj}+t_{jl}^k g_{ik}=\frac{\partial g_{ij}}{\partial u^l}\qquad(2-110)$$

这个关于 t_{il}^k的方程组对我们来说是熟悉的,因为在本章 §3 中我们已经遇见过:

$$\Gamma_{il}^k g_{kj}+\Gamma_{jl}^k g_{ik}=\frac{\partial g_{ij}}{\partial u^l}$$

单靠这组方程还不能唯一解出 t_{il}^k,在 §3 中我们添加了附加条件 $\Gamma_{il}^k=\Gamma_{li}^k$后曾唯一地解出了联络系数 Γ_{il}^k.因此我们希望曲面上的平行移动除了保持线性、保持内积的性质外,还须满足

$$t_{il}^k=t_{li}^k\qquad(2-111)$$

即所谓无挠率条件.故从(2-110),(2-111)中即可解出 $t_{il}^k=\Gamma_{il}^k$,于是

$$D\boldsymbol{r}_i=\Gamma_{il}^k\mathrm{d}u^l\boldsymbol{r}_k\qquad(2-112)$$

因为

$$\mathrm{d}\boldsymbol{r}_i=\Gamma_{il}^k\mathrm{d}u^l\boldsymbol{r}_k+\Omega_{il}\mathrm{d}u^l\boldsymbol{n}=D\boldsymbol{r}_i+\Omega_{il}\mathrm{d}u^l\boldsymbol{n}$$

所以 $D\boldsymbol{r}_i$ 是 $\mathrm{d}\boldsymbol{r}_i$ 在 T_P 中的投影向量.于是,T_P 中与 $\boldsymbol{r}_i^*$ 平行的向量应为

$$\boldsymbol{r}_i+D\boldsymbol{r}_i=\boldsymbol{r}_i+\mathrm{d}\boldsymbol{r}_i-\Omega_{il}\mathrm{d}u^l\boldsymbol{n}=\boldsymbol{r}_i^*-\Omega_{il}\mathrm{d}u^l\boldsymbol{n}$$

即 $\boldsymbol{r}_i^*$ 在 T_P 中的投影向量为 $\boldsymbol{r}_i+D\boldsymbol{r}_i$,因此在 T_P 中与 $\boldsymbol{r}_i^*$ 平行的向量 $\boldsymbol{r}_i+D\boldsymbol{r}_i$ 可以如下地得到(见图 48):

先按 E^3 中的平行移动把 $\boldsymbol{r}_i^*$ 移到 P 点,再把它向 T_P 投影,这样得到的投影向量即为所求.

对于 P^* 点的任何向量 $\lambda^i\boldsymbol{r}_i^*$,在 P 点与它平行的向量也可类似地得到:即先按 E^3 中平行移动的方式将 $\lambda^i\boldsymbol{r}_i^*$ 移到 P 点,再将它向 T_P 投影,这样得到的投影向量

$$\lambda^i(\boldsymbol{r}_i+D\boldsymbol{r}_i)$$

即为所求的平行向量.

今设 C 是曲面上一条曲线,$P(s)$是 C 上相应于曲线 C 的参数为 s 的点①.又设 $\boldsymbol{v}(s)=v^i(s)\boldsymbol{r}_i(s)$ 是沿 C 的向量场.如果把 $P(s)$的无限邻近点 $P(s+\mathrm{d}s)$处向量$\boldsymbol{v}(s+\mathrm{d}s)=v^i(s+\mathrm{d}s)\cdot\boldsymbol{r}_i(s+\mathrm{d}s)$平行移动到点 $P(s)$后,所得的向量应为

$$\begin{aligned}v^i(s+\mathrm{d}s)(\boldsymbol{r}_i+D\boldsymbol{r}_i)&=(v^i+\mathrm{d}v^i)(\boldsymbol{r}_i+D\boldsymbol{r}_i)\\&=v^i\boldsymbol{r}_i+\mathrm{d}v^i\boldsymbol{r}_i+v^iD\boldsymbol{r}_i\end{aligned}$$

(这时已将 $\mathrm{d}u^i$ 的高阶项略去了),我们称这个向量与 $\boldsymbol{v}$ 的差向量为 $\boldsymbol{v}$ 沿曲线 C 的**绝对微分**,且记为 $D\boldsymbol{v}$,于是有

$$D\boldsymbol{v}=\mathrm{d}v^i\boldsymbol{r}_i+v^iD\boldsymbol{r}_i=(\mathrm{d}v^i+\Gamma_{kl}^i v^k\mathrm{d}u^l)\boldsymbol{r}_i \tag{2-113}$$

如果 $\boldsymbol{v}$ 沿 C 的绝对微分 $D\boldsymbol{v}=\boldsymbol{0}$,则在 $P(s)$处的向量 $\boldsymbol{v}(s)$就与$P(s+\mathrm{d}s)$处的向量 $\boldsymbol{v}(s+\mathrm{d}s)$平行,因而称这个向量场 $\boldsymbol{v}(s)$沿曲线 C 是平行移动的.

图 48

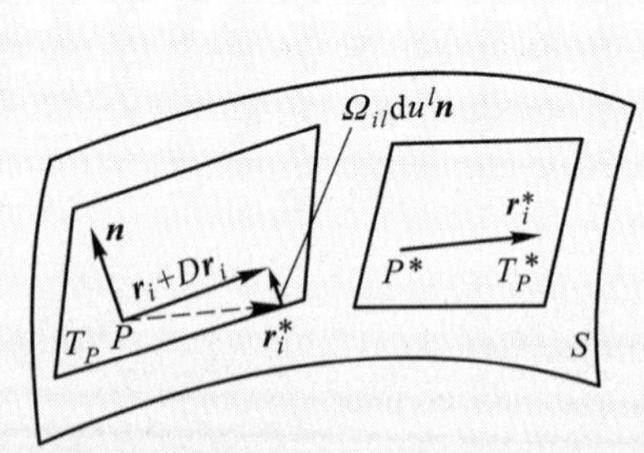

① 这里的参数可以是弧长参数,也可以是一般参数.

因而 $\boldsymbol{v}$ 沿曲线 C 平行移动的条件也可写为：$\boldsymbol{v}$ 的分量 v^i 满足微分方程

$$\frac{\mathrm{d}v^i}{\mathrm{d}s}+\Gamma_{kl}^i v^k \frac{\mathrm{d}u^l}{\mathrm{d}s}=0 \qquad (2-114)$$

所以过曲线 C 上给定点 P_0 及曲面在这一点的一个切向量 $\boldsymbol{v}_0=v_0^i\boldsymbol{r}_i(s_0)$①，在初值条件 $s=s_0$ 时，$v^i=v_0^i$ 下求解微分方程组(2-114)后所得的解就构成了沿 C 平行移动的向量场 $\boldsymbol{v}=v^i(s)\boldsymbol{r}_i(s)$.

特别当曲面 S 是平面，而参数取为笛卡儿直角坐标时，由于这时 $\Gamma_{kl}^i=0$，所以 $\boldsymbol{v}$ 平行移动的条件 $D\boldsymbol{v}=\boldsymbol{0}$ 即为 $\mathrm{d}v^i=0$，因此 $\boldsymbol{v}$ 的分量为不变，这与通常欧氏空间中的平行移动显然是一致的.

向量沿曲面上一条曲线平行移动的性质显然仅与曲面的第一基本形式有关，所以这是曲面的内蕴性质.

7.2 绝对微分的运算性质

由绝对微分的公式(2-113)，我们可容易地验证沿曲线 C 的绝对微分的一些今后将要用到的运算性质.

定理 设 $\boldsymbol{v},\boldsymbol{w}$ 是沿 C 的向量场，f 是定义在 C 上的数值函数，则有

(i) $D(\boldsymbol{v}+\boldsymbol{w})=D\boldsymbol{v}+D\boldsymbol{w}$；

(ii) $D(f\boldsymbol{v})=\mathrm{d}f\cdot\boldsymbol{v}+fD\boldsymbol{v}$；

(iii) $\mathrm{d}(\boldsymbol{v}\cdot\boldsymbol{w})=D\boldsymbol{v}\cdot\boldsymbol{w}+\boldsymbol{v}\cdot D\boldsymbol{w}$.

证明 (i)，(ii)是容易验证的.

(iii)
$$\begin{aligned}
&D\boldsymbol{v}\cdot\boldsymbol{w}+\boldsymbol{v}\cdot D\boldsymbol{w}\\
&=(\mathrm{d}v^i+\Gamma_{kl}^i v^k\mathrm{d}u^l)\boldsymbol{r}_i\cdot(w^j\boldsymbol{r}_j)+(v^i\boldsymbol{r}_i)\cdot(\mathrm{d}w^j+\Gamma_{pq}^j w^p\mathrm{d}u^q)\boldsymbol{r}_j\\
&=g_{ij}\mathrm{d}v^i w^j+g_{ij}v^i\mathrm{d}w^j+(\Gamma_{il}^k g_{kj}+\Gamma_{jl}^k g_{ki})v^i w^j\mathrm{d}u^l\\
&=g_{ij}\mathrm{d}v^i w^j+g_{ij}v^i\mathrm{d}w^j+\mathrm{d}g_{ij}v^i w^j\\
&=\mathrm{d}(g_{ij}v^i w^j)
\end{aligned}$$

7.3 自平行曲线

若曲面上一条以 t 为参数的曲线 C 的单位切向量 $\boldsymbol{v}=\frac{\mathrm{d}u^i}{\mathrm{d}t}\boldsymbol{r}_i$ 沿 C 是平行移动的，则称此曲线为**自平行曲线**.只要用 $v^i=\frac{\mathrm{d}u^i}{\mathrm{d}t}$ 代入(2-114)后就得到自平行曲线的微分方程为

① $\boldsymbol{v}_0$ 不一定是曲线 C 的切向量，只要求它是曲面在 P_0 点切平面中的一个向量.

$$\frac{d^2u^i}{dt^2}+\Gamma^i_{kl}\frac{du^k}{dt}\frac{du^l}{dt}=0$$

因而,以弧长为参数的自平行曲线就是测地线.

7.4 向量绕闭曲线一周的平行移动 总曲率的又一种表示

与欧氏空间中向量平行移动不同的是:曲面上平行移动是依赖于路径的.详细地说,设 P_0,P_1 是曲面 S 上的两点,$\boldsymbol{v}_0$ 是 P_0 点处的一个给定切向量,曲线 C_1,C_2 是连接 P_0,P_1 的两条不同的曲线(见图49).如沿 C_1 把 $\boldsymbol{v}_0$ 平行移动到 P_1 点的向量 $\boldsymbol{v}_1$,沿 C_2 把 $\boldsymbol{v}_0$ 平行移动到 P_1 点的向量 $\boldsymbol{v}_2$,那么一般地说,$\boldsymbol{v}_1$ 与 $\boldsymbol{v}_2$ 是不相同的.特别,如果 C 是一条以 P_0 为始点和终点的长度为 L 的分段光滑闭曲线,它的弧长参数$0\leqslant s\leqslant L$(见图50),则把 $\boldsymbol{v}_0$ 沿闭曲线 C 平移一周后所得的平行向量场 $\boldsymbol{v}(s)$ 在终点的向量 $\boldsymbol{v}_1$ 一般与在始点的初始向量 $\boldsymbol{v}_0$ 是不相同的.

现在就来计算一下 $\boldsymbol{v}_1$ 与 $\boldsymbol{v}_0$ 相差多少.不失一般性,可设 $\boldsymbol{v}$ 是单位向量场,且设曲面 S 上已选取曲率线网作为参数曲线网,单位主方向为 $\boldsymbol{e}_1$,$\boldsymbol{e}_2$,而

$$\boldsymbol{r}_1=\sqrt{E}\boldsymbol{e}_1,\quad \boldsymbol{r}_2=\sqrt{G}\boldsymbol{e}_2$$

设在弧长参数为 s 处,$\boldsymbol{e}_1$ 与 $\boldsymbol{v}$ 的正向夹角为 $\omega(s)$,故有

$$\boldsymbol{v}(s)=\cos\omega(s)\boldsymbol{e}_1(s)+\sin\omega(s)\boldsymbol{e}_2(s)$$

由 $\boldsymbol{v}$ 的平行性知道 $D\boldsymbol{v}=\boldsymbol{0}$,利用绝对微分的运算性质(i)、(ii),就可得到

$$\boldsymbol{0}=D\boldsymbol{v}=(-\sin\omega\boldsymbol{e}_1+\cos\omega\boldsymbol{e}_2)d\omega+(\cos\omega D\boldsymbol{e}_1+\sin\omega D\boldsymbol{e}_2)$$

两边与$(-\sin\omega\boldsymbol{e}_1+\cos\omega\boldsymbol{e}_2)$作内积后得到

$$d\omega=-(-\sin\omega\boldsymbol{e}_1+\cos\omega\boldsymbol{e}_2)\cdot(\cos\omega D\boldsymbol{e}_1+\sin\omega D\boldsymbol{e}_2) \tag{2-115}$$

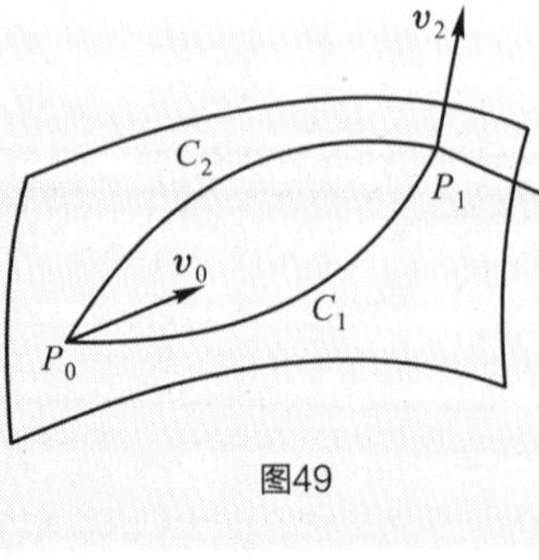

图49

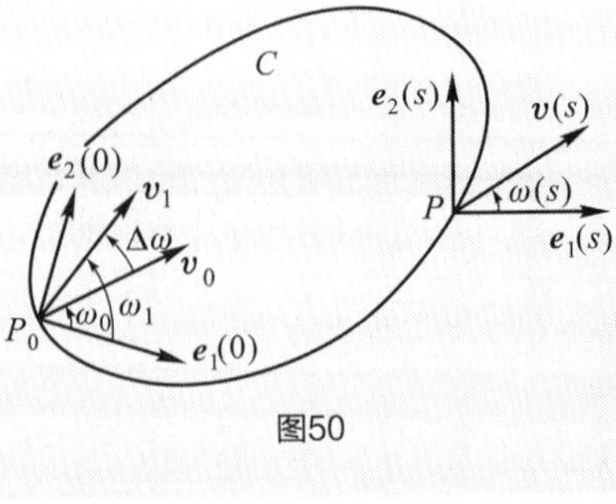

图50

由于$\boldsymbol{e}_1\cdot\boldsymbol{e}_1=1,\boldsymbol{e}_2\cdot\boldsymbol{e}_2=1,\boldsymbol{e}_1\cdot\boldsymbol{e}_2=0$,利用绝对微分的运算性质(iii)知道

$$0=\mathrm{d}(\boldsymbol{e}_1\cdot\boldsymbol{e}_1)=D\boldsymbol{e}_1\cdot\boldsymbol{e}_1+\boldsymbol{e}_1\cdot D\boldsymbol{e}_1=2\boldsymbol{e}_1\cdot D\boldsymbol{e}_1$$

$$0=\mathrm{d}(\boldsymbol{e}_2\cdot\boldsymbol{e}_2)=D\boldsymbol{e}_2\cdot\boldsymbol{e}_2+\boldsymbol{e}_2\cdot D\boldsymbol{e}_2=2\boldsymbol{e}_2\cdot D\boldsymbol{e}_2$$

$$0=\mathrm{d}(\boldsymbol{e}_1\cdot\boldsymbol{e}_2)=D\boldsymbol{e}_1\cdot\boldsymbol{e}_2+\boldsymbol{e}_1\cdot D\boldsymbol{e}_2$$

最后一式即为

$$\boldsymbol{e}_1\cdot D\boldsymbol{e}_2=-\boldsymbol{e}_2\cdot D\boldsymbol{e}_1$$

所以由(2-115)可得出

$$\begin{aligned}\mathrm{d}\omega&=-\boldsymbol{e}_2\cdot D\boldsymbol{e}_1=-\frac{\boldsymbol{r}_2}{\sqrt{G}}D\left(\frac{\boldsymbol{r}_1}{\sqrt{E}}\right)\\&=-\frac{\boldsymbol{r}_2}{\sqrt{G}}\left[\mathrm{d}\left(\frac{1}{\sqrt{E}}\right)\cdot\boldsymbol{r}_1+\frac{1}{\sqrt{E}}D\boldsymbol{r}_1\right]\\&=-\frac{\boldsymbol{r}_2}{\sqrt{EG}}\cdot\Gamma_{1l}^k\mathrm{d}u^l\boldsymbol{r}_k\\&=-\frac{\sqrt{G}}{\sqrt{E}}(\Gamma_{11}^2\mathrm{d}u^1+\Gamma_{12}^2\mathrm{d}u^2)\end{aligned}\tag{2-116}$$

但在本章6.2小节中推导测地曲率的Liouville公式时已知道

$$k_g=\sqrt{\frac{G}{E}}\left(\Gamma_{11}^2\frac{\mathrm{d}u^1}{\mathrm{d}s}+\Gamma_{12}^2\frac{\mathrm{d}u^2}{\mathrm{d}s}\right)+\frac{\mathrm{d}\theta}{\mathrm{d}s}$$

于是(2-116)式可改写为

$$\frac{\mathrm{d}\omega}{\mathrm{d}s}=\frac{\mathrm{d}\theta}{\mathrm{d}s}-k_g$$

因此将上式沿C积分一周后就得到了角差$\Delta\omega=\omega_1-\omega_0$(即$\boldsymbol{v}_1$与$\boldsymbol{v}_0$的夹角)为

$$\oint_C\mathrm{d}\omega=\oint_C\mathrm{d}\theta-\oint_C k_g\mathrm{d}s$$

再由切线旋转指标定理及Gauss-Bonnet公式知道

$$\oint_C\mathrm{d}\omega=\left(2\pi-\sum_i\theta_i\right)-\left(2\pi-\sum_i\theta_i-\int_{\mathscr{D}}K\mathrm{d}\sigma\right)=\int_{\mathscr{D}}K\mathrm{d}\sigma$$

其中$\mathscr{D}$是闭曲线C所围成的区域.

从上式中又可得到总曲率K的另一种解释.对上式利用中值定理后知道

$$\oint_C\mathrm{d}\omega=K(\overline{P})\int_{\mathscr{D}}\mathrm{d}\sigma$$

当$\mathscr{D}\to P$点时,$\overline{P}\to P$,于是有

$$K(P) = \lim_{\mathscr{D} \to P} \frac{\oint_C \mathrm{d}\omega}{\int_{\mathscr{D}} \mathrm{d}\sigma}$$

因此曲面上 P 点的总曲率可看成是向量绕包围着 P 点的小环路平行移动一周后产生的角差与此小环路所围的面积之比当小环路趋于 P 点时的极限值.

7.5 沿曲面上曲线的平行移动与欧氏平面中平行移动的关系

从平行移动概念的导入过程可见:沿曲线 C 的向量场 $\boldsymbol{v}$ 的平行移动仅与沿曲线 C 的切平面的位置有关.如果曲线 C 同时属于曲面 S_1 及 S_2,只要在曲线 C 的每点处 S_1 的切平面与 S_2 的切平面都一样,那么如果 $\boldsymbol{v}$ 是曲面 S_1 沿 C 的平行向量场,则 $\boldsymbol{v}$ 也必然是曲面 S_2 沿 C 的平行向量场(见图 51).

所以,如曲面 S 上沿曲线 C 的切平面族有包络面 Σ,则沿着曲线 C,Σ 的切平面与 S 的切平面是一样的,因此如果 $\boldsymbol{v}(s)$ 是曲面 S 上沿 C 的平行向量场,则 $\boldsymbol{v}(s)$ 也一定是可展曲面 Σ 中沿 C 的平行向量场.

又因为平行移动仅与第一基本形式有关,故当两曲面成等距对应时,平行向量场也对应于平行向量场.

由于可展曲面 Σ 总能与平面 E^2 成等距,而平面 E^2 上的平行移动即为熟知的欧氏平移,所以把可展曲面 Σ 展成平面 E^2 后,若 Σ 上曲线 C 被展成 E^2 中的曲线 C^*,则沿曲线 C 的平行向量场 $\boldsymbol{v}$ 就被展成欧氏平面中沿相应曲线 C^* 的平行向量场.

图 51

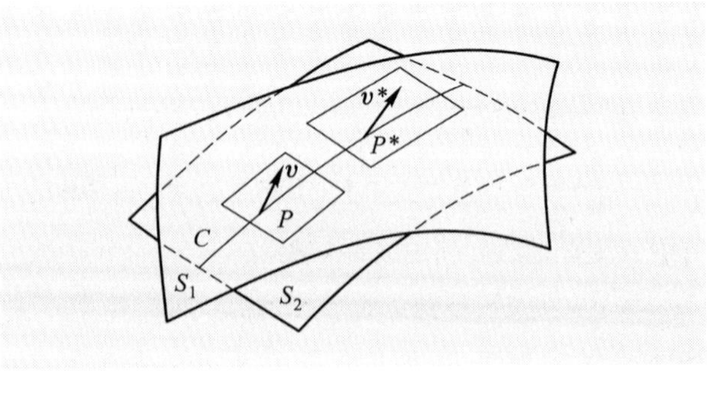

习题

1. 证明:曲面 S 上 u^i 曲线的单位切向量沿着曲线 C 平行移动的充要条件是:沿着曲线 C,

$$\Gamma_{ij}^{k}\mathrm{d}u^{j}=0\quad(k\neq i)$$

2. 设曲面的线素为 $\mathrm{d}s^2=\mathrm{d}u^2+2F\mathrm{d}u\mathrm{d}v+\mathrm{d}v^2$.证明:坐标曲线切向量 r_1,r_2 分别沿着坐标曲线 u=常数与 v=常数平行移动.

第三章 曲面的整体性质初步

在第二章中我们讨论了曲面的许多性质.这些性质是从曲面的一小片上的研究中得出的.但是我们遇到的许多曲面,如球面、环面、椭球面、单叶双曲面、双叶双曲面等,都是一个整体,除了它们各个小片所具有的几何性质而外,还有整个曲面所具有的几何性质,称为整体的性质.比如说:球面的任何一条测地线都是闭曲线(大圆),又如平面上任何一条测地线(直线)可以无限延伸.这就是整体的性质.

20 世纪以来,人们对曲面的整体性质研究得非常多,发现这种整体性质和局部性质(一小片曲面的性质)之间有着深刻的联系,曲面以及微分流形(它是曲面的推广)的整体性质的研究,已成为现代微分几何学中的主要内容,并在理论物理及其他数学分支中起着重要的作用.在本章中,我们只能对曲面的某些重要的整体性质作初步的讨论.最后,我们还将对 n 维微分流形的概念作一初步的介绍.

§1 曲面的整体表述

定义 1 设 U 为二维欧氏空间的一个矩形区域①($a<u<b,c<v<d$),$\boldsymbol{r}(u,v)$是 U 到三维欧氏空间 E^3 的一个映射

$$\boldsymbol{r}(u,v)=(x(u,v),y(u,v),z(u,v)) \tag{3-1}$$

Σ 是这个映射的像.假设 U 到 Σ 上的映射满足如下条件:

(i) 映射 $\boldsymbol{r}(u,v)$是 C^k 阶的,即 $x(u,v),y(u,v),z(u,v)$的到 k 阶为止的偏导数都存在且连续(k 为正整数或∞).

(ii) 映射是正则的,即 Jacobi 矩阵

① 或者是和矩形区域同胚的区域,如单位圆内部,全平面,平面上的凸区域等.

$$\begin{pmatrix} \dfrac{\partial x}{\partial u} & \dfrac{\partial y}{\partial u} & \dfrac{\partial z}{\partial u} \\ \dfrac{\partial x}{\partial v} & \dfrac{\partial y}{\partial v} & \dfrac{\partial z}{\partial v} \end{pmatrix} \quad (u,v\in U) \tag{3-2}$$

的秩数为 2.

(iii) 映射 $\boldsymbol{r}(u,v)$ 是一对一的,这就是,若 $\boldsymbol{r}(u,v)=\boldsymbol{r}(u',v')$,$(u,v)\in U,(u',v')\in U$,那么 $u=u',v=v'$.

(iv) 逆映射是连续的,这就是,如果 Σ 中一点列 $\{\boldsymbol{r}(u_n,v_n)\}$ 在 E^3 中收敛于 Σ 上的点,那么 (u_n,v_n) 一定在 U 中收敛于 $(u,v)\in U$.

那么,Σ 称为一个 C^k **阶曲面片**.

条件(i),(ii)在第二章表述局部曲面时都用过,它们是对曲面片 Σ 光滑性和正则性的要求,我们要求 Σ 有 C^k 阶的光滑性,一般 $k\geqslant 2$,许多情况下,往往讨论 C^∞ 阶的情形,后文中如无特别说明时曲面片是指 $C^k(k\geqslant 2)$ 阶的.(iii)是曲面坐标最初步的要求,但对于第二章所涉及的局部曲面,(iii)是(i),(ii)的推论,而现在要强调 (u,v) 的取值范围,它取在整个区域 U 中,并且由于(iii)表示曲面片 Σ 中的点与区域 U 中的点存在着 1-1 对应,这就排除了如图 1 所示的情形.(iv)在以前未提到过,我们需要它来防止出现可能发生的某些难以处理的不正规的情况(见例 2,图 2).

例 1 设 f 是 (x,y) 的 C^k 阶函数,在平面区域 U 上定义,U 是和矩形区域同胚的区域,那么

$$z=f(x,y) \tag{3-3}$$

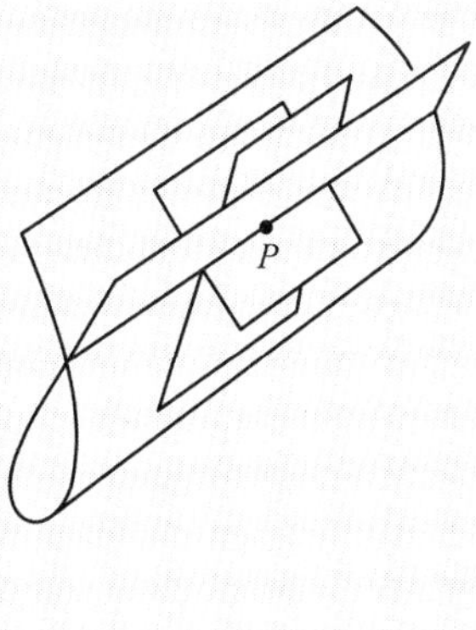

图1

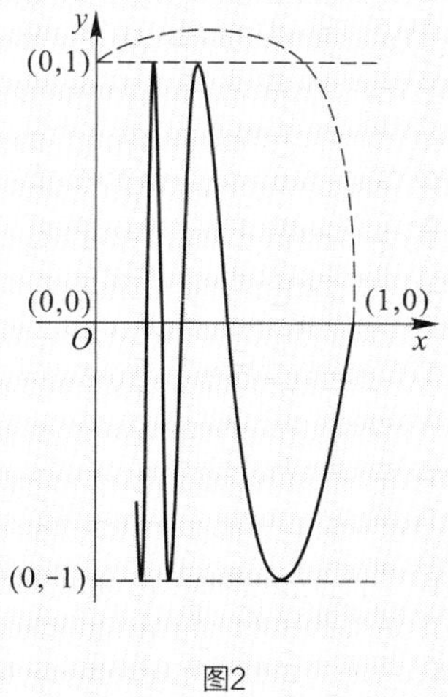

图2

可确定一个 C^k 阶曲面片.这只要取 $x=u,y=v$,

$$\boldsymbol{r}(u,v)=(u,v,f(u,v))$$

就可以了.这时性质(i)—(iv)的成立都是明显的.

例 2 如图 2,由

$$\boldsymbol{r}(u)=(x(u),y(u))=\begin{cases}\left(\dfrac{1}{u},\sin \pi u\right), & 1\leqslant u<\infty\\ (0,u+2), & -\infty<u\leqslant -1\\ \text{光滑连接}(1,0)\text{和}(0,1)\text{的曲线弧} & \\ \text{如图中虚线所示}, & -1<u<1\end{cases}\tag{3-4}$$

定义了 $\mathbf{R}^1\to E^2$ 的一个映射,映射像为曲线 C,它由三段曲线连接而成.但是曲线 C 上并不是所有点都是局部连通的:y 轴上的那些点,例如点$\left(0,\dfrac{1}{2}\right)$,就没有一个任意的小的连通邻域,因此曲线 C 与 E^1 不是同胚的.

现在用

$$(x(u),y(u),v)$$

定义 Σ,这里 $x(u),y(u)$ 如(3-4)定义.易见 Σ 是以 C 为准线,以平行于 z 轴的直线为母线所构成的柱面,但它不符合条件(iv)的要求,因而不是光滑的曲面片.

但是,光滑的曲面片还不能概括所需要研究的各种曲面,例如对球面,我们常用的球面坐标(θ,φ)

$$x=a\sin\theta\cos\varphi,\quad y=a\sin\theta\sin\varphi,\quad z=a\cos\theta$$

就不符合定义中(iii)的要求.因为当 $\theta=0$ 时,不论 φ 如何,$(0,\varphi)$ 就只对应一个北极.实际上球面确实不是一个曲面片,因为,球面是一个有界闭集,球面上的任何无限序列一定能够有极限点,如果球面是一个曲面片,根据(iv),平面区域 U 中任何点列也必须在 U 中有极限点了,但这是不成立的.

事实上,曲面的定义来得广泛,曲面片只是和矩形区域同胚的曲面.为此,我们需要下面的定义:

定义 2 设 S 是空间 E^3 中的一个点集,如果对于任何点 $P_0\in S$,必有 E^3 中 P_0 的一个邻域[①] V,使 $V\cap S$ 是一个 C^k 阶曲面片,那么,S 就称为 **C^k 阶曲面**.后文中如无特别说明时,曲面都是指 $C^k(k\geqslant 2)$ 阶的,并简称为**曲面**或**光滑曲面**.

---

① 邻域是包含 $P_0(x_0,y_0,z_0)$ 的一个开集,例如可取以 P_0 为心的开球 $|\boldsymbol{r}-\boldsymbol{r}_0|<a^2$.

显然,曲面片本身就是曲面.

现说明球面符合这个定义.

$S^2: x^2+y^2+z^2=1$ 可用下列 6 块简单曲面片 $U_1, U_2, \cdots, U_6$ 给以覆盖.取 $\frac{1}{\sqrt{3}} > \varepsilon > 0$.

$$\left.\begin{aligned} &U_1:(x,y)\text{为坐标},\ z=\sqrt{1-x^2-y^2}>\varepsilon \\ &U_2:(x,y)\text{为坐标},\ z=-\sqrt{1-x^2-y^2}<-\varepsilon \end{aligned}\right\}(x^2+y^2<1-\varepsilon^2)$$

$$\left.\begin{aligned} &U_3:(y,z)\text{为坐标},\ x=\sqrt{1-y^2-z^2}>\varepsilon \\ &U_4:(y,z)\text{为坐标},\ x=-\sqrt{1-y^2-z^2}<-\varepsilon \end{aligned}\right\}(y^2+z^2<1-\varepsilon^2)$$

$$\left.\begin{aligned} &U_5:(z,x)\text{为坐标},\ y=\sqrt{1-x^2-z^2}>\varepsilon \\ &U_6:(z,x)\text{为坐标},\ y=-\sqrt{1-x^2-z^2}<-\varepsilon \end{aligned}\right\}(x^2+z^2<1-\varepsilon^2)$$

由于 $x^2+y^2+z^2=1$, $|x|$, $|y|$, $|z|$ 中至少有一个 $\geqslant \frac{1}{\sqrt{3}} > \varepsilon$,所以球面上任一点至少属于这 6 个曲面片之一,故 $U_1, U_2, \cdots, U_6$ 覆盖整个球面,因而球面符合曲面的定义.

更一般地说,设 $F(x,y,z)$ 是定义在 E^3 上的 C^k 阶函数,S 是满足

$$F(x,y,z)=0 \tag{3-5}$$

的点所成的集合(假定它为非空).如果成立:对于每一 $P \in S$, F_x, F_y, F_z 不全为 0,那么 S 一定是一个曲面.事实上,设 $P_0=(x_0,y_0,z_0) \in S$,不妨设 $F_z(x_0,y_0,z_0) \neq 0$,那么由隐函数存在定理知道:一定存在 P_0 的一个邻域 V 和 (x_0,y_0) 的一个平面邻域 U 以及一个 C^k 阶的函数 $f(x,y)$,使得在 $V \cap S$ 的点可表为

$$(x,y,f(x,y)), \quad (x,y) \in U$$

因此符合曲面定义的要求.

从而可见,正则的二次曲面(椭球面、单叶和双叶的双曲面、椭圆抛物面、双曲抛物面等等)都是光滑曲面.

二次锥面不是光滑曲面,因为它在顶点附近不和平面区域同胚.二次锥面是伸向两侧的,但即使仅考虑其一侧也仍然不是光滑曲面,因为这时虽然能与平面同胚,在顶点可微分性仍然被破坏.

对于 C^k 阶曲面$(k>1)$,在每点取一适当邻域后,第二章所得到种种结果都可利用.例如曲面的切平面、法线、第一基本形式、第二基本形式、法曲率、总曲率、测地线等内容,在这里都适用.

但我们又要考虑 S 的整体性质.由于 S 是 E^3 的子集,所以若干拓扑上的概念都可以用在这里.例如

(1) **连通性**[①] C^k 阶曲面可以是连通的(如球面、单叶双曲面),也可以是不连通的(如双叶双曲面),一般我们研究连通的情形.这在今后就不另加说明.

(2) **紧致性**[②] 如果 C^k 阶曲面 S 在 E^3 中是一个有界闭集,那么就称它为**紧致的**.这时曲面上的无限点列一定有极限点.例如球面、环面都是紧致的,而平面则是非紧致的.

紧致性也可如下定义:若对于 S 的任意**开覆盖**[③],我们可在其中选出有限个开集用以覆盖 S,则称 S 为紧致的.从点集拓扑容易看出[④]这两个定义是一致的.

为了使局部性质和整体性质相联系,我们往往把一个 C^k 阶曲面用一系曲面片 $\{\Sigma_\alpha\}$ 覆盖起来,每个 Σ_α 有它的参数表示(见图3),即把(3-1)中的 $\boldsymbol{r}(\boldsymbol{r}\in\Sigma_\alpha)$ 和 $(u,v)((u,v)\in U_\alpha)$ 之间的一对一的对应记为

$$h_\alpha:\Sigma_\alpha\to U_\alpha$$

图3

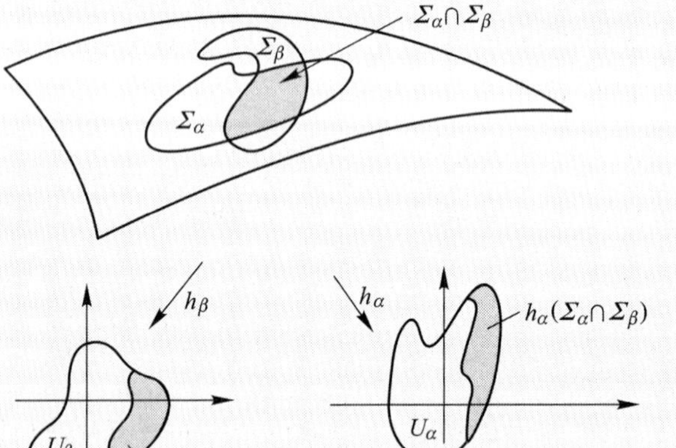

① 见附录2§3.

②③④ 见附录2§4.

并把(Σ_α,h_α)称为S的一个**坐标图**(好像把地球上的一个区域画成一幅地图那样).$(u,v)\in U_\alpha$称为**局部坐标**,Σ_α称为一个**坐标区域**,h_α的逆映射h_α^{-1}即为(3-1).集合$\{(\Sigma_\alpha,h_\alpha)\}$称为**坐标图册**,或简称**图册**,用它就能描述整个S(正如我们能用地图册描述地球表面一样).但是当$\Sigma_\alpha\cap\Sigma_\beta$非空时,在这个集合内每点有两个局部坐标,分别记为$(u,v)$,$(\bar{u},\bar{v})$,而$(\bar{u},\bar{v})$可以由$(u,v)$通过$h_\beta\circ h_\alpha^{-1}$来表达($h_\alpha^{-1}$是把$U_\alpha$的一个子集映射到$\Sigma_\alpha\cap\Sigma_\beta$,而$h_\beta$是把$\Sigma_\alpha\cap\Sigma_\beta$映射到$U_\beta$的一个子集,它们的合成就记为$h_\beta\circ h_\alpha^{-1}$),它把$U_\alpha$的一个区域映射为$U_\beta$的一个区域,这样,$\bar{u},\bar{v}$就表示为$u,v$的函数

$$\bar{u}=\bar{u}(u,v),\quad \bar{v}=\bar{v}(u,v) \tag{3-6}$$

根据隐函数存在定理,在$\Sigma_\alpha\cap\Sigma_\beta$的一点必有一邻域,使在其中$\bar{u},\bar{v}$可用$x,y,z$中的两个坐标(不妨设为$x$和$y$)的$C^k$阶函数来表示:$\bar{u}=g(x,y)$,$\bar{v}=h(x,y)$,而$x,y$又为$u,v$的$C^k$阶函数,因此(3-6)又可写成为

$$\begin{cases}\bar{u}=g(x(u,v),y(u,v))\\ \bar{v}=h(x(u,v),y(u,v))\end{cases}$$

的形式.根据复合函数定理知道$\bar{u},\bar{v}$为u,v的C^k阶函数,它就是坐标转换函数.而且

$$\begin{pmatrix}x_u & y_u & z_u\\ x_v & y_v & z_v\end{pmatrix}=\begin{pmatrix}\bar{u}_u & \bar{v}_u\\ \bar{u}_v & \bar{v}_v\end{pmatrix}\begin{pmatrix}x_{\bar{u}} & y_{\bar{u}} & z_{\bar{u}}\\ x_{\bar{v}} & y_{\bar{v}} & z_{\bar{v}}\end{pmatrix}$$

中两个扁矩阵的秩都是2,所以

$$\det\frac{\partial(\bar{u},\bar{v})}{\partial(u,v)}\neq 0$$

我们称$h_\beta\circ h_\alpha^{-1}$即(3-6)为**坐标转换函数**.

定义3 如果一曲面能有一个图册,使所有的坐标转换函数的Jacobi行列式都取正值,那么这个曲面就称为**可定向的**.

球面就是可定向曲面的一例.

对于可定向的曲面,我们可在每一Σ_α中把

$$\boldsymbol{r}_u\times\boldsymbol{r}_v$$

所定义的法线方向确定为法线的正向. 它在这一Σ_α中是连续变化的,而由

$$\boldsymbol{r}_u\times\boldsymbol{r}_v=\det\frac{\partial(\bar{u},\bar{v})}{\partial(u,v)}\cdot\boldsymbol{r}_{\bar{u}}\times\boldsymbol{r}_{\bar{v}}$$

$$\det\frac{\partial(\bar{u},\bar{v})}{\partial(u,v)}>0$$

图4

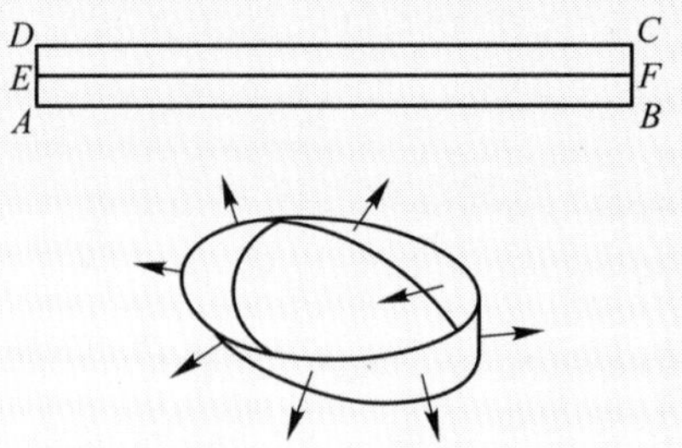

知道，这种定义在 $\Sigma_\alpha \cap \Sigma_\beta$ 处对 Σ_α 及 Σ_β 来讲，其正向是一致的，所以定向的曲面有连续变化的、确定的法线方向.也就是说，当法线沿着连续闭曲线跑动一周时，它的正向不仅连续变动，而且当此点沿着曲面回到出发点位置时，法线的正向也不改变.

许多常见的曲面如球面、环面都是可定向的，但也有不可定向的曲面.最著名的例子就是 Möbius 带：我们把一张矩形的纸条 $ABCD$，扭曲一次使 BC 和 DA 粘连起来，这时 AD 的中点 E 和 BC 的中点 F 重合于一点，E 点的法线沿 EF 跑一圈回到 E 点时法线改变了正方向(见图4).

可定向的(连通)曲面有两个定向，即共有两个确定法线正向的方法，对其中每一个定向，单位法线向量 $\boldsymbol{n}$ 就唯一地被确定，今后我们约定使 $(\boldsymbol{r}_u, \boldsymbol{r}_v, \boldsymbol{n}) > 0$ 成立的 $\boldsymbol{n}$ 的方向为正向.

习 题

1. 设 S 是 E^3 中一个 C^k 阶曲面，点 $P \in S$.试证：在 S 中存在 P 点的一个邻域 V，使得 V 可用下列三种形式的 C^k 阶函数：$z=f(x,y)$，$y=g(x,z)$，$x=h(y,z)$ 中的一个确定为 C^k 阶曲面片.

2. 试证：球面是可定向曲面.

3. 试证：若一曲面 S 能被两个坐标区域覆盖，而且它们的交集是连通的，则 S 是可定向曲面.

4. 试证：曲面 $S \subset E^3$ 是可定向曲面的充分必要条件是在 S 上存在一可微分单位法向量场.

5. 设曲面 S 可用两个坐标区域 V_1、V_2 覆盖.若 $V_1 \cap V_2$ 有两个连通分量 W_1、W_2，而坐标变换的 Jacobi 行列式在 W_1 中为正，在 W_2 中为负，试证：S 是不可定向的曲面.

6. 试用两个坐标区域覆盖 Möbius 带，并证明它是不可定向的.

§2 曲面上的 Gauss-Bonnet 公式

在第二章中我们曾对曲面上曲线所围成的多角形区域证明了 Gauss-Bonnet 公式.那时需要假定所论的曲面区域 $\mathscr{D}$ 在一个坐标区域 D 之中,结论是

$$\sum_{i=0}^{k}\int_{s_i}^{s_{i+1}} k_g(s)\,\mathrm{d}s+\iint_{\mathscr{D}} K\mathrm{d}\sigma+\sum_{i=0}^{k}\theta_i=2\pi \qquad (3-7)$$

各个符号的意义同前(见(2-109)).

现在我们用整体的观点讨论这个公式.

C^k 阶曲面上的 $C^j(j\leqslant k)$ 阶曲线段 l 是直线上开区间 (a,b) 到曲面 S 上的一个映射.如果它的某一段穿过一个坐标区域 Σ,那么在坐标图 (Σ,h) 中,刻画这一段的 C^j 阶函数是

$$u=f(t),\quad v=g(t)$$

一般地,曲线可能穿过若干个坐标区域,那么在每一坐标区域中都可有它自己的表达式,在每个区域中的部分,就可以计算出它的弧长.例如(图5),曲线穿过两个坐标区域 Σ 和 Σ',可以在各区域中分别算出 AB 和 BC 的弧长,相加起来就是 AC 的弧长,这里用到了 B 的选取,但结果将和 B 的取法无关,这是因为,设在 AC 上另取一点 B',使 $BB'\subset\Sigma\cap\Sigma'$,$B$ 和 B' 分别对应参数 t_1 和 t_2 因为

$$E\mathrm{d}u^2+2F\mathrm{d}u\mathrm{d}v+G\mathrm{d}v^2=\bar{E}\mathrm{d}\bar{u}^2+2\bar{F}\mathrm{d}\bar{u}\mathrm{d}\bar{v}+\bar{G}\mathrm{d}\bar{v}^2$$

所以

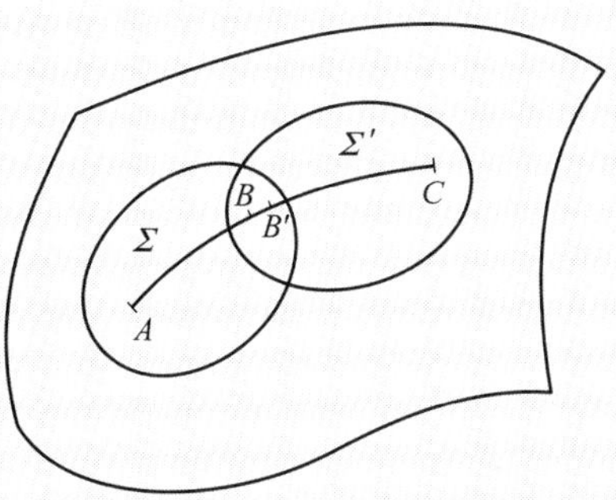

图5

$$
\int_{t_1}^{t_2}\sqrt{E\left(\frac{\mathrm{d}u}{\mathrm{d}t}\right)^2+2F\left(\frac{\mathrm{d}u}{\mathrm{d}t}\right)\left(\frac{\mathrm{d}v}{\mathrm{d}t}\right)+G\left(\frac{\mathrm{d}v}{\mathrm{d}t}\right)^2}\,\mathrm{d}t
$$

$$
=\int_{t_1}^{t_2}\sqrt{\bar{E}\left(\frac{\mathrm{d}\bar{u}}{\mathrm{d}t}\right)^2+2\bar{F}\left(\frac{\mathrm{d}\bar{u}}{\mathrm{d}t}\right)\left(\frac{\mathrm{d}\bar{v}}{\mathrm{d}t}\right)+\bar{G}\left(\frac{\mathrm{d}\bar{v}}{\mathrm{d}t}\right)^2}\,\mathrm{d}t
$$

即在 Σ 及 Σ' 中计算出的弧长是相同的.

这样,我们就定义了曲线弧长.只要选定曲线 l 的始点,就可以定出它的弧长参数.

如果 f 是定义于曲线 l 上的一个函数,那么 f 也可以用弧长参数的函数 $f(s)$ 表示起来,并且可按普通意义定义出积分

$$
\int_{AC} f\mathrm{d}s=\int_{s_1}^{s_2} f(s)\,\mathrm{d}s
$$

这里 s_1 和 s_2 分别是 A,C 所对应的参数.

同样,若 Ω 是曲面上的一个区域,我们可以把它划分为若干小区域,使每一小区域都在一个坐标区域中,那么我们可求每一小区域的面积,把它们加起来就是曲面上区域 Ω 的面积.这里当然需要指出这个面积和区域划分无关.一个函数沿 Ω 的积分也可照此法办理.

假设 $\mathscr{D}$ 是 S 上的一个区域,它的边界是由互不相交的 n 条**简单的分段光滑闭曲线**所组成,所谓简单的分段光滑闭曲线是指由 $A_1A_2,A_2A_3,\cdots,A_{n-1}A_n,A_nA_1$ 等有限段光滑曲线弧连接而成的自身不相交的曲线,这些弧之间除连接点外没有交点.由拓扑学可知,我们一定可以把 $\mathscr{D}$ **三角剖分**,即把 $\mathscr{D}$ 分割成许多以三条曲线段为边界的曲面三角形.如果我们所考察的曲面是定向的,我们以法线方向为大拇指方向,依右手规则可定出每一三角形的边界的定向,这时内部边界的定向刚好相互抵消(以上事项我们不予严格证明)(见图6).

经过这样剖分后,我们得出三个数:F—三角形的个数、E—边的条数、V—顶点的个数,它们定义了区域 $\mathscr{D}$ 的 Euler-Poincaré **示性数**:

图6

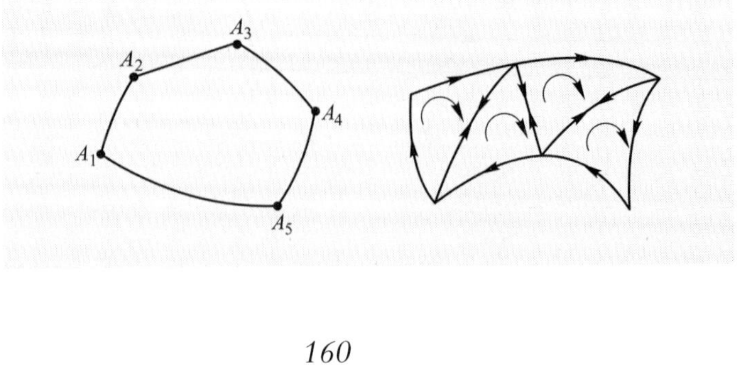

$$\chi(\mathscr{D})=F-E+V \tag{3-8}$$

这个式子的右边和三角剖分的方式有关，但从后文的 Gauss-Bonnet 公式可知，$\chi(\mathscr{D})$实际上和剖分的方式无关，是曲面的拓扑不变量.

对于紧致曲面，边界曲线不出现，仍然可以作三角剖分，由图 7 可见：

1. 球面：$\chi=2$；
2. 环面：$\chi=0$；
3. 两个洞的曲面：$\chi=-2$；
4. n 个洞的曲面：$\chi=-2(n-1)$.

在图 7 中，以球面为例作出其一种三角剖分，可以看出，对于这一剖分，$F=8$，$E=12$，$V=6$，所以$\chi=8-12+6=2$.

根据拓扑学的定理得知[①]，任何定向的二维紧致曲面的 Euler-Poincaré 示性数总是取 2，0，-2，…，-2n，…中的一个，而且示性数相同的紧致曲面同胚，因此，χ 就完全给出了定向的紧致曲面的拓扑分类. $n=\frac{2-\chi(S)}{2}$称为 S 的**亏格**，即 S 的洞数.

下面我们用三角剖分作出整体 Gauss-Bonnet 定理的证明.

整体 Gauss-Bonnet 定理　设 Ω 是定向曲面 S 上的一个区域，Ω 的边界$\partial\Omega$是由若干条简单闭曲线 $C_1,\cdots,C_n$ 组成.设每一 C_i 是分段正则且正定向的，而且$C_1,\cdots,C_n$ 的外角全体记为 $\theta_1,\cdots,\theta_p$，则成立

$$\sum_{i=1}^{n}\int_{C_i}k_g(s)\,\mathrm{d}s+\iint_{\Omega}K\mathrm{d}\sigma+\sum_{l=1}^{p}\theta_l = 2\pi\chi(\Omega) \tag{3-9}$$

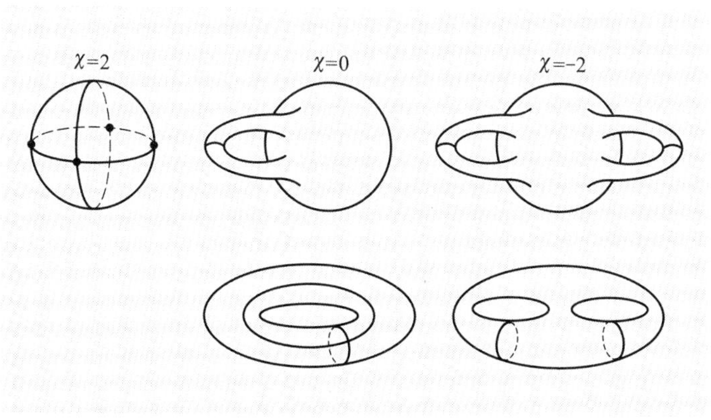

图 7

① 参看 Max K. Agoston, *Algebraic Topology* 第三章.

这里 s 表示 C_i 的弧长,C_i 上的积分等于 C_i 的每一正则弧上的积分的和.

在证明以前,我们先解释一下外角 θ_l 的取值规定.θ_l 的符号由 S 的定向决定:当 $\boldsymbol{r}'(t_l-0)$ 到 $\boldsymbol{r}'(t_l+0)$ 的方向与 S 的定向一致时,则 θ_l 取正号;反之,则取负号(见图 8(a)).因此

$$-\pi \leqslant \theta_l \leqslant \pi \quad (l=1,\cdots,p)$$

证明 对区域 Ω 进行三角剖分,使得剖分 $\mathscr{T}$ 中每一个三角形都落在 S 的一个坐标邻域内,而且若 $\mathscr{T}$ 中的每一个三角形取正定向,则相邻的两三角形在它们的公共边上决定了两个相反的正定向(见图 8(b)).

现在对每一个三角形应用局部的 Gauss-Bonnet 公式(3-7),再把所得结果逐项相加,并利用下述事实:内部的每一条边上恰好按相反方向各进行一次积分,因此互相抵消.我们得出

$$\sum_i \int_{C_i} k_g(s)\,\mathrm{d}s + \iint_{\Omega} K\mathrm{d}\sigma + \sum_{j,k=1}^{F,3} \theta_{jk} = 2\pi F \qquad (3-10)$$

式中,F 表示 $\mathscr{T}$ 中的三角形的个数,θ_{j1}、θ_{j2}、θ_{j3} 是第 j 个三角形 T_j 的三个外角(见图 8(b)).

记 $\varphi_{jk}=\pi-\theta_{jk}$,$k=1,2,3$,是三角形 T_j 的三个内角.于是

$$\sum_{j,k} \theta_{jk} = \sum_{j,k} \pi - \sum_{j,k} \varphi_{jk} = 3\pi F - \sum_{j,k} \varphi_{jk}$$

我们再引入下面的记号:

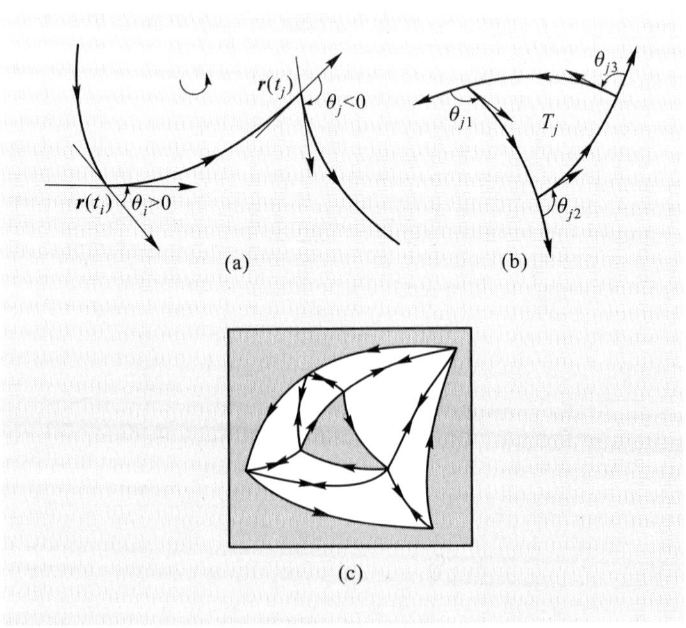

图 8

E_e =$\mathscr{T}$中落在 Ω 边界上的边的总数，

E_I =$\mathscr{T}$中落在 Ω 内部的边的总数，

V_e =$\mathscr{T}$中落在 Ω 边界上的顶点的总数，

V_I =$\mathscr{T}$中落在 Ω 内部的顶点的总数.

因为任一曲线 C_i 都是闭的，因此我们有 $E_e=V_e$.不难证明

$$3F=2E_I+E_e$$

因此

$$\sum_{j,k}\theta_{jk}=2\pi E_I+\pi E_e-\sum_{j,k}\varphi_{jk}$$

$\partial\Omega$ 上的顶点可分为两部分：一部分是原来 C_i 的顶点，它的总数记为 V_{eC}；另一部分是由剖分 $\mathscr{T}$ 而产生的其他顶点，它的总数记为 V_{et}.显然，$V_e=V_{eC}+V_{et}$.对后一部分的顶点来说，内角之和为 π，而对于 $\mathscr{T}$ 中任一内顶点来说，内角之和为 2π，因此可得

$$\begin{aligned}\sum_{j,k}\theta_{jk}&=2\pi E_I+\pi E_e-2\pi V_I-\pi V_{et}-\sum_{l=1}^{p}(\pi-\theta_l)\\&=2\pi E_I+2\pi E_e-2\pi V_I-\pi E_e-\pi V_{et}-\pi V_{eC}+\sum_{l=1}^{p}\theta_l\\&=2\pi E-2\pi V+\sum_{l=1}^{p}\theta_l\end{aligned}$$

将上式代入(3-10)，便有

$$\sum_{i=1}^{n}\int_{C_i}k_g(s)\mathrm{d}s+\iint_{\Omega}K\mathrm{d}\sigma+\sum_{l=1}^{p}\theta_l=2\pi(F-E+V)=2\pi\chi(\Omega)\tag{3-11}$$

这就是(3-9).定理证毕.

由于单连通区域①的 Euler-Poincaré 示性数等于 1，因此我们得到

推论 1 如图 9，设 Ω 是定向曲面 S 上的一个单连通区域，Ω 的边界是分段正则的简单闭曲线 C，s 是弧长参数，s_0，…，s_k，s_{k+1}和 θ_0，…，θ_k 分别是 C 的顶点的弧长参数及外角，其中 s_{k+1} 和 s_0 为同一顶点的参数，$k_g(s)$是 C 的测地曲率，则成立

$$\sum_{i=0}^{k}\int_{s_i}^{s_{i+1}}k_g(s)\mathrm{d}s+\iint_{\Omega}K\mathrm{d}\sigma+\sum_{i=0}^{k}\theta_i=2\pi$$

另外，对整个紧致曲面来说，(3-11)中不出现边界曲线 C_i 及外角 θ_i，所以立即得到

推论 2 设 S 是紧致的定向曲面，则成立

① 单连通区域即其内任意一条闭曲线可以在其中连续收缩为一点的区域.由拓扑学可知，它的 Euler-Poincaré 示性数等于 1.

图 9

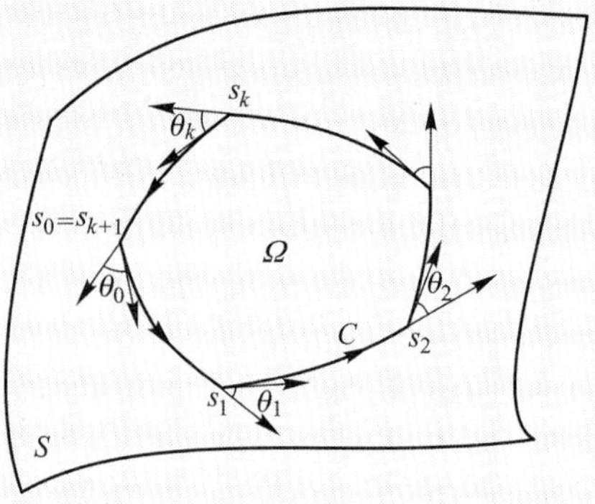

$$\iint_S K\mathrm{d}\sigma = 2\pi\chi(S)$$

推论 3　如果紧致的定向曲面 S 的总曲率 $K\geqslant 0$，但不恒为 0，则曲面必与球面同胚.

证明　由推论 2 可知

$$2\pi\chi(S) = \iint_S K\mathrm{d}\sigma > 0$$

所以 $\chi(S)=2$，于是曲面必与球面同胚.

最后，我们举出 Gauss-Bonnet 定理的一个应用.

定理　设 C 是一条曲率非零的正则的空间闭曲线，如果它的法线像 $N(s)$ 是单位球面 S^2 上的简单曲线，则法线像必平分 S^2 的面积.

证明　以 s 表示 C 的弧长参数，$\bar{s}$ 表示法线像 $\boldsymbol{N}=\boldsymbol{N}(s)$ 的弧长参数.则 $\boldsymbol{N}(s)$ 的测地曲率 $\bar{k}_g$ 由下式决定（参看第二章 6.2）：

$$\bar{k}_g=(\ddot{\boldsymbol{N}},\boldsymbol{N},\dot{\boldsymbol{N}})$$

这里“·”表示关于 $\bar{s}$ 的导数，“′”表示关于 s 的导数.因为

$$\dot{\boldsymbol{N}}=\frac{\mathrm{d}\boldsymbol{N}}{\mathrm{d}s}\frac{\mathrm{d}s}{\mathrm{d}\bar{s}}=(-k\boldsymbol{T}+\tau\boldsymbol{B})\frac{\mathrm{d}s}{\mathrm{d}\bar{s}}$$

$$\ddot{\boldsymbol{N}}=(-k\boldsymbol{T}+\tau\boldsymbol{B})\frac{\mathrm{d}^2s}{\mathrm{d}\bar{s}^2}+(-k'\boldsymbol{T}+\tau'\boldsymbol{B})\left(\frac{\mathrm{d}s}{\mathrm{d}\bar{s}}\right)^2-(k^2+\tau^2)\boldsymbol{N}\left(\frac{\mathrm{d}s}{\mathrm{d}\bar{s}}\right)^2$$

$$\left(\frac{\mathrm{d}s}{\mathrm{d}\bar{s}}\right)^2=\frac{1}{k^2+\tau^2}$$

因此可得

$$\bar{k}_g=(\ddot{\boldsymbol{N}},\boldsymbol{N},\dot{\boldsymbol{N}})=(\boldsymbol{N},\dot{\boldsymbol{N}},\ddot{\boldsymbol{N}})$$

$$=\frac{\mathrm{d}s}{\mathrm{d}\bar{s}}(k\boldsymbol{B}+\tau\boldsymbol{T})\cdot\ddot{\boldsymbol{N}}=\left(\frac{\mathrm{d}s}{\mathrm{d}\bar{s}}\right)^3(k\tau'-\tau k')$$

$$=-\frac{\tau k'-k\tau'}{k^2+\tau^2}\frac{\mathrm{d}s}{\mathrm{d}\bar{s}}=\frac{\mathrm{d}}{\mathrm{d}s}\arctan\frac{\tau}{k}\frac{\mathrm{d}s}{\mathrm{d}\bar{s}}$$

我们再把 Gauss-Bonnet 定理应用到单位球面上由曲线 $\boldsymbol{N}(s)$ 所围成的区域 Ω 去,由于这时 $K\equiv1$,我们便有

$$2\pi=\iint_\Omega K\mathrm{d}\sigma+\int_{\partial\Omega}\bar{k}_g\mathrm{d}\bar{s}=\iint_\Omega\mathrm{d}\sigma=\Omega\text{ 的面积}$$

然而 S^2 的面积为 4π,所以法线像 $\boldsymbol{N}(s)$ 平分了 S^2 的面积.

习 题

1. 设 $S\subset E^3$ 是紧致定向而不同胚于球面的曲面.试证:S 上必有点使得总曲率分别为正、负和零.

2. 计算下列曲面的 Euler-Poincaré 示性数:

(1) 椭球面;

(2) $S=\{(x,y,z)\in E^3: x^2+y^4+z^6=1\}$.

3. 试计算环面 T^2 的 Euler-Poincaré 示性数.

4. 设 $S\subset E^3$ 是同胚于球面的曲面. $\Gamma\subset S$ 是 S 上的简单闭测地线,设 A 和 B 为 S 上以 Γ 为公共边界的区域,$\mathscr{N}:S\to S^2$ 是 S 的 Gauss 映射.试证:$\mathscr{N}(A)$ 和 $\mathscr{N}(B)$ 面积相同.

5. 设 M 为定向曲面,总曲率 K 处处小于零.试证:M 上不存在围成单连通区域的光滑闭测地线.

6. 设 M 是 E^3 中连通定向紧致曲面,其各点 $K>0$.试证:它的 Gauss 映射是 1-1 的.

7. 设 M 是 E^3 中连通定向紧致曲面,其各点 $K>0$.试证:M 是凸曲面,即 M 落在其上任一点的切平面的一侧.

§3 向量场

平面区域 $U\subset\mathbf{R}^2$ 的向量场是由向量值函数

$$\boldsymbol{w}(x,y)=(a(x,y),b(x,y))\tag{3-12}$$

所定义,这里 $a(x,y)$, $b(x,y)$ 均假定为可微分函数.

由微分方程论知道,对于一个向量场 $\boldsymbol{w}$ 及 U 中一点 (x_0,y_0),必存在

积分一条曲线(或称为轨线)

$$x=\phi(x_0,y_0,t),\quad y=\psi(x_0,y_0,t)$$

使在 $t=0$ 时,积分曲线过(x_0,y_0)点,即

$$\phi(x_0,y_0,0)=x_0,\quad \psi(x_0,y_0,0)=y_0$$

且处处以 $\boldsymbol{w}(x,y)$ 为切向量.它们是以 $t=0,x=x_0,y=y_0$ 为初值条件求解 $\frac{\mathrm{d}x}{\mathrm{d}t}=a(x,y),\frac{\mathrm{d}y}{\mathrm{d}t}=b(x,y)$ 而得出的.

例 1 设向量场是

$$a(x,y)=x,\quad b(x,y)=y$$

则此向量场的积分曲线或轨线为

$$x=x_0\mathrm{e}^t,\quad y=y_0\mathrm{e}^t$$

这是汇聚于(0,0)的直线.

例 2 设向量场是

$$a(x,y)=y,\quad b(x,y)=-x$$

则积分曲线族为

$$x=x_0\cos t+y_0\sin t,\quad y=-x_0\sin t+y_0\cos t$$

即以 O 为中心的一系同心圆.

满足 $a(x,y)=0,b(x,y)=0$ 的点(x,y)称为向量场的**奇点**,即向量场在这点的向量是零向量.若(x_0,y_0)为奇点,则过奇点的轨线为 $x=x_0,y=y_0$,它退化为一点.

向量场的概念可以照样在曲面上给以定义,设 Σ 为一坐标区域,(u,v)是 Σ 上的坐标,向量场是由

$$\boldsymbol{w}(P)=a(u,v)\boldsymbol{r}_u+b(u,v)\boldsymbol{r}_v \tag{3-13}$$

所定义的.一曲面上的向量场 $\boldsymbol{w}(P)$在 $\Sigma\cap\bar{\Sigma}$ 处成立

$$\begin{aligned}\boldsymbol{w}(P)&=a(u,v)\boldsymbol{r}_u+b(u,v)\boldsymbol{r}_v\\&=\bar{a}(\bar{u},\bar{v})\boldsymbol{r}_{\bar{u}}+\bar{b}(\bar{u},\bar{v})\boldsymbol{r}_{\bar{v}}\end{aligned}$$

然而

$$\boldsymbol{r}_u=\boldsymbol{r}_{\bar{u}}\frac{\partial\bar{u}(u,v)}{\partial u}+\boldsymbol{r}_{\bar{v}}\frac{\partial\bar{v}(u,v)}{\partial u}$$

$$\boldsymbol{r}_v=\boldsymbol{r}_{\bar{u}}\frac{\partial\bar{u}(u,v)}{\partial v}+\boldsymbol{r}_{\bar{v}}\frac{\partial\bar{v}(u,v)}{\partial v}$$

而且 $\boldsymbol{r}_u,\boldsymbol{r}_v$ 线性无关,所以成立

$$\bar{a}(\bar{u},\bar{v})=a(u,v)\frac{\partial\bar{u}}{\partial u}+b(u,v)\frac{\partial\bar{u}}{\partial v}$$

$$\bar{b}(\bar{u},\bar{v})=a(u,v)\frac{\partial\bar{v}}{\partial u}+b(u,v)\frac{\partial\bar{v}}{\partial v}$$

对于向量场照样可以定义积分曲线(轨线):在一个坐标区域中,它是作为微分方程

$$\frac{\mathrm{d}u}{\mathrm{d}t}=a(u,v),\quad \frac{\mathrm{d}v}{\mathrm{d}t}=b(u,v)$$

的解而得来的.

所谓向量场的奇点是使这个向量场中的向量成为零向量的点.

例 3　普通环面 T^2 的参数表示可写为

$$\boldsymbol{r}=\left\{\left(a+b\cos\frac{s}{b}\right)\cos\ v,\left(a+b\cos\frac{s}{b}\right)\sin\ v,b\sin\frac{s}{b}\right\}$$

$$(0\leqslant s<2\pi b,0\leqslant v<2\pi)$$

这里 s 是每一经线上的弧长参数.那么 T^2 上的向量

$$\boldsymbol{w}(v,s)=\left\{-\cos\ v\ \sin\frac{s}{b},-\sin\ v\ \sin\frac{s}{b},\ \cos\frac{s}{b}\right\}$$

是可微的单位向量场.易知其轨线就是 T^2 上的经线.

例 4　把球面 S^2 去掉两极 N 和 S,每一条从 N 到 S 的经线的切向量全体形成定义在 $S^2-(\{\mathrm{N}\}\cup\{\mathrm{S}\})$ 上的向量场 $\boldsymbol{v}(P)$.为了得到定义在整个球面上的向量场 $\boldsymbol{w}(P)$,我们可用同一参数 t, $-1<t<1$,将每一条从 N 到 S 的经线加以参数化,并在同一纬线上的点取相同的 t 值,然后定义

$$\boldsymbol{w}(P)=(1-t^2)\boldsymbol{v}(P),\quad 当\ P\in S^2-\{\mathrm{N}\}\cup\{\mathrm{S}\}$$

$$\boldsymbol{w}(\mathrm{N})=\boldsymbol{w}(\mathrm{S})=\mathbf{0}$$

(见图 10).向量场 $\boldsymbol{w}$ 是球面 S^2 上的向量场,点 N,S 是向量场 $\boldsymbol{v}$ 的两个奇点.

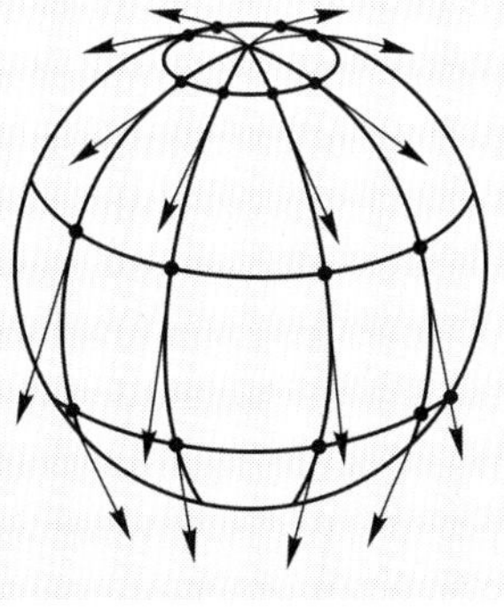

图 10

图 11

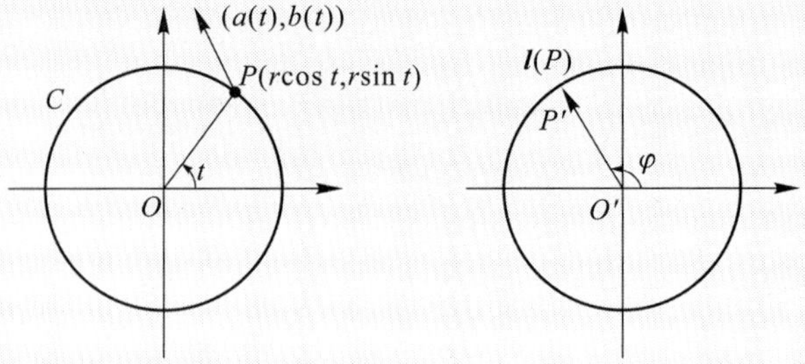

我们只考虑平面或定向曲面上向量场的孤立奇点.换言之,设 $P_0 \in S$ 为向量场 $\boldsymbol{w}(P)$ 的奇点,如果存在 P_0 点的一个邻域,使在其中除 P_0 而外再也没有 $\boldsymbol{w}(P)$ 的奇点,那么称 P_0 为**孤立奇点**.

在紧致曲面上,如果一个向量场只有孤立奇点,那么奇点的个数是有限的.这是因为,如果是无限个的话,由于曲面的紧致性,它们必有极限点,极限点也是奇点,因此与奇点的孤立性相矛盾.

现在让我们来定义向量场孤立奇点的指标,先从平面上的情形开始.设(0,0)是向量场的孤立奇点,U 是(0,0)的一个邻域,使得在 $(x,y) \in U$ 时向量场无其他奇点.我们在奇点(0,0)附近画一个取正向的简单闭环路 C,C 上每点 P 有一个向量 $\boldsymbol{w}(P)$ 属于已给的向量场(见图 11).另取一点 O',把 $\boldsymbol{w}(P)$ 的单位向量 $\boldsymbol{l}(P)$ 用 $\overrightarrow{O'P'}$ 表示出来,当 P 绕 C 走一圈时,P' 在单位圆上所转的圈数就称为**向量场奇点**(0,0)**的指标**,记为 I.以后我们将证明 I 与闭环路 C 的选取无关.

图 12 中的几个向量场都以点(0,0)为奇点,图中的曲线是向量场的积分曲线族.不难算出这些向量场在奇点(0,0)处的指标 I,如图所示.

设 C 是围绕奇点(0,0)的一个简单闭环路,它的方程为

$$\begin{cases} u=u(t), \\ v=v(t), \end{cases} \quad 0 \leqslant t \leqslant L \tag{3-14}$$

而向量场 $\boldsymbol{w}$ 在其上的向量为 $(a(t),b(t))$,这里

$$a(t)=a(u(t),v(t)), \quad b(t)=b(u(t),v(t)) \tag{3-15}$$

与 $(a(t),b(t))$ 相应的单位向量 $\boldsymbol{l}$ 为

$$\boldsymbol{l}=\left(\frac{a}{\sqrt{a^2+b^2}}, \frac{b}{\sqrt{a^2+b^2}}\right) \tag{3-16}$$

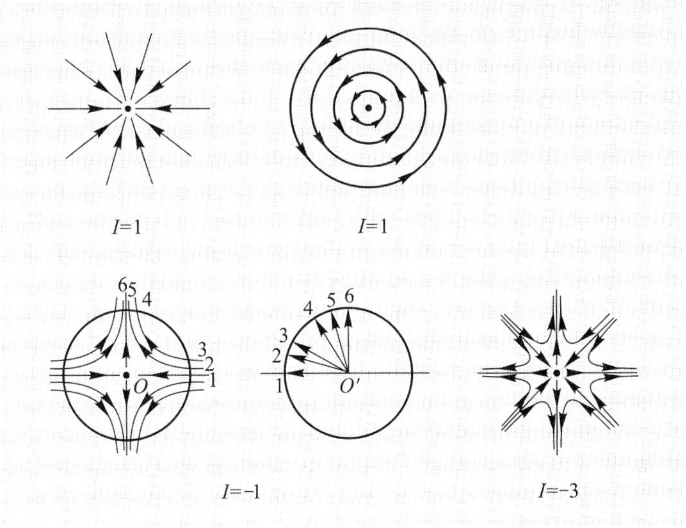

图 12

$\boldsymbol{l}$ 与 x 轴正向的夹角为 φ，与第一章中讨论切线旋转指标定理时相仿，可选取 φ 为 t 的可微分函数.因为 $\tan\varphi=\dfrac{b}{a}$（$a\neq0$ 时），所以

$$\frac{\mathrm{d}\varphi}{\mathrm{d}t}=\frac{\mathrm{d}}{\mathrm{d}t}\left(\arctan\frac{b}{a}\right)=\frac{ab'-ba'}{a^2+b^2}$$

若 $a=0$，则 $b\neq0$，由 $\cot\varphi=\dfrac{a}{b}$ 得出

$$\frac{\mathrm{d}\varphi}{\mathrm{d}t}=\frac{ab'-ba'}{a^2+b^2}$$

所以上述公式是普遍适用的.

P 点绕 C 转一周，$\boldsymbol{l}(P)$ 也必转回原处，φ 的变化

$$\varphi(L)-\varphi(0)=\oint_C\frac{\mathrm{d}\varphi}{\mathrm{d}t}\mathrm{d}t=\oint_C\frac{ab'-ba'}{a^2+b^2}\mathrm{d}t$$

为 2π 的整数倍，所以 $\boldsymbol{l}(P)$ 所转的圈数

$$I=\frac{1}{2\pi}[\varphi(L)-\varphi(0)]=\frac{1}{2\pi}\oint_C\frac{ab'-ba'}{a^2+b^2}\mathrm{d}t \qquad (3-17)$$

必为整数.

现在讨论定向曲面 S 上向量场的孤立奇点的指标.设 $P\in S$ 是 S 上一向量场 $\boldsymbol{w}$ 的孤立奇点，在 P 点的一坐标区域 Σ 内选取单位正交标架系 $\{\boldsymbol{e}_1,\boldsymbol{e}_2,\boldsymbol{n}\}$，使 $\boldsymbol{e}_1$ 合于 $\boldsymbol{r}_u$ 的单位向量，$\boldsymbol{n}$ 取为正侧法线单位向量，$\boldsymbol{e}_2$ 选为单位向量使 $\{\boldsymbol{e}_1,\boldsymbol{e}_2,\boldsymbol{n}\}$ 为正取向的正交标架.向量场的向量可表示为

$$\boldsymbol{l}(u,v)=a(u,v)\boldsymbol{e}_1+b(u,v)\boldsymbol{e}_2$$

这里 $\boldsymbol{l}(u,v)$ 是 $\boldsymbol{w}(u,v)$ 的单位向量.在 P 点适当小邻域内作一简单闭曲线 C,其参数为 $0\leqslant t\leqslant L$,使它在 U 中围成包含 P 在内的小邻域 $\mathscr{D}$,并且在曲线内部除 P 外无向量场奇点,曲线上也无向量场的奇点.又参数 t 的增加方向和曲面的定向相容,即依法线正向而言,观察者依 t 的增加方向前进时,$\mathscr{D}$ 常在观察者的左侧.

沿曲线 C,向量 $\boldsymbol{l}$ 与 $\boldsymbol{e}_1$ 的夹角记为 φ.与第一章讨论切线旋转指标定理时相仿,可取 φ 为 t 的可微分函数.沿曲线 C,函数 a,b 表示为 $a(t),b(t)$.由于

$$\tan\varphi=\frac{b}{a}\quad 或\quad \cot\varphi=\frac{a}{b}$$

二者必有一成立,所以和以前的讨论相仿,可定义

$$I=\frac{1}{2\pi}[\varphi(L)-\varphi(0)]=\frac{1}{2\pi}\oint_C\frac{ab'-ba'}{a^2+b^2}\mathrm{d}t$$

这就是 $\boldsymbol{w}$ 本身绕 C 一圈后所转的圈数.

如上所述,不论是平面上还是曲面上的向量场,绕简单闭环路 C 的孤立奇点的指标都是由统一的(3-17)算出的,当环路 C 是分段光滑曲线时,指标公式(3-17)也是适用的.这时上述积分可视为每段积分之和,而在每段上,$\varphi(t),a(t),b(t)$ 都是可微分函数.

现在来说明一下,孤立奇点的指标是与简单闭环路 C 的选取无关的.设 P 点的坐标区域 Σ 在坐标映照 h 下的像为 U(图 13),点 P 的像为 $h(P)$,曲线 C 和它所围区域的像分别为 $h(C)$ 和 $h(\mathscr{D})$.现为使记号简化起见,下面我们就略去 h,仍把它们分别记为 $U,P,C,\mathscr{D}$,于是从(3-17)可得到

$$\begin{aligned}I&=\frac{1}{2\pi}\oint_C\frac{ab'-ba'}{a^2+b^2}\mathrm{d}t\\&=\frac{1}{2\pi}\oint_C\frac{a(b_u\mathrm{d}u+b_v\mathrm{d}v)-b(a_u\mathrm{d}u+a_v\mathrm{d}v)}{a^2+b^2}\\&=\frac{1}{2\pi}\oint_C\frac{ab_u-ba_u}{a^2+b^2}\mathrm{d}u+\frac{ab_v-ba_v}{a^2+b^2}\mathrm{d}v\end{aligned}$$

因为除了在奇点 P 处上式分母为零外,成立着关系式

$$\left(\frac{ab_u-ba_u}{a^2+b^2}\right)_v=\left(\frac{ab_v-ba_v}{a^2+b^2}\right)_u$$

所以由平面区域的 Green 公式得知,曲线积分值 I 是与绕 P 点的单纯闭环路选取方式无关的.

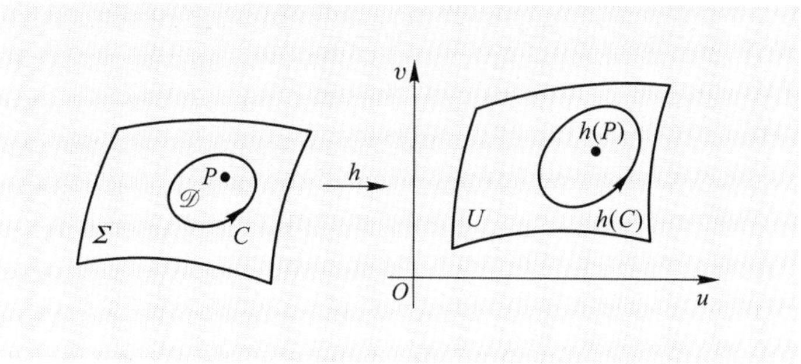

图 13

特别当环路 C 内不含有奇点时

$$I=\frac{1}{2\pi}\iint_{\mathscr{D}}\left[\left(\frac{ab_v-ba_v}{a^2+b^2}\right)_u-\left(\frac{ab_u-ba_u}{a^2+b^2}\right)_v\right]\mathrm{d}u\mathrm{d}v=0$$

因为确定角 φ 时用到了坐标曲线的切向量 $\boldsymbol{e}_1$，所以为了说明用(3-17)定义孤立奇点指标 I 的合理性，我们还必须验证 I 与曲面的坐标系选取无关.为此，我们取一个沿曲线 C 的平行向量场 $\boldsymbol{v}$，并用它来测量向量场 $\boldsymbol{w}$ 的变化状况.设 $\boldsymbol{w}$ 与 $\boldsymbol{e}_1$ 的交角为 φ，$\boldsymbol{v}$ 与 $\boldsymbol{e}_1$ 的交角为 ψ，这些都可取为沿曲线 C 的分段可微分函数.由奇点指标的定义知道，绕 C 一周后的角差 $\Delta_C\varphi$ 为

$$\Delta_C\varphi=2\pi I$$

从第二章向量的平行移动一节知道，平行向量场绕边界一周后的角差 $\Delta_C\psi$ 等于

$$\Delta_C\psi=\iint_{\mathscr{D}}K\mathrm{d}\sigma$$

因此有

$$\Delta_C(\varphi-\psi)=2\pi I-\iint_{\mathscr{D}}K\mathrm{d}\sigma \tag{3-18}$$

因为 $\varphi-\psi$ 是向量场 $\boldsymbol{w}$ 与平行向量场 $\boldsymbol{v}$ 之间的交角(图 14)，是与 $\boldsymbol{e}_1$ 无关的，所以从上式可见，奇点的指标 I 也与坐标系的选取无关.

从(3-18)式还可看出，角差 $\Delta_C(\varphi-\psi)$ 是与平行向量场 $\boldsymbol{v}$ 的选取无关的.如果另取一个平行向量场 $\boldsymbol{v}'$，相应的角差为 $\Delta_C(\varphi-\psi')$，则有

$$\Delta_C(\varphi-\psi)=\Delta_C(\varphi-\psi') \tag{3-19}$$

其实，上式对任何曲线 C(不一定闭曲线)也成立.这是因为，平行移动使向量的交角不变，即 $\Delta_C(\psi'-\psi)=0$，于是

$$\Delta_C(\varphi-\psi)-\Delta_C(\varphi-\psi')=\Delta_C(\psi'-\psi)=0$$

图 14

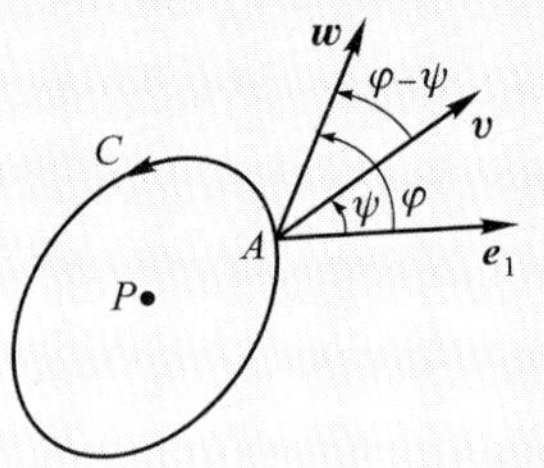

对于曲面上不同的向量场,它们的奇点可能不相同,即使奇点相同,它们的指标也可能不同.但是,对于紧致定向曲面 S 存在着下列 Poincaré 的向量场指标定理,它说明了向量场奇点的指标之和并不依赖于向量场的选择,而是一个拓扑不变量.

定理(Poincaré) 对于紧致定向曲面 S 上的任何只有孤立奇点的向量场 $\boldsymbol{w}$,它在所有奇点处的指标之和等于曲面的 Euler-Poincaré 示性数 χ,即

$$\sum_i I_i = \chi \tag{3-20}$$

证明 因为 $\boldsymbol{w}$ 的孤立奇点只能是有限个,因此定理中的和式是有意义的.

将曲面 S 三角剖分得相当小,使得每个三角形都位于一个坐标邻域之中,且使得每个三角形至多只包含一个孤立奇点作为它的内点.于是对每个三角形,(3-18)式都成立,即使不包含奇点时也对,这时 $I=0$.把这些式子相加,再考虑到每个三角形的边界都正、反方向各经过一次,角差相互抵消,于是就有

$$0 = 2\pi\sum_i I_i - \iint_S K\mathrm{d}\sigma$$

再利用 Gauss-Bonnet 公式后就得出

$$\sum_i I_i = \chi$$

定理证毕.

从这个定理就可得到

推论 定向紧致曲面如不和环面同胚,那么其上的向量场必有奇点.

特别是,球面上的向量场必有奇点.如果它们都是孤立奇点,则其指标之和为 2.于是,当我们把地球表面上各地的风速看成是一个向量场时,这

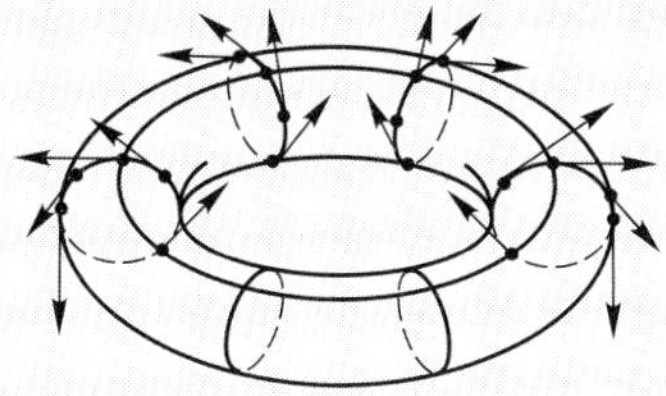

图 15

向量场必有奇点，也即：地球表面上必存在着风速为零的地点.

环面上无奇点的向量场的例子如图 15 所示.这个向量场可以用下面的方法得到，先在一个子午线圆的每点上取圆的单位切向量，然后绕旋转轴将此圆旋转一周，即得到整个环面上的一个无奇点的向量场.

习 题

1. 验算(0,0)是下列向量场的孤立奇点，并计算它们在(0,0)点的指标：

(1) $\boldsymbol{v}=(x,y)$；　(2) $\boldsymbol{v}=(-x,y)$；　(3) $\boldsymbol{v}=(x,-y)$；

(4) $\boldsymbol{v}=(x^2-y^2,-2xy)$；　(5) $\boldsymbol{v}=(x^3-3xy^2,y^3-3x^2y)$.

2. 试证：一个紧致定向曲面 $S\subset E^3$ 能有一个无奇点的可微分向量场的充分必要条件是 S 与环面同胚.

3. 举例说明非紧致曲面上的向量场可能有无限多个孤立奇点.

4. 设 C 是球面 S^2 上的一条光滑简单闭曲线，$\boldsymbol{v}$ 是 S^2 上可微分向量场，而且 $\boldsymbol{v}$ 的轨线从不与 C 相切.试证：由 C 决定的两个区域中的每一个都至少有 $\boldsymbol{v}$ 的一个奇点.

5. 奇点的指标能否为零？如果可以为零，试举例说明.

§4 球面的刚性

所谓球面是刚性的意思是：设 $\varphi:\Sigma\to S$ 为球面 $\Sigma\subset E^3$ 到曲面 $S=\varphi(\Sigma)\subset E^3$ 上的等距对应，则 S 本身必为球面.直观上，这意味着球面是不能被弯曲的.

实际上，我们将证明下面的定理：

定理 1　设 S 是总曲率 K 为常数的紧致连通曲面，则 S 是球面.

从此立即得出球面的刚性.事实上，设 $\varphi:\Sigma\to S$ 是球面 Σ 到 S 上的等距对应,因为总曲率在等距对应下不变,所以 $\varphi(\Sigma)=S$ 的总曲率也为常数.而且由于球面是紧致连通的,因此它的连续像 S 也是紧致连通的,于是,由定理 1 可知 S 是球面.

我们先证明下面的两个引理,然后完成定理 1 的证明.这里先约定:对曲面 S 上的任一点 Q 处的两个主曲率 $k_1(Q)$ 和 $k_2(Q)$,总有 $k_1(Q)\geqslant k_2(Q)$.这样一来,k_1 和 k_2 是 S 上的连续函数,而且除了脐点($k_1=k_2$)外,函数 k_1 和 k_2 将是 S 上的可微分函数.

引理 1 设 S 是曲面,P 为 S 上满足下列条件的点:

(1) $K(P)>0$,即 P 点的总曲率为正;

(2) 在 P 点,函数 k_1 达到极大值,同时函数 k_2 达到极小值.

则 P 是 S 的脐点.

证明 用反证法.设 P 不是脐点,于是存在 P 点的一个坐标邻域(u,v),使坐标曲线是曲率线.这时,我们有 $F=M=0$;而且若必要的话,可以交换 u,v,使得成立

$$k_1=\frac{L}{E},\quad k_2=\frac{N}{G} \tag{3-21}$$

在这一邻域内,Codazzi 方程可以写为

$$L_v=\frac{E_v}{2}(k_1+k_2) \tag{3-22}$$

$$N_u=\frac{G_u}{2}(k_1+k_2) \tag{3-23}$$

现在将方程(3-21)的第一个关于 v 微分,并利用(3-22),可以得到

$$E\,(k_1)_v=\frac{E_v}{2}(-k_1+k_2) \tag{3-24}$$

再将方程(3-21)的第二个关于 u 微分,并利用(3-23),可以得到

$$G\,(k_2)_u=\frac{G_u}{2}(k_1-k_2) \tag{3-25}$$

另一方面,当 $F=0$ 时,关于 K 的 Gauss 公式化为(参看(2-73))

$$K=-\frac{1}{2\sqrt{EG}}\left[\left(\frac{E_v}{\sqrt{EG}}\right)_v+\left(\frac{G_u}{\sqrt{EG}}\right)_u\right]$$

因此

$$-2KEG=E_{vv}+G_{uu}+AE_v+BG_u \tag{3-26}$$

这里,$A=A(u,v)$,$B=B(u,v)$ 以及下面将引入的 $\overline{A}$,$\overline{B}$,$\tilde{A}$ 和 $\tilde{B}$ 都是(u,v)的函数,它们的具体表达式在证明中不起作用,因此不必写出.

从(3-24)及(3-25)中,我们可以求得 E_v,G_u 的表达式;将它们微分后代入方程(3-26),就有

$$-2KEG=-\frac{2E}{k_1-k_2}(k_1)_{vv}+\frac{2G}{k_1-k_2}(k_2)_{uu}+\bar{A}(k_1)_v+\bar{B}(k_2)_u$$

因此

$$-2(k_1-k_2)KEG=-2E(k_1)_{vv}+2G(k_2)_{uu}+\tilde{A}(k_1)_v+\tilde{B}(k_2)_u \tag{3-27}$$

由于在 P 点,$K>0$ 及 $k_1>k_2$,所以(3-27)的左边是负的.而根据已知条件,在 P 点 k_1 达到极大,k_2 达到极小;因此我们又有,在 P 点成立:

$$(k_1)_v=0,\quad (k_2)_u=0,\quad (k_1)_{vv}\leqslant 0,\quad (k_2)_{uu}\geqslant 0$$

这就说明(3-27)的右边为非负的,于是产生了矛盾.因此,P 点必是脐点.

引理2 设 $S\subset E^3$ 为紧致曲面,则至少有一点 $P\in S$,在 P 点总曲率为正.

证明 由于 S 是紧致的,因此 S 是有界的.于是,设 W 表示所有以原点为中心,在内部包含 S 的球面所成的集合,则 W 非空.设 r 是这些球面的半径的下确界,Σ 为以原点为中心,r 为半径的这个球面,于是 $\Sigma\cap S\neq\varnothing$,而且因为 $\Sigma\cap S$ 的所有点都是 S 的椭圆点,所以在这些点处 S 的总曲率为正.

现在证明定理1.因为 S 是紧致的,由引理2,至少在 S 上的一点总曲率 $K>0$.但 $K\equiv$常数,因此在整个 S 上 $K>0$.根据 S 的紧致性,连续函数 k_1 在 S 上的一点 P 达到极大值.从 $K=k_1k_2\equiv$常数>0,可知在 P 点,k_2 达到极小值.于是,由引理1,P 点是脐点,即 $k_1(P)=k_2(P)$.

现在设 Q 是 S 的任一点,我们有

$$k_1(P)\geqslant k_1(Q)\geqslant k_2(Q)\geqslant k_2(P)=k_1(P)$$

从而,$k_1(Q)=k_2(Q)$.

这就是说,S 的所有点都是脐点.由熟知的定理可知,S 必属于球面或平面的一部分.然而 $K>0$,而且因为 S 是连通的,所以 S 属于一个球面 Σ.但因为 S 是紧致的,所以 S 是 Σ 中的闭集;而 S 显然又是 Σ 的开集.由于 Σ 是连通的,于是 $S=\Sigma$,即 S 本身是整个球面.

如果分析一下定理1的证明,我们可以看到:$K=k_1k_2$ 为常数的假设起的主要作用在于保证 k_2 是 k_1 的递减函数.因此,运用类似的证明,可以得到下面的定理.

定理2 设 S 是总曲率 $K>0$,而且平均曲率 H 为常数的紧致连通曲

面,则 S 是球面.

定理 3 设 S 是总曲率 $K>0$ 的紧致连通曲面,若在 S 上 k_2 是 k_1 的递减函数 $f(k_1)$,则 S 是球面.

定理 1 属于整体微分几何的一个典型结果.也就是说,一些局部量(如曲率)的信息以及适当的整体假设(如连通性、紧致性),可以得出关于整个曲面的很强的结论(在这里就是断言 S 是球面).

习 题

1. 设 $S\subset E^3$ 是总曲率 $K>0$,且无脐点的曲面.证明:S 上使得平均曲率 H 达到极大而同时 K 达到极小的点是不存在的.

2. 引理 2 中紧致的条件能否去掉?试举例说明.

3. 证明本节中定理 2.

4. 证明本书中定理 3.

*§5 极小曲面

E^3 中极小曲面的研究是 Lagrange 早在 1760 年提出的,他列出了极小曲面的方程,并给出了极小曲面的一个平凡解:平面.1776 年 Meusnier 又找到了两个极小曲面:正螺面和悬链面.此后人们的兴趣完全集中到所谓 Plateau 问题:给定了空间中一条闭的可求长的 Jordan 曲线 C,能否找到一个以 C 为其边界的极小曲面?

直观上这是显然的,这是由于:当我们把一条用铅丝弯成的空间闭曲线浸入到肥皂溶液中,再将铅丝取出时,一定会有一个皂膜曲面附在其上,而以铅丝为其境界线.因为皂膜面上的表面张力是使皂膜曲面的表面积变为极小,所以这个膜面是极小曲面.但在数学上要严格证明这件事,却是不容易的.Plateau 问题直到 1931 年才由 Radó 及 Douglas 两人在广义解的范围内得到解决.直到最近,Osserman 才证明:所得到的解曲面确实是处处正则的.在本书所提到的知识范围内不可能给出 Plateau 问题的证明,因此我们不再继续讨论这个问题.

Plateau 问题是属于存在性一类的问题,而在极小曲面的研究中有许多属于唯一性方面的问题.Bernstein 定理就是最值得注意的一个结果.

定理(F.Bernstein) 设曲面 S 的方程为 $\boldsymbol{r}=(x,y,f(x,y))$，其中参数 (x,y) 在整个 (x,y) 平面上都有定义.如果 S 是极小曲面，那么它必为平面.

证明 由曲面 S 的方程 $\boldsymbol{r}=(x,y,f(x,y))$ 可算出 E、F、G 及 L、M 和 N，再由平均曲率 H 的表示式知道极小曲面的条件 $H=0$ 等价于

$$(1+q^2)r-2pqs+(1+p^2)t=0 \tag{3-28}$$

此处已记

$$\begin{cases} p=\dfrac{\partial f}{\partial x}, \quad q=\dfrac{\partial f}{\partial y} \\ r=\dfrac{\partial^2 f}{\partial x^2}, \quad s=\dfrac{\partial^2 f}{\partial x\partial y}, \quad t=\dfrac{\partial^2 f}{\partial y^2} \end{cases} \tag{3-29}$$

现在要想从(3-28)证明 p、q 是常数.因为这时 f 必为 x、y 的线性函数，从而曲面 S 是平面.下面我们分几步进行讨论.

(i) 首先，容易验证(3-28)等价于

$$\begin{cases} \dfrac{\partial}{\partial x}\left(\dfrac{-pq}{\sqrt{1+p^2+q^2}}\right)+\dfrac{\partial}{\partial y}\left(\dfrac{1+p^2}{\sqrt{1+p^2+q^2}}\right)=0 \\ \dfrac{\partial}{\partial x}\left(\dfrac{1+q^2}{\sqrt{1+p^2+q^2}}\right)+\dfrac{\partial}{\partial y}\left(\dfrac{-pq}{\sqrt{1+p^2+q^2}}\right)=0 \end{cases} \tag{3-30}$$

(ii) 由(3-30)式可知，必存在一个函数 $\varphi(x,y)$，使得

$$\varphi_{xx}=\frac{1+p^2}{\sqrt{1+p^2+q^2}}, \quad \varphi_{xy}=\frac{pq}{\sqrt{1+p^2+q^2}}, \quad \varphi_{yy}=\frac{1+q^2}{\sqrt{1+p^2+q^2}} \tag{3-31}$$

成立.这是因为，我们可考察下列偏微分方程组：

$$\frac{\partial\varphi}{\partial x}=\varphi_x, \quad \frac{\partial\varphi}{\partial y}=\varphi_y \tag{3-32a}$$

$$\frac{\partial\varphi_x}{\partial x}=\frac{1+p^2}{\sqrt{1+p^2+q^2}}, \quad \frac{\partial\varphi_x}{\partial y}=\frac{pq}{\sqrt{1+p^2+q^2}} \tag{3-32b}$$

$$\frac{\partial\varphi_y}{\partial x}=\frac{pq}{\sqrt{1+p^2+q^2}}, \quad \frac{\partial\varphi_y}{\partial y}=\frac{1+q^2}{\sqrt{1+p^2+q^2}} \tag{3-32c}$$

从(3-32b)中解出 φ_x 的可积条件正好是(3-30)，既然(3-30)已成立，所以可解出 φ_x.同样，从(3-32c)中也能解出 φ_y，再将所解出的 φ_x，φ_y 代入(3-32a)，因为从(3-32a)中能解出 φ 的可积条件是 $\dfrac{\partial\varphi_x}{\partial y}=\dfrac{\partial\varphi_y}{\partial x}$，而从(3-32b)，(3-32c)知道这个可积条件即(3-30)，因此也能解出 φ，而这个

φ 正好是满足公式(3-31)的函数.

(iii) 显然由(3-31)可得

$$\begin{cases}\varphi_{xx}\varphi_{yy}-\varphi_{xy}^2=1\\ \varphi_{xx}>0\end{cases}$$

利用下面的 Jorgens 定理(在下面我们将单独列出它的叙述及证明,因为就其本身来说,也是一个重要的结果),我们就能推出 φ_{xx}、φ_{xy}、φ_{yy} 都是常数.因此从(3-31)知道 p、q 也是常数.定理证毕.

下面我们来证明

定理(Jorgens) 如果全平面(x,y)上的函数 $\varphi(x,y)$满足

$$\begin{cases}\varphi_{xx}\varphi_{yy}-\varphi_{xy}^2=1\\ \varphi_{xx}>0\end{cases}\tag{3-33}$$

则 φ_{xx}、φ_{xy}、φ_{yy}必为常数,因而 φ 为 x,y 的二次多项式.

证明 为叙述简单起见,我们记

$$\begin{cases}p=\varphi_x,q=\varphi_y\\ r=\varphi_{xx},s=\varphi_{xy},t=\varphi_{yy}\end{cases}\tag{3-34}$$

原方程组可改写为

$$\begin{cases}rt-s^2=1\\ r>0\end{cases}\tag{3-35}$$

可见这时矩阵$\begin{pmatrix}r & s\\ s & t\end{pmatrix}$是正定的,因此这个矩阵的迹 $r+t>0$.

如令

$$\begin{cases}\xi=x+p(x,y)\\ \eta=y+q(x,y)\end{cases}\tag{3-36}$$

因为

$$\det\frac{\partial(\xi,\eta)}{\partial(x,y)}=\begin{vmatrix}1+r & s\\ s & 1+t\end{vmatrix}=(1+t)(1+r)-s^2$$
$$=1+r+t+rt-s^2=2+r+t>0$$

所以局部地说,可选用(ξ,η)作为平面上的新的参数.

如果我们能够进而证明变换式(3-36)建立了整个(x,y)平面与整个(ξ,η)平面之间的 1-1 对应,那么就可取(ξ,η)作为整个平面的坐标.我们将放在最后证明这一事实.

记$\zeta=\varepsilon+\mathrm{i}\eta$,于是$\zeta$ 取值于整个复平面.令

$$F(\zeta)=F(\xi,\eta)=(x-p)+\mathrm{i}(-y+q)\tag{3-37}$$

记 $u=x-p, v=-y+q$，再利用

$$\frac{\partial x}{\partial \xi}=\frac{1+t}{2+r+t}, \quad \frac{\partial y}{\partial \xi}=\frac{-s}{2+r+t}$$

$$\frac{\partial x}{\partial \eta}=\frac{-s}{2+r+t}, \quad \frac{\partial y}{\partial \eta}=\frac{1+r}{2+r+t}$$

便可验证

$$\frac{\partial u}{\partial \eta}=-\frac{\partial v}{\partial \xi}, \quad \frac{\partial u}{\partial \xi}=\frac{\partial v}{\partial \eta}$$

即 $F(\zeta)$ 满足 Cauchy-Riemann 方程，因而 $F(\zeta)$ 是 ζ 的解析函数，而且

$$F'(\zeta)=\frac{t-r}{2+r+t}+\mathrm{i}\frac{2s}{2+r+t} \tag{3-38}$$

所以

$$1-|F'(\zeta)|^2=\frac{4}{2+r+t}>0$$

即 $F'(\zeta)$ 是在整个复平面 ζ 上的有界解析函数.故由 Liouville 定理知道 $F'(\zeta)$ 是常数.

但由(3-38)得到

$$r=\frac{|1-F'|^2}{1-|F'|^2}, \quad s=\frac{\mathrm{i}(\overline{F}'-F')}{1-|F'|^2}, \quad t=\frac{|1+F'|^2}{1-|F'|^2}$$

因而看出 r、s、t 都是常数.

这样，我们只剩下去证明由(3-36)所确定的对应

$$(x,y)\to(\xi,\eta) \tag{3-39}$$

满足下面两个条件：

1. 对应(3-39)是 1-1 的；

2. 对应(3-39)是到上的.

我们先证明条件 1 的成立.它是说：如果在 (x,y) 平面中有两点 $P_0(x_0, y_0)$，$P_1(x_1,y_1)$，它们在 (ξ,η) 平面中相应的点设为 (ξ_0,η_0)，(ξ_1,η_1)，我们希望能从 $(x_0,y_0)\neq(x_1,y_1)$ 推出 $(\xi_0,\eta_0)\neq(\xi_1,\eta_1)$.现在证明如下.

在 (x,y) 平面中用直线段连接 P_0、P_1，则线段 P_0P_1 中的点可记为 $P_\tau(x_\tau,y_\tau)$，其中

$$\begin{cases} x_\tau=x_0+\tau(x_1-x_0), \\ y_\tau=y_0+\tau(y_1-y_0), \end{cases} \quad 0\leqslant\tau\leqslant1$$

再令

$$h(\tau)=\varphi(x_\tau,y_\tau)$$

便有

$$h'(\tau)=(x_1-x_0)p+(y_1-y_0)q \tag{3-40}$$

$$h''(\tau)=(x_1-x_0)^2r+2(x_1-x_0)(y_1-y_0)s+(y_1-y_0)^2t \tag{3-41}$$

(注意,这里的 p、q、r、s、t 是在 P_τ 处计值).可见 $h''(\tau)$ 是 x_1-x_0 及 y_1-y_0 的一个二次型,它的系数矩阵$\begin{pmatrix} r & s \\ s & t \end{pmatrix}$是正定的,所以 $h''(\tau)>0$,于是 $h'(\tau)$ 是关于 τ 的单调递增函数,于是

$$h'(0)<h'(1)$$

再考虑到(3-40)就得出

$$(x_1-x_0)(p_1-p_0)+(y_1-y_0)(q_1-q_0)>0 \tag{3-42}$$

(此处 p_0、q_0 分别为 p、q 在 P_0 点的值,p_1,q_1 分别为 p、q 在 P_1 点的值,下同),再由(3-36),(3-42)可知道

$$(\xi_1-\xi_0)^2+(\eta_1-\eta_0)^2>(x_1-x_0)^2+(y_1-y_0)^2 \tag{3-43}$$

所以当 $(x_0,y_0)\neq(x_1,y_1)$ 时必有 $(\xi_0,\eta_0)\neq(\xi_1,\eta_1)$,就是说,对应是 1-1 的.

其次,证明条件 2 的成立.它是说:(ξ,η) 平面上任何一点都是由 (x,y) 平面上某点经过(3-39)变换来的,也就是说,(3-39)是把整个 (x,y) 平面映到整个 (ξ,η) 平面的对应.为此,我们把整个 (x,y) 平面在映射(3-39)下的像集记为 K.可以证明:

(i) K 是开集.

设 $(\xi_0,\eta_0)\in K$,它是由 (x_0,y_0) 经(3-39)变换来的.由于这时 $\det\dfrac{\partial(\xi,\eta)}{\partial(x,y)}\neq 0$,所以在 (x_0,y_0) 的一个适当的小邻域与 (ξ_0,η_0) 的一个适当的小邻域之间是能通过映射(3-39)使之 1-1 对应的.因此 (ξ_0,η_0) 的这个小邻域中的点都属于 K,所以 K 为开集.

(ii) K 是闭集.

如果 (ξ,η) 平面中的一点 (ξ_0,η_0) 是 K 中的点列 (ξ_i,η_i) 的极限,我们将证 $(\xi_0,\eta_0)\in K$.事实上,设 (ξ_i,η_i) 是由 (x_i,y_i) 经(3-36)变换来的,而 (ξ_i,η_i) 为有界量,所以由(3-43)知道 (x_i,y_i) 必亦为有界量,所以我们可取到收敛子序列 (x_{n_i},y_{n_i}),使得

$$\lim_{i\to\infty}(x_{n_i},y_{n_i})=(x_0,y_0)$$

然而(3-36)是连续函数,所以有

$$\xi_0=\lim_{i\to\infty}\xi_{n_i}=\lim_{i\to\infty}[x_{n_i}+p(x_{n_i},y_{n_i})]=x_0+p(x_0,y_0)$$

$$\eta_0=\lim_{i\to\infty}\eta_{n_i}=\lim_{i\to\infty}[y_{n_i}+q(x_{n_i},y_{n_i})]=y_0+q(x_0,y_0)$$

这样,证明了$(\xi_0,\eta_0)\in K$.

如上所证,K同时为开、闭集.又因为K是非空集,而且整个(ξ,η)平面是一个连通集,所以K必为整个(ξ,η)平面.

这样,我们证明了对应(3-39)是(x,y)平面到(ξ,η)平面上的1-1的映射.但

$$\det\frac{\partial(\xi,\eta)}{\partial(x,y)}>0$$

所以隐函数存在定理就保证了映射(3-39)(也就是(3-36))及其逆映射是可微分的,于是我们能把(3-36)看成是整个(x,y)平面与整个(ξ,η)平面之间的坐标变换.至此,我们已证完了 Jorgens 定理.

我们再举下列定理:

定理(E.Heirz 及 E.Hopf) 设$z=z(x,y)$(其中$x^2+y^2<a^2$)为E^3中的一个极小曲面,则总曲率K在$x=y=0$处的数值K_0适合不等式

$$|K_0|\leqslant\frac{A}{a^2}$$

这里A是一个对任何极小曲面都适用的通用常数.

我们在这里不准备去证明这个定理,只指出它的意义:如果一片极小曲面是比较大的,那么它在中心处就比较平坦.

特别当$a\to\infty$时,$K_0\to0$,所以在全平面(x,y)上定义的极小曲面的总曲率必为0.再考虑到极小曲面的平均曲率为0,于是得出它必为平面,这也就是上述的 Bernstein 定理.

为了把 Bernstein 定理推广到高维空间中去,人们自然提出了下列问题:

设

$$z=f(x_1,x_2,\cdots,x_n)$$

为E^{n+1}中的一个极小超曲面,它对所有的$x_1,x_2,\cdots,x_n$都有定义,那么函数f是否必为线性函数?

1965 年 de Giorgi 证明:当$n=3$时是对的;1966 年 Almgren 证明:当$n=4$时是对的;1967 年 Simons 证明:当$n\leqslant7$时,命题是成立的.在 1969 年,Bombieri,de Giorgi 和 Giusti 证明:当$n\geqslant8$时,命题不成立.这是极小子流形研究中很有趣的一个结果.

习 题

试证:不存在紧致的极小曲面.

* §6 完备曲面 Hopf-Rinow 定理

我们从 §4 定理 1 的证明看到,紧致性的条件是十分重要的.为了得到曲面的整体性质,往往需要一些拓扑性质的整体假定,例如,紧致性的假定.然而,在许多定理中常常希望能减弱紧致性的条件,借以推出更具有一般性的结论.完备性就是这样一个比较合适的条件.本节中,我们将给出完备曲面的定义和 Hopf-Rinow 定理的证明.正是这个定理,它表明了完备性是整体微分几何研究中的一个基本假定.

定义 1 设 S 为曲面,P 为 S 上任一点.如果我们能将从 P 点出发的任意测地线 $\gamma:[0,\varepsilon)\to S,\gamma(0)=P$ 延拓为定义在整个直线 $\mathbf{R}$ 上的测地线 $\gamma:\mathbf{R}\to S$,即测地线可以无限延伸,则 S 称为**完备曲面**.

换言之,若对 S 上的任一点 P,指数映射 $\exp_P:T_P(S)\to S$ 对任一 $\boldsymbol{v}\in T_P(S)$ 都有定义,则 S 称为完备曲面.

根据定义,平面显然是完备曲面.而去掉顶点的锥面就不是完备曲面,因为把母线段(测地线)充分延长,将会达到顶点,而顶点不是曲面点.常见的球面、柱面、螺面等都是完备曲面.但是从一完备曲面去掉一点,得到的曲面就不是完备曲面.

我们将证明完备性弱于紧致性.为此,先引进 S 上两点间的(内蕴)距离的概念.

闭区间 $[a,b]\subset\mathbf{R}$ 到曲面 S 上的连续映射 $\alpha:[a,b]\to S$ 称为连接 $\alpha(a)$ 和 $\alpha(b)$ 的分片可微分曲线,如果存在 $[a,b]$ 的分割:$a=t_0<t_1<\cdots<t_k<t_{k+1}=b$,使得在每一 $[t_i,t_{i+1}]$ 中,$i=0,\cdots,k,\alpha$ 是可微分的.这时 α 的长度 $l(\alpha)$ 定义为

$$l(\alpha)=\sum_{i=0}^{k}\int_{t_i}^{t_{i+1}}|\alpha'(t)|\mathrm{d}t$$

定理 1 任意给定了连通曲面 S 的两点 P、Q,那么连接 P、Q 的分片可微分参数曲线总是存在.

证明 因为 S 是连通的,因而也是道路连通的(见附录 2 §3 定理

4).所以存在这样的连续曲线 $\alpha:[a,b]\to S$,使得 $\alpha(a)=P,\alpha(b)=Q$.设 $t\in[a,b]$,I_t 是属于 $[a,b]$ 中而包含 t 的一个开区间,使得 $\alpha(I_t)$ 落在 $\alpha(t)$ 的一坐标邻域内.于是,$\cup I_t,t\in[a,b]$,覆盖了 $[a,b]$.这样一来,利用 $[a,b]$ 的紧致性,我们得到 $[a,b]$ 的一个分割 $a=t_0<t_1<\cdots<t_k<t_{k+1}=b$,使得 $\alpha[t_i,t_{i+1}]$ 落在一坐标邻域内.

由于 $P=\alpha(t_0)$ 和 $\alpha(t_1)$ 落在同一坐标邻域内,因此可用一条可微分参数曲线连接它们.同理可知,对于 $\alpha(t_i)$ 和 $\alpha(t_{i+1})$,$i=0,\cdots,k$,也可用可微分参数曲线来连接.这样,我们就得到一条连接 P 和 Q 的分片可微分参数曲线.定理证毕.

现在,我们用 $\alpha_{P,Q}$ 表示连接 P、Q 的分片可微分参数曲线,它的长度记作 $l(\alpha_{P,Q})$.我们从定理 1 知道,所有的 $\alpha_{P,Q}$ 构成一个非空集合 $W(P,Q)$.因此,引进

定义 2　S 上任意两点 P、Q 的(内蕴)**距离** $d(P,Q)$ 是指一个数

$$d(P,Q)=\inf_{\alpha_{P,Q}\in W(P,Q)} l(\alpha_{P,Q})$$

定理 2　由定义 2 确定的距离 d 具有下列性质:

(1) $d(P,Q)=d(Q,P)$;

(2) $d(P,Q)+d(Q,M)\geqslant d(P,M)$;

(3) $d(P,Q)\geqslant 0$;

(4) $d(P,Q)=0$,当且仅当 $P=Q$.

这里,P、Q、M 是 S 上的任意点.

证明　性质(1)、(2)、(3)可直接从定义来证明.下面,我们只证明性质 4.

设 $P=Q$,那么取常值曲线 $\alpha:[a,b]\to S,\alpha(t)\equiv P,t\in[a,b]$,于是 $l(\alpha)=0$,因此 $d(P,Q)=0$.

反过来,假定 $d(P,Q)=0$.我们用反证法推出 $P=Q$.设 $d(P,Q)=\inf l(\alpha_{P,Q})=0$,而 $P\neq Q$.于是,存在 P 在 S 中的一个邻域 V,使 $Q\,\bar{\in}\,V$,而且 V 的任一点都可用唯一的测地线与 P 连接.设 $S_r(P)\subset V$ 是以 P 为中心,r 为半径的测地圆.根据下确界的定义,给定 $\varepsilon>0,0<\varepsilon<r$,必存在一条连接 P 和 Q 的分片可微分参数曲线 $\alpha:[a,b]\to S$,且 $l(\alpha)<\varepsilon$.但是因为 $\alpha([a,b])$ 是连通的,$Q\,\bar{\in}\,V$,所以存在点 $t_0\in[a,b]$,使得 $\alpha(t_0)$ 属于 $S_r(P)$ 的边界.于是 $l(\alpha)\geqslant r>\varepsilon$,而产生了矛盾.因此,$P=Q$.定理证毕.

推论　$|d(P,M)-d(M,Q)|\leqslant d(P,Q)$.

设 f 是曲面 S_1 到 S_2 的一个同胚.如果用局部坐标表示的 f 和 f^{-1} 都是

可微分函数,则称 f 为**微分同胚**.

从第二章中可知,对曲面 S 上任一点 P,总是存在 $T_P(S)$ 中这样一个充分小邻域 $B_\delta(O)$,这里 $B_\delta(O)$ 表示在切空间 $T_P(S)$ 中以原点 O 为中心,δ 为半径的开圆,使得指数映射 $\exp_P: B_\delta(O) \to \exp_P(B_\delta(O)) \subset S$ 是双方可微分的 1-1 映射.由逆函数定理可知,它关于 E^3 在 S 中的诱导拓扑也是一个同胚,故它是局部微分同胚.

定理 2 阐明了 S 关于距离 d 构成一个度量空间.用指数映射可以证明,它在 S 上确定的拓扑与 E^3 的诱导拓扑是一致的.

定理 3 设点 $P_0 \in S$,用下式确定的函数 $f: S \to \mathbf{R}$

$$f(P) = d(P_0, P), \quad P \in S$$

是 S 上的连续函数.

证明 对点 $P \in S$,设 $\varepsilon > 0$ 为任意给定的正数.取 $0 < \delta < \varepsilon$ 使得指数映射 $\exp_P: T_P(S) \to S$ 在 $B_\delta(O) \subset T_P(S)$ 上是微分同胚,这里 O 是 $T_P(S)$ 的原点.令 $\exp_P(B_\delta(O)) = V$,显然 V 是 S 中的开集,于是,若 $Q \in V$,则

$$|d(P_0, P) - d(P_0, Q)| \leqslant d(P, Q) < \delta < \varepsilon$$

定理证毕.

现在我们可以分析完备性与紧致性之间的关系.

定理 4 如果 $S \subset E^3$ 是闭曲面,则 S 是完备曲面.

证明 设 $\gamma: [0, \varepsilon) \to S$ 是 S 的测地线,$\gamma(0) = P \in S$.在不失一般性之下,我们可以认为 γ 是以弧长 s 为参数的.需要证明的是,可以延拓 γ 使成为定义在整个直线 $\mathbf{R}$ 上的测地线 $\bar{\gamma}: \mathbf{R} \to S$.

首先注意,若 $\bar{\gamma}(s_0)$, $s_0 \in \mathbf{R}$,已确定,则根据测地线的存在性和唯一性定理,我们可以延拓 $\bar{\gamma}$ 到 s_0 在 $\mathbf{R}$ 中的一个邻域里.也就是说,如果 $\bar{\gamma}$ 已在 $[0, s_0]$ 上定义好,则必可延拓到 $[0, s_0 + \delta]$ 上有定义.现在设 γ 只能延拓为定义在 $[0, L)$ 上的测地线 $\bar{\gamma}$,我们证明 $L = +\infty$:反之,设 $L \neq +\infty$,取序列 $\{s_n\} \to L$, $s_n < L$, $n = 1, 2, \cdots$,我们首先证明 $\{\bar{\gamma}(s_n)\}$ 在 S 中收敛.事实上,给定 $\varepsilon > 0$,必存在 n_0,使得对于 $n, m > n_0$, $|s_n - s_m| < \varepsilon$.用 $\bar{d}$ 表 E^3 中的距离,并注意到当 $P, Q \in S$ 时,$\bar{d}(P, Q) \leqslant d(P, Q)$,我们便有

$$\bar{d}(\bar{\gamma}(s_n), \bar{\gamma}(s_m)) \leqslant d(\bar{\gamma}(s_n), \bar{\gamma}(s_m)) \leqslant |s_n - s_m| < \varepsilon$$

这里第二个不等号的成立是从 d 的定义以及参数是弧长看出的.因此 $\{\bar{\gamma}(s_n)\}$ 是 E^3 中的 Cauchy 序列,它必收敛于一点 $Q \in E^3$,但 S 是闭曲面,所以 $Q \in S$,即 $\{\bar{\gamma}(s_n)\}$ 在 S 中收敛于 Q 点.容易证明,Q 与序列 $\{s_n\}$ 的选取

无关.因此,我们定义 $\bar{\gamma}(L)=Q$,由测地线方程的连续性可知,$\bar{\gamma}$ 为在$[0,L]$上定义的测地线,从而又可以延拓到$[0,L+\delta]$上,与 L 为延拓的上限矛盾.所以,$L=+\infty$,即 γ 可延拓到$[0,+\infty)$上.因此,S 是完备的.定理证毕.

推论　紧致曲面是完备曲面.

必须指出,定理 4 的逆定理并不成立.例如,一条渐近于圆的平面曲线生成的直柱面(图 16),显然是完备的,但不是闭曲面.因此定理 4 及其推论告诉我们,紧致性比闭强,而闭又强于完备性.

我们称连接 P、$Q\in S$ 的测地线 γ 为**极小测地线**,如果它的长度 $l(\gamma)=d(P,Q)$.应该注意到,极小测地线不一定存在.例如:设 $S^2-\{P\}$ 为去掉球面 S^2 上的一点 P 而得到的曲面.于是,处在过 P 点的同一大圆上的充分接近 P 点而分居 P 的两侧的两点 P_1、P_2 之间就没有极小测地线.但是,下面的 Hopf-Rinow 定理指出,完备曲面不会出现这一情况.

Hopf-Rinow 定理　设 S 是完备曲面,则对于 S 上任意两点 P、$Q\in S$,总是存在连接 P 和 Q 的极小测地线.

证明　设 $r=d(P,Q)$ 为 P,Q 之间的距离.设 $B_\delta(O)\in T_P(S)$ 是以切平面$T_P(S)$的原点 O 为中心、δ 为半径的圆域,使得它属于 O 的这样一个邻域 U 内,在 U 内$\exp_P$ 为微分同胚.设 $S_\delta(P)=\exp_P(B_\delta(O))$. $S_\delta(P)$的边界 $\mathrm{Bd}S_\delta(P)=\Sigma$ 是紧致的,因为它是紧致集 $\mathrm{Bd}B_\delta(O)\subset T_P(S)$的连续像.

对 $x\in\Sigma$,连续函数 $d(x,Q)$ 在紧致集 Σ 的某点 x_0 达到极小值.点 x_0 可写为

$$x_0=\exp_P(\delta\boldsymbol{v}),\quad |\boldsymbol{v}|=1,\quad \boldsymbol{v}\in T_P(S)$$

设 γ 是以弧长为参数,而由下式给出的测地线(见图 17):

$$\gamma(s)=\exp_P(s\boldsymbol{v})$$

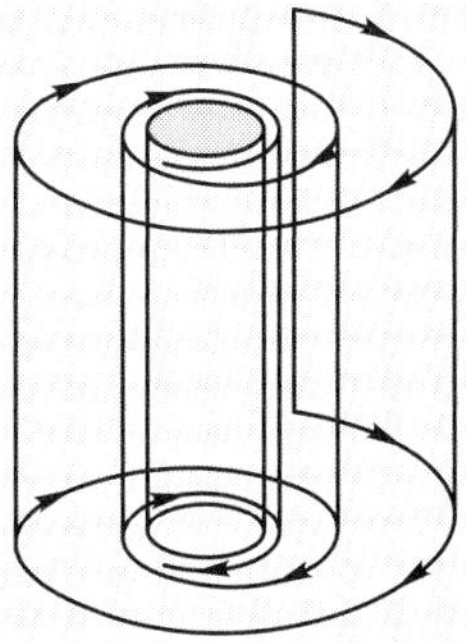

图 16

图 17

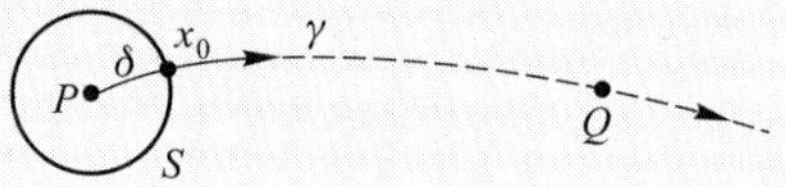

由于 S 是完备的,γ 对 $s\in\mathbf{R}$ 有意义,特别是 γ 在区间 $[0,r]$ 上有定义.如果我们能证明 $\gamma(r)=Q$,那么 γ 就是连接 P、Q 的极小测地线,这样就可完成定理的证明.

为此,我们只需证明:若 $s\in[\delta,r]$,则

$$d(\gamma(s),Q)=r-s \tag{3-44}$$

因为对于 $s=r$,(3-44)式表示 $\gamma(r)=Q$.

我们首先证明(3-44)式对于 $s=\delta$ 成立.这样一来,由定理3 可知,集合 $A=\{s\in[\delta,r]$:使得(3-44)成立$\}$ 在 $[\delta,r]$ 中是非空闭集,而且注意到:若(3-44)对 $s=s_0$ 成立,即 $d(\gamma(s_0),Q)=r-s_0$,则当 $s<s_0$ 时,我们有

$$\begin{aligned} d(\gamma(s),Q) &\leqslant d(\gamma(s),\gamma(s_0))+d(\gamma(s_0),Q)\\ &\leqslant s_0-s+r-s_0=r-s \end{aligned}$$

另一方面

$$d(\gamma(s),Q)\geqslant d(P,Q)-d(P,\gamma(s))\geqslant r-s$$

因此,$d(\gamma(s),Q)=r-s$,即(3-44)对 $s<s_0$ 也成立.因此,我们仅须证明:若 $s_0\in A, s_0<r$,则存在充分小的 $\delta>0$,使(3-44)对 $s_0+\delta$ 成立.因为,这样一来,A 又是开集,从而 $A=[\delta,r]$,因而(3-44)也就成立.

下面证明(3-44)对 $s=\delta$ 成立.事实上,由于任一连接 P、Q 的曲线必与 Σ 相交,我们把 Σ 上任意一点记作 x,则有

$$\begin{aligned} d(P,Q) &= \inf_{\alpha} l(\alpha_{P,Q})=\inf_{x\in\Sigma}\{\inf_{\alpha} l(\alpha_{P,x})+\inf_{\alpha} l(\alpha_{x,Q})\}\\ &=\inf_{x\in\Sigma}\{d(P,x)+d(x,Q)\}=\inf_{x\in\Sigma}\{\delta+d(x,Q)\}\\ &=\delta+d(x_0,Q) \end{aligned}$$

因此

$$d(\gamma(\delta),Q)=r-\delta$$

即(3-44)对 $s=\delta$ 成立.

设 $B_{\delta'}(O)$ 是 $T_{\gamma(s_0)}(S)$ 中以切平面的原点 O 为中心、δ' 为半径的圆,而且 $B_{\delta'}(O)$ 属于一个邻域 U',在 U' 中 $\exp_{\gamma(s_0)}$ 是微分同胚.设

$$S_{\delta'}(\gamma(s_0))=\exp_{\gamma(s_0)}(B_{\delta'}(O)),\quad \Sigma'=\mathrm{Bd}(S_{\delta'}(\gamma(s_0))).$$

又设对 $x'\in\Sigma'$,连续函数 $d(x',Q)$ 在 $x_0'\in\Sigma'$ 上达到极小值(见图 18).

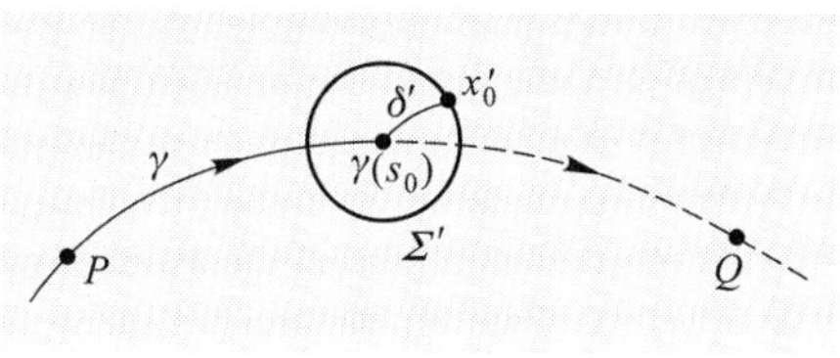

图 18

于是

$$d(\gamma(s_0),Q)=\inf_{x'\in\Sigma'}\{d(\gamma(s_0),x')+d(x',Q)\}$$
$$=\delta'+d(x_0',Q)$$

因为(3-44)对 s_0 成立,我们有 $d(\gamma(s_0),Q)=r-s_0$,从而

$$d(x_0',Q)=r-s_0-\delta' \tag{3-45}$$

又因为

$$d(P,x_0')\geqslant d(P,Q)-d(Q,x_0')$$

从(3-45)可得

$$d(P,x_0')\geqslant r-(r-s_0)+\delta'=s_0+\delta'$$

设 γ' 是从 $\gamma(s_0)$ 到 x_0' 的测地线,它的长度是 δ',因为从 P 到 $\gamma(s_0)$ 之间那段 γ 和 γ' 所组成的曲线的总长度正好等于 $s_0+\delta'$,所以,由 $d(P,x_0')\geqslant s_0+\delta'$ 可知这条连接 P 和 x_0' 的曲线的长度正好是 $d(P,x_0')$,从而它是测地线,在其上各点都是正则的①,所以它与 γ 重合,$x_0'=\gamma(s_0+\delta')$.于是(3-45)可以写为

$$d(\gamma(s_0+\delta'),Q)=r-(s_0+\delta')$$

就是说(3-45)对 $s=s_0+\delta'$ 也成立.定理证毕.

推论 1 设 S 是完备曲面,则对任意点 $P\in S$,映射

$$\exp_P:T_P(S)\to S$$

是到 S 上的.

推论 2 设 S 是完备曲面,且关于距离 d 是有界的,就是存在 $r>0$,使得对任意两点 P、$Q\in S$,成立 $d(P,Q)<r$.那么,S 是紧致的.

证明 取定一点 $P\in S$.因为 S 是有界的,故存在这样一个以 $T_P(S)$ 的原点 O 为中心、r 为半径的闭球 $B\subset T_P(S)$,使得 $\exp_P(B)=\exp_P(T_P(S))$.又从推论 1,得出 $S=\exp_P(T_P(S))=\exp_P(B)$,但是 B 是紧致的,而且 $\exp_P$ 是连续映射,所以 S 也是紧致的.

---

① 事实上,成立这样的定理:设 P、Q 为 S 上任意两点,$\alpha_{P,Q}$ 为连接 P,Q 的分片可微分曲线,若 $l(\alpha_{P,Q})=d(P,Q)$,则 $\alpha_{P,Q}$ 必为测地线,且处处正则.因限于本书篇幅,这里不加证明.可参看 Manfredo P.do Carmo,*Differential Geometry of Curves and Surfaces*, §4-7 命题 2.

习题

1. 设 $S\subset E^3$ 是完备曲面，$F\subset S$ 是 S 的非空闭子集且其余集 $S-F$ 为连通集.试证：$S-F$ 是非完备曲面.

2. 证明：按曲面 S 的（内蕴）距离的收敛性与按 E^3 中的距离的收敛性是等价的.

3. 如果测地线 $\gamma:[0,\infty)\to S$，对任何 $s\in[0,\infty)$，γ 都实现 $\gamma(0)$ 到 $\gamma(s)$ 的（内蕴）距离，则称 γ 为从 $\gamma(0)$ 出发的**射线**.设 P 为非紧致的完备曲面 S 上的任意一点，证明：S 上存在从 P 出发的一条射线.

4. 证明：去掉顶点的锥面 $S=\{(x,y,\sqrt{x^2+y^2})\mid x^2+y^2\neq0\}$ 上任意两点之间可用 S 上的极小测地线连接.

5. 设 $S_1\subset E^3$ 是连通的完备曲面，$S_2\subset E^3$ 是连通曲面，S_2 中任意两点都能用唯一的测地线连接. $\varphi:S_1\to S_2$ 是局部等距映射.试证：φ 是整体等距映射.

6. 设 S 是 E^3 中一个曲面. S 上的一点列 $\{P_n\}$ 称为关于（内蕴）距离 d 是一个 Cauchy 序列，如果对任意给定的 $\varepsilon>0$，存在自然数 n_0，使得当 $n,m\geqslant n_0$ 时，成立 $d(P_n,P_m)<\varepsilon$.试证：S 为完备曲面的充分必要条件是 S 上的每一个 Cauchy 序列都收敛于 S 中的一个点.

*§7　微分流形　黎曼流形

微分流形是一类重要的拓扑空间，它除了具有通常的拓扑结构外，还添上了微分结构，因而我们就可以应用微积分学，也就能建立一些微分几何性质.本书前面所讨论的三维欧氏空间 E^3 中的曲面 S^2 就是一类二维的微分流形.但是微分流形 M 的概念远比它广泛得多，非但 M 的维数不限于二维，而且 M 也不必作为欧氏空间 E^n 中的曲面，此外一般微分流形上也不一定有距离的概念.若在微分流形 M 上引进了距离的概念，那么我们就得到黎曼流形，它是一类最重要的微分流形，E^3 中二维整体曲面 S 的内在性质（即由第一基本形式所决定的性质）可作为 n 维黎曼流形的一个模型.

目前微分流形的研究发展很快，微分流形的概念已渗透到数学的许多领域，并且它在理论物理的研究中，例如规范场和引力场中，都得到重要的应用，受到数学与物理学工作者的充分重视.我们在本节只简单介绍微分流形及黎曼流形的概念及初步知识.

微分流形

设 M 是一个满足第二可列基公理的 Hausdorff 空间，它有一个开覆盖

$M=\bigcup_{\alpha\in J}\Sigma_\alpha$,其中$\Sigma_\alpha$ 为开集(J 是指标集),且成立(如图 19)

(1) 对每个 $\alpha\in J$,存在同胚映射

$$h_\alpha:\Sigma_\alpha\to E^n \text{ 中的一个开集 } U_\alpha$$

(2) 如$\Sigma_\alpha\cap\Sigma_\beta\neq\varnothing$,则

$$\psi_{\beta\alpha}=h_\beta\circ h_\alpha^{-1}:h_\alpha(\Sigma_\alpha\cap\Sigma_\beta)\to h_\beta(\Sigma_\alpha\cap\Sigma_\beta)$$

为 C^k 阶可微分函数,

于是称 M 为 n 维 $C^k(k\geqslant1)$**阶微分流形**.我们称 Σ_α 为**坐标邻域**,h_α 为**坐标映射**,(Σ_α,h_α)为**坐标图**(某些书上也将 U_α 和(U_α,h_α)分别称为坐标邻域和坐标图),$\psi_{\beta\alpha}$为**坐标变换**.

若 M 上函数 f 对每个坐标图(Σ_α,h_α),$f(h_\alpha^{-1}(U_\alpha))$是 $\mathbf{R}^n$ 上的 C^k 阶可微分函数,则称 f 是 M 上的 C^k **阶可微分函数**.今后如不特别指出,总认为流形和函数都是充分光滑的.

注 设坐标变换 $\psi_{\beta\alpha}$为

$$\psi_{\beta\alpha}:(x^1,\cdots,x^n)\to(y^1,\cdots,y^n)$$

则 $\psi_{\beta\alpha}$的 Jacobi 式

$$\det\frac{\partial(y^1,\cdots,y^n)}{\partial(x^1,\cdots,x^n)}\neq0$$

证明 因为 $\psi_{\alpha\beta}\circ\psi_{\beta\alpha}=(h_\alpha\circ h_\beta^{-1})\cdot(h_\beta\circ h_\alpha^{-1})$是 $h_\alpha(\Sigma_\alpha\cap\Sigma_\beta)$到其自身上的恒等映射,由

$$(x^1,\cdots,x^n)\xrightarrow{\psi_{\beta\alpha}}(y^1,\cdots,y^n)\xrightarrow{\psi_{\alpha\beta}}(x^1,\cdots,x^n)$$

推出

$$\frac{\partial(x^1,\cdots,x^n)}{\partial(y^1,\cdots,y^n)}\cdot\frac{\partial(y^1,\cdots,y^n)}{\partial(x^1,\cdots,x^n)}=\boldsymbol{I}\quad(\boldsymbol{I}\text{ 表示单位矩阵})$$

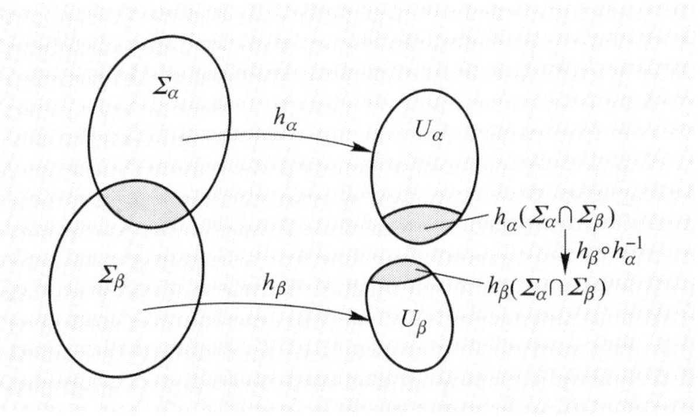

图 19

所以

$$\det\frac{\partial(y^1,\cdots,y^n)}{\partial(x^1,\cdots,x^n)}\neq 0$$

如果微分流形 M 中各个坐标邻域之间的坐标变换的 Jacobi 式都大于 0,则称这个微分流形是**可定向的**.

微分流形的例子

1. 在 §1 定义 2 中我们说明了 E^3 中的曲面满足微分流形的所有条件. 因此它是二维的微分流形.

2. E^n 是一个 n 维的微分流形,这是因为 E^n 本身就是 E^n 的一个开覆盖,而坐标映射 h_α 可取为 E^n 上的恒等映射.

3. n 维实射影空间 P^n

设 V 是一个实 $n+1$ 维向量空间.从 V 中去掉零向量后得到 $V'=V-\{\mathbf{0}\}$.在 V'中定义如下的等价关系"~":

$$\boldsymbol{x}\sim\boldsymbol{y}\Leftrightarrow\boldsymbol{y}=c\boldsymbol{x}\quad(\text{对某个常数 } c\neq 0)$$

我们用 P^n 表示所有等价类的集合,并称 P^n 为 n **维实射影空间**.令 $\pi(\boldsymbol{x})$ 表示 $\boldsymbol{x}\in V'$所属的等价类,所以有映射 $\pi:V'\to P^n$.并且成立:如果 $\boldsymbol{x},\boldsymbol{y}\in V'$,则

$$\boldsymbol{x}\sim\boldsymbol{y}\Leftrightarrow\pi(\boldsymbol{x})=\pi(\boldsymbol{y})$$

例 $n=1$ 时,$V=E^2$,$V'=E^2-\{\mathbf{0}\}$,则

$$\boldsymbol{x}\sim\boldsymbol{y}\Leftrightarrow\boldsymbol{x},\boldsymbol{y}\text{ 在过原点的同一条直线上}$$

所以 P^1(**实射影直线**)是 E^2 中过(0,0)点的所有直线的集合,因此 P^1 中的点可用上半圆表示,但图 20 中 A,B 两个对径点应看成是同一点.

$n=2$ 时,$V=E^3$,$V'=E^3-\{\mathbf{0}\}$,则

$$\boldsymbol{x}\sim\boldsymbol{y}\Leftrightarrow\boldsymbol{x},\boldsymbol{y}\text{ 在过原点的同一条直线上}$$

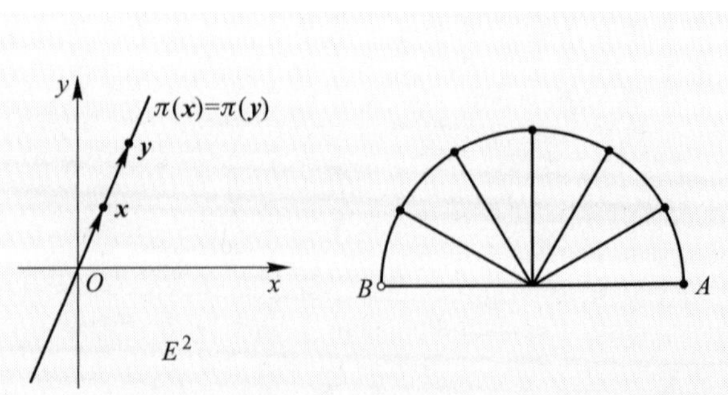

图 20

于是 P^2(**实射影平面**)为 E^3 中过(0,0,0)点的所有直线的集合,因此 P^2 中的点可用北半球上的点表示,但赤道上的对径点应看成是同一点(图 21).

为了说明 P^n 是一个微分流形,就必须给 P^n 一个拓扑结构.为此就必须先定义 P^n 中的开集.

我们用下列方式定义 P^n 中的开集:若 P^n 中的子集 A 在映射 π 下的原像 $\pi^{-1}(A)$ 是 V' 中的开集①,则称 A 是 P^n 中的开集.

这就在 P^n 中引进了拓扑,并且易见:如 U 是 V' 中的开集,则 $\pi(U)$ 必为 P^n 中的开集.这是因为 $\pi^{-1}(\pi(U))$ 在 V' 中必为开集的缘故.

P^n 是满足第二可列基公理的 Hausdorff 空间.在这里我们仅给出 P^n 是 Hausdorff 空间的证明.

给定 $p,q\in P^n$,$p\neq q$.设 $\pi(\boldsymbol{x})=p$,$\pi(\boldsymbol{y})=q$,则 $\boldsymbol{x}\neq\boldsymbol{y}$.因为 V' 是 Hausdorff 空间,所以存在 V' 中充分小的开集 U_x 和 U_y,使得 $\boldsymbol{x}\in U_x$、$\boldsymbol{y}\in U_y$,$U_x\cap U_y=\varnothing$,而且 $\pi(U_x)\cap\pi(U_y)=\varnothing$.但 $\pi(U_x)$,$\pi(U_y)$ 是 P^n 中分别包含 p,q 的开集,所以 P^n 为 Hausdorff 空间.

取 V 的一组基 $\{\boldsymbol{e}_0,\boldsymbol{e}_1,\cdots,\boldsymbol{e}_n\}$,则 V 中每个元 $\boldsymbol{\alpha}$ 可写成 $\boldsymbol{\alpha}=\sum\limits_{i=0}^{n}x^i\boldsymbol{e}_i$,于是对 $p\in P^n$,如 $p=\pi(\boldsymbol{\alpha})$,则与 $\boldsymbol{\alpha}$ 相应的非零数组 $(x^0,x^1,\cdots,x^n)$ 可作为 p 的坐标.这种坐标并不是唯一的.这是因为由 $p=\pi(\boldsymbol{\alpha})=\pi(\boldsymbol{\beta})$ 可推出 $\boldsymbol{\beta}=c\boldsymbol{\alpha}(c\neq0)$,因此点 $p\in P^n$ 的坐标还可相差一个非零的倍数.我们把这种坐标称为 p 点的**齐次坐标**.

在 P^n 中令

$$\Sigma_i=\{p\in P^n\mid p \text{ 的第 } i \text{ 个齐次坐标非 } 0\}$$

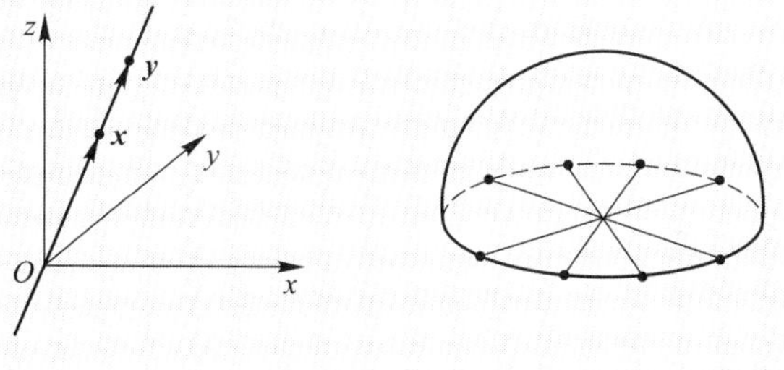

图 21

① 见附录 2,5.7 小节.

所以有 $\Sigma_i=\pi(U_i)$，这里

$$U_i = \left\{\boldsymbol{\alpha} \in V' \,\middle|\, \boldsymbol{\alpha} = \sum_{j=0}^{n} x^j \boldsymbol{e}_j, x^i \neq 0\right\}$$

因为 U_i 是 V' 中的开集，所以 $\Sigma_i=\pi(U_i)$ 在 P^n 中为开集.这样我们就得到了 P^n 的一个开覆盖 $P^n=\bigcup_{i=0}^{n}\Sigma_i$.

如果 $p\in\Sigma_0$ 的齐次坐标为 $(x^0,x^1,\cdots,x^n)$，其中 $x^0\neq 0$，于是

$$h_0:\ p\to\left(\frac{x^1}{x^0},\cdots,\frac{x^n}{x^0}\right)\in E^n$$

可作为坐标映射.记

$$u^1=\frac{x^1}{x^0},\quad \cdots,\quad u^n=\frac{x^n}{x^0}$$

同样，如果 $p\in\Sigma_1$ 的齐次坐标为 $(x^0,x^1,\cdots,x^n)$，其中 $x^1\neq 0$，于是

$$h_1:\ p\to\left(\frac{x^0}{x^1},\frac{x^2}{x^1},\cdots,\frac{x^n}{x^1}\right)\in E^n$$

可作为坐标映射.记

$$v^1=\frac{x^0}{x^1},\quad v^2=\frac{x^2}{x^1},\quad \cdots,\quad v^n=\frac{x^n}{x^1}$$

若 $\Sigma_0\cap\Sigma_1\neq\varnothing$ 时，则坐标变换 $h_1\circ h_0^{-1}$ 为

$$v^1=\frac{1}{u^1},\quad v^2=\frac{u^2}{u^1},\quad \cdots,\quad v^n=\frac{u^n}{u^1}$$

它是 C^k 阶可微分函数.同样对任何 Σ_i,Σ_j 也有类似的结论，因此 P^n 是一个 n 维的微分流形.

4. 超曲面

给定 E^n 上的一个 C^∞ 阶函数 $f(x)$，令集合

$$M=\{x\in E^n\mid f(x)=0\}$$

如果 M 不是空集，且对任何 $x_0\in M$，$\left(\dfrac{\partial f}{\partial x^i}\right)_{x_0}$ $(i=1,\cdots,n)$ 不全为 0，则 M 是一个 $n-1$ 维 C^∞ 阶微分流形.证明的方法与前几节中讨论 E^3 中 $f(x)=0$ 的点集构成一个曲面时相类似，这里就不再写出.

由此可知 E^n 中的单位球面

$$S^{n-1}=\{(x^1,\cdots,x^n)\mid (x^1)^2+\cdots+(x^n)^2-1=0\}$$

是一个 $n-1$ 维的微分流形.

5. n 维微分流形 M 的开子集 N 在诱导拓扑下为一个 n 维微分流形.事实上，如果 $M=\bigcup_{\alpha}\Sigma_\alpha$ 是 M 的开覆盖，坐标映射为

$$h_\alpha:\ \Sigma_\alpha \to U_\alpha$$

则取 N 的开覆盖

$$N = \bigcup_\alpha (\Sigma_\alpha \cap N)$$

及坐标映射

$$h'_\alpha:\ \Sigma_\alpha \cap N \to E^n \text{ 中的开集 } h_\alpha(\Sigma_\alpha \cap N)$$

后就可看出它满足微分流形定义中的各项条件,于是 N 确为一个 n 维微分流形.

例如,实 $n\times n$ 矩阵的全体,令

$$GL(n,\mathbf{R}) = \{\boldsymbol{a} \in \text{实 } n\times n \text{ 矩阵} \mid \det \boldsymbol{a} \neq 0\}$$

因为 $n\times n$ 矩阵全体即为 E^{n^2},所以 $GL(n,\mathbf{R})$ 是 n^2 维微分流形中的子集.又因为$GL(n,\mathbf{R})$是 E^{n^2} 中的开集,因而 $GL(n,\mathbf{R})$ 是一个 n^2 维的 C^∞ 阶微分流形.

曲线

所谓微分流形 M 中的 C^k 阶曲线 C [①]是指 C^k 阶可微分映射

$$C:[a,b]\to M$$

它将 $t\in[a,b]$映到 M 中的点 $C(t)$,t 是曲线 C 的参数.

设 P_0 是曲线 C 上的一点,其参数为 t_0,在 P_0 的坐标邻域(Σ,h)中,$C(t)$的坐标为$(x^1(t),\cdots,x^n(t))$,如果$(\overline{\Sigma},\overline{h})$是 P_0 的另一个坐标邻域,坐标变换 $\overline{h}\circ h^{-1}$ 为 $\overline{x}^i=\overline{x}^i(x)$,则 $C(t)$ 在$(\overline{\Sigma},\overline{h})$中的坐标为$(\overline{x}^1(t),\cdots,\overline{x}^n(t))$,其中 $\overline{x}^i(t)=\overline{x}^i(x(t))$.

过 P_0 点的切向量

设 $C(t)$是 M 中过 P_0 的曲线,对 M 上任何可微分函数 f, $f(C(t))$是定义在曲线 C 上的一个单变量函数,因此可诱导出一个映射:

$$X:\ f \to \frac{\mathrm{d}}{\mathrm{d}t}(f(C(t)))\bigg|_{t=t_0}$$

我们称 X 为 M 中曲线 C 在点 P_0 处的切向量.

在 P_0 的坐标邻域(Σ,h)中,$\dfrac{\mathrm{d}}{\mathrm{d}t}(f(x(t)))=\dfrac{\partial f}{\partial x^i}\cdot\dfrac{\mathrm{d}x^i}{\mathrm{d}t}$,于是映射 X 为

$$X:\ f\to \frac{\mathrm{d}x^i}{\mathrm{d}t}\bigg|_{t_0}\cdot\frac{\partial f}{\partial x^i}\bigg|_{t_0}$$

可见 X 相当于一个微分算子$\dfrac{\mathrm{d}x^i}{\mathrm{d}t}\bigg|_{t_0}\cdot\dfrac{\partial}{\partial x^i}$.常记为 $X=\dfrac{\mathrm{d}x^i}{\mathrm{d}t}\bigg|_{t_0}\dfrac{\partial}{\partial x^i}$.所以对不同

① 如不特别指明曲线的阶数,则总认为曲线是相当光滑的曲线或分段光滑曲线.

的曲线$C(t)$,只要$\left.\dfrac{\mathrm{d}x^i}{\mathrm{d}t}\right|_{t_0}$相同,它们在$P_0$点的切向量是相同的.

如同第二章中证明曲面上过P_0点的所有切向量构成二维线性空间一样,可以证明流形M在P_0处的所有切向量构成一个n维的线性空间,我们称它为**M在P_0处的切空间**,且记为$T_P(M)$.它的基$\left\{\dfrac{\partial}{\partial x^i}\right\}$称为在坐标系$(\Sigma,h)$下,$T_P(M)$中的**自然标架**.为简单起见,以后也记$I_i=\dfrac{\partial}{\partial x^i}$.

一般地说,$T_P(M)$中的向量X可写成$X=a^i\dfrac{\partial}{\partial x^i}$,其中$a^i$称为**$X$关于坐标系$(x)$的分量**.如果作对应

$$\frac{\partial}{\partial x^i}\longleftrightarrow(0,\cdots,0,\overset{\text{第}i\text{位}}{1},0,\cdots,0)$$

则$X=a^i\dfrac{\partial}{\partial x^i}$可用数组$(a^1,\cdots,a^n)$表出.

在P_0点的另一个坐标邻域$(\overline{\Sigma},\overline{h})$中,$X=a^i\dfrac{\partial}{\partial x^i}$又可表为$X=\overline{a}^j\dfrac{\partial}{\partial\overline{x}^j}$,其中$\overline{a}^j$为$X$在坐标系$(\overline{x})$中的分量,于是由

$$a^i\frac{\partial}{\partial x^i}=a^i\frac{\partial\overline{x}^j}{\partial x^i}\frac{\partial}{\partial\overline{x}^j}$$

得出

$$\overline{a}^j=a^i\frac{\partial\overline{x}^j}{\partial x^i}$$

这就是同一个切向量在两个不同坐标系下分量之间的变换关系.

到现在为止,在微分流形上还没有距离的概念.下面我们将要介绍黎曼流形,它是一种具有距离的微分流形,为此目的,我们首先要在切空间中定义两向量的内积.

对$T_P(M)$中任何两个向量X、$Y\in T_P(M)$,给定数$g_P(X,Y)$与之对应,并且有如下性质:

(1) 双线性:$g_P(X,Y)$关于X,Y是双线性的;

(2) 对称性:$g_P(X,Y)=g_P(Y,X)$;

(3) 正定性:$g_P(X,X)\geqslant0$,等号仅当$X=0$时成立,

则称$g_P(X,Y)$为向量X、Y的**内积**.

在(x)坐标系下,设$\left\{\dfrac{\partial}{\partial x^i}\right\}$为$T_P(M)$的自然标架,令

$$g_{ij}(x)=g_P\left(\frac{\partial}{\partial x^i},\frac{\partial}{\partial x^j}\right)$$

如 $X=a^i\dfrac{\partial}{\partial x^i}$，$Y=b^j\dfrac{\partial}{\partial x^j}$，则

$$g_P(X,Y)=g\left(a^i\frac{\partial}{\partial x^i},b^j\frac{\partial}{\partial x^j}\right)=g_{ij}a^ib^j$$

同样，在 $(\bar{x})$ 坐标系下，如 $X=\bar{a}^i\dfrac{\partial}{\partial \bar{x}^i}$，$Y=\bar{b}^j\dfrac{\partial}{\partial \bar{x}^j}$，令

$$\bar{g}_{ij}(\bar{x})=g_P\left(\frac{\partial}{\partial \bar{x}^i},\frac{\partial}{\partial \bar{x}^j}\right)$$

则有 $g_P(X,Y)=\bar{g}_{ij}\bar{a}^i\bar{b}^j$，其中

$$\begin{aligned}\bar{g}_{ij}&=g_P\left(\frac{\partial}{\partial \bar{x}^i},\frac{\partial}{\partial \bar{x}^j}\right)=g_P\left(\frac{\partial x^k}{\partial \bar{x}^i}\frac{\partial}{\partial x^k},\frac{\partial x^l}{\partial \bar{x}^j}\frac{\partial}{\partial x^l}\right)\\&=g_{kl}\frac{\partial x^k}{\partial \bar{x}^i}\frac{\partial x^l}{\partial \bar{x}^j}\end{aligned}$$

我们定义 $X\in T_P(M)$ 的长度为 $\|X\|_P=\sqrt{g_P(X,X)}=\sqrt{g_{ij}a^ia^j}=\sqrt{\bar{g}_{ij}\bar{a}^i\bar{a}^j}$，其中 a^i、$\bar{a}^i$ 分别是 X 在 (x) 坐标系、$(\bar{x})$ 坐标系下的分量.

黎曼流形

如在微分流形 M 的每个切空间 $T_P(M)$ 中都给定了内积，并且对任何切向量场 X 和 Y，$g_P(X_P,Y_P)$ 关于 P 是 C^k 阶可微时，则称 M 为 C^k 黎曼流形，这里 X_P，Y_P 分别是切向量场 X，Y 在 P 点的切向量值.

设 $C(t)$，$a\leqslant t\leqslant b$ 是黎曼流形 M^n 中的一条曲线，在 C 上每点的切向量为 $X=\dfrac{\mathrm{d}x^i}{\mathrm{d}t}\dfrac{\partial}{\partial x^i}$，由 $\|X\|=\sqrt{g_{ij}\dfrac{\mathrm{d}x^i}{\mathrm{d}t}\dfrac{\mathrm{d}x^j}{\mathrm{d}t}}$，我们定义曲线 C 的**弧长** $L(C)$ 为

$$L(C)=\int_a^b\|X\|\mathrm{d}t=\int_a^b\sqrt{g_{ij}\frac{\mathrm{d}x^i}{\mathrm{d}t}\frac{\mathrm{d}x^j}{\mathrm{d}t}}\mathrm{d}t=\int_a^b\sqrt{\bar{g}_{ij}\frac{\mathrm{d}\bar{x}^i}{\mathrm{d}t}\frac{\mathrm{d}\bar{x}^j}{\mathrm{d}t}}\mathrm{d}t$$

可见 $L(C)$ 与坐标系选取无关.

距离

设 P、Q 是黎曼流形 M 中任何两点，我们定义这两点间的**距离** $d(P,Q)$ 为 M 中连接 P、Q 的所有分段可微分曲线的长度的下确界，即

$$d(P,Q)=\inf_{\text{连接}P,Q\text{的分段可微分曲线}C}(L(C))$$

如在 §6 中证明曲面是度量空间时那样，可以证明黎曼流形在上述距离下是一个度量空间，它所导出的度量拓扑与流形原有的拓扑是等价的.

我们常把黎曼流形中两个无限邻近点(x^i)，$(x^i+\mathrm{d}x^i)$之间距离 $\mathrm{d}s$ 的平方记为

$$\mathrm{d}s^2=g_{ij}(x)\mathrm{d}x^i\mathrm{d}x^j$$

联络

为了能比较在不同点 $P,P'\in M$ 处的切向量，我们引进平行移动的概念.为此，我们要求 $T_P(M)$ 和 $T_{P'}(M)$ 中的切向量之间建立一一对应，使在此对应下线性关系及内积均保持不变.取坐标邻域 U 中的两个无限邻近点 $P(x)$，$P'(x+\mathrm{d}x)$，在$T_P(M)$，$T_{P'}(M)$中分别取自然标架 $I_i(P)$，$I_i(P')$.设在平行移动下 $I_i(P')$相应于$T_P(M)$中的向量 I_i+DI_i，令

$$DI_i=\Gamma_{ij}^k\mathrm{d}x^jI_k$$

其中 Γ_{ij}^k称为在坐标系(x)下的**联络系数**.与第二章一样，由保持内积性质，再加上无挠率条件 $\Gamma_{ik}^l=\Gamma_{ki}^l$就得出

$$\Gamma_{ij}^k=\frac{1}{2}g^{km}\left(\frac{\partial g_{mj}}{\partial x^i}+\frac{\partial g_{im}}{\partial x^j}-\frac{\partial g_{ij}}{\partial x^m}\right)$$

沿曲线 $C(t)$ 上向量场 $\boldsymbol{v}(t)=v^i(t)\frac{\partial}{\partial x^i}$是平行移动的充要条件为

$$\frac{\mathrm{d}v^i}{\mathrm{d}t}+\Gamma_{jk}^iv^j\frac{\mathrm{d}x^k}{\mathrm{d}t}=0$$

测地线

设 M 中曲线 $C:x^i=x^i(t)$.如果曲线 C 在其各点处的切向量 $v^i=\frac{\mathrm{d}x^i}{\mathrm{d}t}$是平行移动时，则称 C 为**自平行曲线**，当 t 为弧长参数时，称 C 为**测地线**.于是测地线在(x)坐标系下的微分方程为

$$\frac{\mathrm{d}^2x^i}{\mathrm{d}s^2}+\Gamma_{jk}^i\frac{\mathrm{d}x^j}{\mathrm{d}s}\frac{\mathrm{d}x^k}{\mathrm{d}s}=0$$

类似于在第二章中对测地线的讨论，我们对黎曼流形的测地线也可得出下列局部性质的结果：对 M 中一点 P 及这点的一个切方向 X，可唯一决定出一条测地线，它过 P 点，且以 X 为切向.也可类似地定义黎曼流形中的指数映射 $\exp_P$ 及法坐标系.在法坐标系下，$g_{ij}|_P=\delta_{ij}$.这一切都与第二章相仿，所以就不再详细写出.至于整体性质的研究就十分复杂，在这里我们只介绍下列的结果.

完备性

对任何点 $P\in M$ 及任何 $X\in T_P(M)$，如果过 P 点的以 X 为切向的测地线中的弧长参数 s 可无限延伸，即$-\infty<s<+\infty$，则称黎曼流形 M 是完备的.

至此,上节所证的曲面的 Hopf-Rinow 定理(包括其证明)可以几乎照搬到 n 维黎曼流形的情形.我们有

定理(Hopf-Rinow) 设 M 为完备黎曼流形,则对 M 中任何两点 P、Q,总存在一条过 P、Q 的测地线,使得它的长度正好为 P、Q 两点间的距离 $d(P,Q)$.

习题

1. 试从定义出发证明 E^n 中的单位球面 S^{n-1}是一个 $n-1$ 维的微分流形.

2. 设$f(x)$为 E^n 上的一个 C^∞ 阶函数,设 $M=\{x\in E^n:f(x)=0\}$ 非空集,且对任何 $x_0\in M$,$\left(\dfrac{\partial f}{\partial x^i}\right)_{x_0}$ $(i=1,\cdots,n)$不全为零.试证:M 是一个 $n-1$ 维 C^∞ 阶微分流形.

3. 设 $SL(n)$表示行列式为 1 的 n 阶方阵的集合,试证:$SL(n)$是一个 n^2-1 维的 C^∞ 阶微分流形.

4. 试证:当 n 为奇数时,P^n 是可定向的.

附录 1　向量函数及其运算

§1　向量代数

在三维欧氏空间 E^3 中①,利用一个右手系的直角坐标系 $\{O;\boldsymbol{i},\boldsymbol{j},\boldsymbol{k}\}$,我们就可以把 E^3 中的点 $M(x,y,z)$ 和它的**位置向量** $\boldsymbol{r}=\overrightarrow{OM}=x\boldsymbol{i}+y\boldsymbol{j}+z\boldsymbol{k}$ 等同起来.x,y,z 称为向量 $\boldsymbol{r}$ 的分量.向量 $\boldsymbol{r}$ 可以写成

$$\boldsymbol{r}=x\boldsymbol{i}+y\boldsymbol{j}+z\boldsymbol{k}=(x,y,z)$$

在解析几何中,读者已经熟悉了有关向量的各种代数运算.本节中,作为复习,我们将列出其中最主要的一些事实而并不重新加以证明.

设 $\boldsymbol{r}=(x,y,z)$,则它的**长**是

$$|\boldsymbol{r}|=\sqrt{x^2+y^2+z^2}$$

若 $|\boldsymbol{r}|\neq 0$,则 $\dfrac{\boldsymbol{r}}{|\boldsymbol{r}|}$ 是和 $\boldsymbol{r}$ 方向相同的**单位向量**.

若 λ 为实数,$\boldsymbol{r}=(x,y,z)$,则 λ 与 $\boldsymbol{r}$ 之**积**是

$$\lambda\boldsymbol{r}=(\lambda x,\lambda y,\lambda z)$$

若 $\boldsymbol{r}_i=(x_i,y_i,z_i)$,$i=1,2$,为两个向量,则它们的**和**是

$$\boldsymbol{r}_1+\boldsymbol{r}_2=(x_1+x_2,y_1+y_2,z_1+z_2)$$

而它们的**数量积**(或称**内积**)是

$$\boldsymbol{r}_1\cdot\boldsymbol{r}_2=x_1x_2+y_1y_2+z_1z_2$$

若记 $\boldsymbol{r}_1$ 与 $\boldsymbol{r}_2$ 之间的角为 θ,$0\leqslant\theta\leqslant\pi$,则

$$\cos\theta=\frac{\boldsymbol{r}_1\cdot\boldsymbol{r}_2}{|\boldsymbol{r}_1|\cdot|\boldsymbol{r}_2|}$$

因此,$\boldsymbol{r}_1\perp\boldsymbol{r}_2$ 的充要条件是它们的数量积 $\boldsymbol{r}_1\cdot\boldsymbol{r}_2=0$.

$\boldsymbol{r}_1$ 与 $\boldsymbol{r}_2$ 的**向量积**(或称**外积**)是

$$\boldsymbol{r}_1\times\boldsymbol{r}_2=\left(\begin{vmatrix} y_1 & z_1\\ y_2 & z_2\end{vmatrix},\begin{vmatrix} z_1 & x_1\\ z_2 & x_2\end{vmatrix},\begin{vmatrix} x_1 & y_1\\ x_2 & y_2\end{vmatrix}\right)$$

它是与 $\boldsymbol{r}_1,\boldsymbol{r}_2$ 同时垂直的一个向量,而且 $\boldsymbol{r}_1,\boldsymbol{r}_2,\boldsymbol{r}_1\times\boldsymbol{r}_2$ 成右手系.因此,$\boldsymbol{r}_1/\!/\boldsymbol{r}_2$ 的充要条件为 $\boldsymbol{r}_1\times\boldsymbol{r}_2=\boldsymbol{0}$,这里 $\boldsymbol{0}$ 表示零向量 $\boldsymbol{0}=(0,0,0)$.

上面的这些运算之间还满足下面的规律.若 λ,μ 表示实数,$\boldsymbol{r}_1,\boldsymbol{r}_2,\boldsymbol{r}_3$ 表示向量,则成立:

1) 结合律:

$$\lambda(\mu\boldsymbol{r})=(\lambda\mu)\boldsymbol{r}$$

$$(\boldsymbol{r}_1+\boldsymbol{r}_2)+\boldsymbol{r}_3=\boldsymbol{r}_1+(\boldsymbol{r}_2+\boldsymbol{r}_3)$$

$$(\lambda\boldsymbol{r}_1)\cdot\boldsymbol{r}_2=\lambda(\boldsymbol{r}_1\cdot\boldsymbol{r}_2)$$

$$(\lambda\boldsymbol{r}_1)\times\boldsymbol{r}_2=\lambda(\boldsymbol{r}_1\times\boldsymbol{r}_2)$$

2) 交换律:

$$\boldsymbol{r}_1+\boldsymbol{r}_2=\boldsymbol{r}_2+\boldsymbol{r}_1$$

$$\boldsymbol{r}_1\cdot\boldsymbol{r}_2=\boldsymbol{r}_2\cdot\boldsymbol{r}_1$$

① 本附录中所有结果(除外积运算外)都可以被自然地推广到 n 维的场合.

3) **分配律:**

$$(\lambda+\mu)\boldsymbol{r}=\lambda\boldsymbol{r}+\mu\boldsymbol{r}$$

$$\lambda(\boldsymbol{r}_1+\boldsymbol{r}_2)=\lambda\boldsymbol{r}_1+\lambda\boldsymbol{r}_2$$

$$\boldsymbol{r}_1\cdot(\boldsymbol{r}_2+\boldsymbol{r}_3)=\boldsymbol{r}_1\cdot\boldsymbol{r}_2+\boldsymbol{r}_1\cdot\boldsymbol{r}_3$$

$$\boldsymbol{r}_1\times(\boldsymbol{r}_2+\boldsymbol{r}_3)=\boldsymbol{r}_1\times\boldsymbol{r}_2+\boldsymbol{r}_1\times\boldsymbol{r}_3$$

此外,向量积还满足

$$\boldsymbol{r}_1\times\boldsymbol{r}_2=-\boldsymbol{r}_2\times\boldsymbol{r}_1$$

三个向量 $\boldsymbol{r}_1,\boldsymbol{r}_2,\boldsymbol{r}_3$ 的**混合积**是

$$(\boldsymbol{r}_1,\boldsymbol{r}_2,\boldsymbol{r}_3)=(\boldsymbol{r}_1\times\boldsymbol{r}_2)\cdot\boldsymbol{r}_3=\begin{vmatrix}x_1 & y_1 & z_1\\ x_2 & y_2 & z_2\\ x_3 & y_3 & z_3\end{vmatrix}$$

它的绝对值表示以 $\boldsymbol{r}_1,\boldsymbol{r}_2,\boldsymbol{r}_3$ 为棱的平行六面体的体积.因此,$\boldsymbol{r}_1,\boldsymbol{r}_2,\boldsymbol{r}_3$ **共面**(即平行于同一个平面)的充要条件是

$$(\boldsymbol{r}_1,\boldsymbol{r}_2,\boldsymbol{r}_3)=0$$

它们成右手系的充要条件是

$$(\boldsymbol{r}_1,\boldsymbol{r}_2,\boldsymbol{r}_3)>0$$

关于向量的数量积和向量积,还成立着下面的 Lagrange 恒等式:

$$(\boldsymbol{r}_1\times\boldsymbol{r}_2)\cdot(\boldsymbol{r}_3\times\boldsymbol{r}_4)$$
$$=(\boldsymbol{r}_1\cdot\boldsymbol{r}_3)(\boldsymbol{r}_2\cdot\boldsymbol{r}_4)-(\boldsymbol{r}_1\cdot\boldsymbol{r}_4)(\boldsymbol{r}_2\cdot\boldsymbol{r}_3)$$

这个恒等式可以通过把各个向量都用分量表示后直接加以验证.

关于三个向量的**双重向量积**,成立

$$(\boldsymbol{r}_1\times\boldsymbol{r}_2)\times\boldsymbol{r}_3=(\boldsymbol{r}_1\cdot\boldsymbol{r}_3)\boldsymbol{r}_2-(\boldsymbol{r}_2\cdot\boldsymbol{r}_3)\boldsymbol{r}_1$$

§2 向量函数 极限

若对应于 $a\leqslant t\leqslant b$ 中的每一个 t 值,有一个确定的向量 $\boldsymbol{r}$,则 $\boldsymbol{r}$ 称为 t 的一个**向量函数**,记为 $\boldsymbol{r}(t)$.显然向量函数 $\boldsymbol{r}(t)$ 的三个分量都是 t 的函数,即

$$\boldsymbol{r}(t)=(x(t),y(t),z(t)),\quad a\leqslant t\leqslant b$$

若 $x(t),y(t),z(t)$ 关于 t 有直到 k 阶的连续导数,我们就称向量函数 $\boldsymbol{r}(t)$ 为 C^k **阶向量函数**.特别当 $x(t),y(t),z(t)$ 是 t 的连续函数时,称 $\boldsymbol{r}(t)$ 是**连续向量函数**.

设

$$\boldsymbol{r}(t)=(x(t),y(t),z(t)),$$
$$\boldsymbol{r}_0=(x_0,y_0,z_0)$$

如果成立

$$\lim_{t\to t_0}x(t)=x_0,\quad \lim_{t\to t_0}y(t)=y_0,\quad \lim_{t\to t_0}z(t)=z_0$$

则称当 t 趋于 t_0 时,$\boldsymbol{r}(t)$ 趋于极限 $\boldsymbol{r}_0$,记为

$$\lim_{t\to t_0}\boldsymbol{r}(t)=\boldsymbol{r}_0$$

不难证明上式等价于

$$\lim_{t\to t_0}|\boldsymbol{r}(t)-\boldsymbol{r}_0|=0$$

容易证明极限运算具有如下的性质:

$$\lim_{t\to t_0}\lambda(t)\boldsymbol{r}(t)=\lim_{t\to t_0}\lambda(t)\lim_{t\to t_0}\boldsymbol{r}(t)$$

$$\lim_{t\to t_0}[\boldsymbol{r}_1(t)+\boldsymbol{r}_2(t)]=\lim_{t\to t_0}\boldsymbol{r}_1(t)+\lim_{t\to t_0}\boldsymbol{r}_2(t)$$

$$\lim_{t\to t_0}[\boldsymbol{r}_1(t)\cdot\boldsymbol{r}_2(t)]=\lim_{t\to t_0}\boldsymbol{r}_1(t)\cdot\lim_{t\to t_0}\boldsymbol{r}_2(t)$$

$$\lim_{t\to t_0}[\boldsymbol{r}_1(t)\times\boldsymbol{r}_2(t)]=\lim_{t\to t_0}\boldsymbol{r}_1(t)\times\lim_{t\to t_0}\boldsymbol{r}_2(t)$$

§3 向量函数的微分

设向量函数 $\boldsymbol{r}(t)=(x(t),y(t),z(t))$，$a\leqslant t\leqslant b$，若极限

$$\lim_{\Delta t\to 0}\frac{\boldsymbol{r}(t_0+\Delta t)-\boldsymbol{r}(t_0)}{\Delta t},\quad t_0\in[a,b]$$

存在，则称 $\boldsymbol{r}(t)$ **在** t_0 **是可微分的**，这个极限称为 $\boldsymbol{r}(t)$ 在 t_0 的**导向量**，记为 $\left(\frac{\mathrm{d}\boldsymbol{r}}{\mathrm{d}t}\right)_{t_0}$ 或 $\boldsymbol{r}'(t_0)$：

$$\left(\frac{\mathrm{d}\boldsymbol{r}}{\mathrm{d}t}\right)_{t_0}=\boldsymbol{r}'(t_0)=\lim_{t\to t_0}\frac{\boldsymbol{r}(t_0+\Delta t)-\boldsymbol{r}(t_0)}{\Delta t}$$

从极限的定义出发，容易证明下式成立：

$$\left(\frac{\mathrm{d}\boldsymbol{r}}{\mathrm{d}t}\right)_{t_0}=\boldsymbol{r}'(t_0)=(x'(t_0),y'(t_0),z'(t_0))$$

若 $\boldsymbol{r}(t)$ 对 $[a,b]$ 中每一个 t 值都是可微分的，则它称为**在** $[a,b]$ **上是可微分的**.

不难验证以下的微分公式：

$$(\lambda\boldsymbol{r})'=\lambda'\boldsymbol{r}+\lambda\boldsymbol{r}'$$

$$(\boldsymbol{r}_1+\boldsymbol{r}_2)'=\boldsymbol{r}_1'+\boldsymbol{r}_2'$$

$$(\boldsymbol{r}_1\cdot\boldsymbol{r}_2)'=\boldsymbol{r}_1'\cdot\boldsymbol{r}_2+\boldsymbol{r}_1\cdot\boldsymbol{r}_2'$$

$$(\boldsymbol{r}_1\times\boldsymbol{r}_2)'=\boldsymbol{r}_1'\times\boldsymbol{r}_2+\boldsymbol{r}_1\times\boldsymbol{r}_2'$$

$$(\boldsymbol{r}_1,\boldsymbol{r}_2,\boldsymbol{r}_3)'=(\boldsymbol{r}_1',\boldsymbol{r}_2,\boldsymbol{r}_3)+(\boldsymbol{r}_1,\boldsymbol{r}_2',\boldsymbol{r}_3)+(\boldsymbol{r}_1,\boldsymbol{r}_2,\boldsymbol{r}_3')$$

向量函数 $\boldsymbol{r}(t)=(x(t),y(t),z(t))$ **微分**的定义和普通函数一样：

$$\mathrm{d}\boldsymbol{r}=\boldsymbol{r}'(t)\mathrm{d}t=(\mathrm{d}x(t),\mathrm{d}y(t),\mathrm{d}z(t))$$

对于复合函数 $\boldsymbol{r}=\boldsymbol{r}(t)$，$t=\varphi(u)$，则可以验证：

$$\frac{\mathrm{d}\boldsymbol{r}}{\mathrm{d}u}=\frac{\mathrm{d}\boldsymbol{r}}{\mathrm{d}t}\frac{\mathrm{d}t}{\mathrm{d}u}=\boldsymbol{r}'(t)\varphi'(u)$$

若向量函数是两个或更多变量的函数（即它的分量是两个或更多变量的函数）时，类似于普通数量函数的偏导数，可以得到**偏导向量**的概念.例如，设 $\boldsymbol{r}(u,v)=(x(u,v),y(u,v),z(u,v))$，则有

$$\boldsymbol{r}_u=\frac{\partial\boldsymbol{r}}{\partial u}=(x_u,y_u,z_u),\quad \boldsymbol{r}_v=\frac{\partial\boldsymbol{r}}{\partial v}=(x_v,y_v,z_v)$$

这里

$$x_u=\frac{\partial x}{\partial u},\quad y_u=\frac{\partial y}{\partial u},\quad z_u=\frac{\partial z}{\partial u}$$

$$x_v=\frac{\partial x}{\partial v},\quad y_v=\frac{\partial y}{\partial v},\quad z_v=\frac{\partial z}{\partial v}$$

对于复合向量函数 $\boldsymbol{r}(u,v)=(x(u,v),y(u,v),z(u,v))$，$u=u(\bar{u},\bar{v})$，$v=v(\bar{u},\bar{v})$，则成立链式法则：

$$\boldsymbol{r}_{\bar{u}}=\boldsymbol{r}_u\frac{\partial u}{\partial\bar{u}}+\boldsymbol{r}_v\frac{\partial v}{\partial\bar{u}},\quad \boldsymbol{r}_{\bar{v}}=\boldsymbol{r}_u\frac{\partial u}{\partial\bar{v}}+\boldsymbol{r}_v\frac{\partial v}{\partial\bar{v}}$$

§4 向量函数的积分

设向量函数 $\boldsymbol{r}(t)=(x(t),y(t),z(t))$，则$\boldsymbol{r}(t)$的**不定积分是**

$$\int \boldsymbol{r}(t)\mathrm{d}t=\left(\int x(t)\mathrm{d}t,\int y(t)\mathrm{d}t,\int z(t)\mathrm{d}t\right)$$

由此不难验证下列公式：

$$\int \lambda\boldsymbol{r}(t)\mathrm{d}t=\lambda\int \boldsymbol{r}(t)\mathrm{d}t$$

$$\int [\boldsymbol{r}_1(t)+\boldsymbol{r}_2(t)]\mathrm{d}t=\int \boldsymbol{r}_1(t)\mathrm{d}t+\int \boldsymbol{r}_2(t)\mathrm{d}t$$

$$\int \boldsymbol{v}\cdot\boldsymbol{r}(t)\mathrm{d}t=\boldsymbol{v}\cdot\int \boldsymbol{r}(t)\mathrm{d}t$$

$$\int \boldsymbol{v}\times\boldsymbol{r}(t)\mathrm{d}t=\boldsymbol{v}\times\int \boldsymbol{r}(t)\mathrm{d}t$$

其中 λ 表示常数，$\boldsymbol{v}$ 表示常向量.

同样可以定义向量函数 $\boldsymbol{r}(t)=(x(t),y(t),z(t))$的**定积分**：

$$\int_a^b \boldsymbol{r}(t)\mathrm{d}t=\left(\int_a^b x(t)\mathrm{d}t,\int_a^b y(t)\mathrm{d}t,\int_a^b z(t)\mathrm{d}t\right)$$

于是关于数量函数的定积分的许多性质都可以立即推广到向量函数.特殊地，若 $\boldsymbol{f}'(t)=\boldsymbol{r}(t)$，则

$$\int_a^b \boldsymbol{r}(t)\mathrm{d}t=\boldsymbol{f}(b)-\boldsymbol{f}(a)$$

附录 2　欧氏空间的点集拓扑

在前面各章中，特别是第三章中，我们应用了欧氏空间的一些初等拓扑性质. 为了减少读者阅读中的困难并使本教材有较强的独立性，特编写本附录以叙述 n 维欧氏空间的点集拓扑中一些基本与必需的内容.

§1　n 维欧氏空间　开集　闭集

n 维欧氏空间 E^n 是一个点集，其中任一个点 x 可表示为 $x=(x_1,\cdots,x_n)$，这里 $x_1,\cdots,x_n$ 是 n 个实数，称为点 x 的坐标. 又这个点集中任意两点 $p=(a_1,\cdots,a_n)$ 和 $q=(b_1,\cdots,b_n)$ 之间的距离 $d(p,q)$ 为

$$d(p,q)=\sqrt{\sum_{i=1}^{n}(a_i-b_i)^2}$$

直线 E^1 上点的全体可用实数全体来表示，其中两点 x,y 的距离 $d(x,y)=|x-y|$.

读者可以证明这样所确定的距离函数 $d(p,q)$ 具有下列性质：

(1) $d(p,q)\geqslant 0$，当且仅当 $p=q$ 时等号成立；

(2) $d(p,q)=d(q,p)$；

(3) $d(p,q)\leqslant d(p,r)+d(r,q)$.

定义 1　设 p 为 E^n 中任一点，ε 是任一正数. E^n 中满足不等式

$$d(p,x)<\varepsilon$$

的点 x 的集合，称为 E^n 中的以 p 点为中心、ε 为半径的**开球**，记为 $B_\varepsilon(p)$.

定理 1　E^n 中的点与它们的开球具有下列性质：

(1) 每一点 p 都包含在一个开球中；

(2) 如果点 p 属于两个开球 $B_{\varepsilon_i}(x_i)$ 的交集，$i=1,2$，则存在点 p 的一开球 $B_\varepsilon(p)\subset B_{\varepsilon_1}(x_1)\cap B_{\varepsilon_2}(x_2)$.

证明　性质 (1) 是明显的. 要证性质 (2)，只要取 $\varepsilon\leqslant\varepsilon_i-d(p,x_i)$，$i=1,2$. 事实上，设 q 是 $B_\varepsilon(p)$ 的任一点，则

$$d(p,q)<\varepsilon\leqslant\varepsilon_i-d(p,x_i)$$

即有 $d(x_i,q)<\varepsilon_i$；因而 $q\in B_{\varepsilon_i}(x_i)$.

定义 2　设 A 是 E^n 的一个子集. 如果 A 的每一点都有一个开球 $\subset A$，则 A 称为 E^n 的**开集**.

空集也规定为开集.

例 1　E^n 中的任一开球 $B_\varepsilon(p)$ 都是 E^n 中的开集.

例 2　如果把集合 $A=\{x\mid 0<x<1\}$ 看作是直线 E^1 的子集，则 A 是 E^1 的开集. 如果把 A 看作是平面 E^2 的子集，则 A 不是 E^2 中的开集.

如果集 A 的一点 p 有一个开球 $\subset A$，则点

p 称为 E^n 中集 A 的一个内点.A 在 E^n 中的内点的全体称为在 E^n 中集 A 的内部,记作 int A.容易看出,int A 是开集.

定理 2 E^n 的开集具有下列三个性质:

(1) E^n 与空集$\varnothing$是开集;

(2) 有限多个开集的交集是开集;

(3) 任意多个开集的和集[①]是开集.

证明 性质(1)与(3)是明显的.现在证明性质(2).

如果有限多个开集 $A_i(i=1,\cdots,m)$ 的交集是空集,则由(1),它是开集.如果 $\bigcap_{i=1}^{m} A_i$ 非空集,设点 p 是它的任一点,由定义 1 可知,存在开球 $B_{\varepsilon_i}(p)$,$i=1,\cdots,m$,使 $B_{\varepsilon_i}(p)\subset A_i$.取$\varepsilon\leqslant\min(\varepsilon_1,\varepsilon_2,\cdots,\varepsilon_m)$,则开球 $B_\varepsilon(p)\subset \bigcap_{i=1}^{m} A_i$,所以 $\bigcap_{i=1}^{m} A_i$ 是开集.

定义 3 设$\{p_i\}$,$i=1,\cdots,m,\cdots$为 E^n 中一序列,又点 $p_0\in E^n$,如果对任一给定的 $\varepsilon>0$,存在指标 i_0,使得当 $i>i_0$ 时,成立 $p_i\in B_\varepsilon(p_0)$,则称 p_0 为$\{p_i\}$的极限,记为$\{p_i\}\to p_0$,或称序列$\{p_i\}$收敛于 p_0.

① 和集现采用并集,后文同.编辑注.

定义 4 如果以点 $p\in E^n$ 为中心的每一开球都包含集 $A\subset E^n$ 中一个不同于 p 的点,点 p 称为集 A 的一个**聚点**.

从聚点的定义中容易看出,一个点 p 为集 A 的聚点的充要条件是:p 的任一开球中包含 A 的无限多个点.另一充要条件是,点 p 是由 A 中不同点组成的序列的极限.

定义 5 如果集 $F\subset E^n$ 的任一聚点都属于 F,则称 F 为 E^n 的**闭集**.集 A 与它的聚点的和集称为 A 的**闭包**,记为 $\overline{A}$.

显然,一个集的闭包是闭集.集 A 为闭集的充要条件是 $A=\overline{A}$. 因而,空集$\varnothing$既是开集又是闭集.

定理 3 $F\subset E^n$ 是闭集,当且仅当它的补集 E^n-F 是开集.

证明 设 F 是闭集.若 $p\in E^n-F$,于是 p 不是 F 的聚点,因此存在 p 的一个开球 $B_\varepsilon(p)$不包含 F 中任何点,于是 $B_\varepsilon(p)\subset E^n-F$,因此 E^n-F 是开集.

反之,设 E^n-F 是开集.若 p 是 F 的一个聚点,可以证明 $p\in F$.因为如 p 不属于 F,于是 $p\in E^n-F$.又因为 E^n-F 是开集,因此存在开球 $B_\varepsilon(p)\subset E^n-F$,也就是说 $B_\varepsilon(p)$ 中不包含 F 中任何点,这与 p 为 F 的聚点矛盾.

下面我们证明一个有用的定理.

定理4 E^n 中一序列$\{p_i=(x_1^i,\cdots,x_n^i)\}\to p_0=(a_1,\cdots,a_n)$的充要条件是,它的每一坐标序列$\{x_j^i\}\to a_j,j=1,\cdots,n$.

证明 当$\{p_i\}\to p_0$时,从不等式

$$|x_j^i-a_j|\leqslant d(p_i,p_0)$$

立即可得出,当$i\to\infty$时有

$$\{x_j^i\}\to a_j,j=1,\cdots,n.$$

反之,当$i\to\infty$时,若$\{x_j^i\}\to a_j,j=1,\cdots,n$,则对任一$\varepsilon>0$,以及每一$j$,存在$i_j$,使得$i>i_j$时,$|x_j^i-a_j|<\frac{\varepsilon}{\sqrt{n}}$.于是当

$$i>i_0=\max(i_1,\cdots,i_n)$$

时,成立

$$d(p_i,p_0)=\sqrt{\sum_{j=1}^{n}(x_j^i-a_j)^2}<\varepsilon.$$

即$p_i\in B_\varepsilon(p_0)$.因此,$\{p_i\}\to p_0$.

§2 连续映射

下文中,U表示E^n中的一个开集.

定义1 设f是一个$U\subset E^n$到E^m的映射,点$x_0\in E^n$.如果对$f(x_0)$的任一开球$B_\varepsilon(f(x_0))$,都存在x_0的一个开球$B_\delta(x_0)$,使得$f(B_\delta(x_0))\subset B_\varepsilon(f(x_0))$,则称$f$在点$x_0$**连续**.如果$f$在$U$的每一点都连续,则称$f$在$U$上连续.这时简称$f$为一个**连续映射**.

从$U\subset E^n\to E^1$的连续映射又称为**连续函数**.

定理1 映射$f:U\subset E^n\to E^m$在$p_0\in U$连续的充要条件是,对U中的任一收敛序列$\{p_i\}\to p_0$,序列$\{f(p_i)\}\to f(p_0)$.

证明 设f在p_0连续.对给定的$\varepsilon>0$,由f的连续性,存在$\delta>0$,使$f(B_\delta(p_0))\subset B_\varepsilon(f(p_0))$.设$\{p_i\}$是$U$中的一收敛序列,$\{p_i\}\to p_0$.于是存在指标$i_0$,当$i>i_0$时,$p_i\in B_\delta(p_0)$.因此$f(p_i)\in f(B_\delta(p_0))\subset B_\varepsilon(f(p_0))$,这就是说,$\{f(p_i)\}\to f(p_0)$.

反之,设对任一U中的收敛序列$\{p_i\}\to p_0$,都有序列$\{f(p_i)\}\to f(p_0)$,我们来证明f在p_0连续.用反证法,若f在p_0不连续,则存在$\varepsilon>0$,使得对任何一个$\delta>0$,总有一点$p\in B_\delta(p_0)$,而$f(p)\bar{\in} B_\varepsilon(f(p_0))$.取$\delta=1,\frac{1}{2},\cdots,\frac{1}{i},\cdots$,于是我们得到一序列$\{p_i\}\to p_0$,而$f(p_i)\bar{\in} B_\varepsilon(f(p_0))$,即序列$f(p_i)$不收敛于$f(p_0)$,与假设矛盾.

映射的连续性也可用开集和闭集来刻画.

定理2 映射$f:U\subset E^n\to E^m$在U上连续的充要条件是,对每一开集$V\subset E^m$,$f^{-1}(V)$

是开集.

证明 设f在U上连续.$V\subset E^m$是E^m中一开集.若$f^{-1}(V)$为空集,当然是开集.若$f^{-1}(V)$非空,设$p\in f^{-1}(V)$,则$f(p)\in V$.因为V是开集,所以存在开球$B_\varepsilon(f(p))\subset V$.根据$f$的连续性,存在开球$B_\delta(p)$使$f(B_\delta(p))\subset B_\varepsilon(f(p))\subset V$,即$B_\delta(p)\subset f^{-1}(V)$.因此$f^{-1}(V)$是开集.

现证其逆.若对每一开集$V\subset E^m$,$f^{-1}(V)$是开集.设$p\in U$,$\varepsilon>0$,于是$A=f^{-1}(B_\varepsilon(f(p)))\subset E^n$是开集,因此存在$\delta>0$使$B_\delta(p)\subset A$.从而,$f(B_\delta(p))\subset f(A)\subset B_\varepsilon(f(p))$;因此,$f$在$p$连续.

同样可以有下面的定理:

定理3 映射$f:U\subset E^n\to E^m$在U上连续的充要条件是,对每一闭集$A\subset E^m$,$f^{-1}(A)$是闭集.

如果用坐标来描写映射的连续性,读者可以证明下面的结果.

定理4 设$x\in U\subset E^n$.$f:x\to(f_1(x),f_2(x),\cdots,f_m(x))$为$U\subset E^n\to E^m$的映射,则$f$在$U$上连续的充要条件是,每一个$f_i(i=1,\cdots,m)$是连续函数.

定义2 E^n中序列$\{p_i\}$,$p_i\in E^n$称为**Cauchy序列**,如果对于任一$\varepsilon>0$,存在指标i_0,使得当$i,j>i_0$时,成立$d(p_i,p_j)<\varepsilon$.

显然这个概念是实数系中Cauchy序列的推广.因此利用§1定理4及实数系的完备性可得下面的定理.

定理5 E^n中序列$\{p_i\}$收敛的充要条件是,$\{p_i\}$是一Cauchy序列.

§3 连通集

定义1 设$A\subset E^n$,V是A的子集.如果存在E^n中的一个开集U,使得$V=U\cap A$,则称V**为A中的开集**.若V是A中的开集,点$P\in V$,则称V为点P在A中的一个邻域.若$B\subset A$,而$A-B$是A中的开集,则称B**为A中的闭集**.

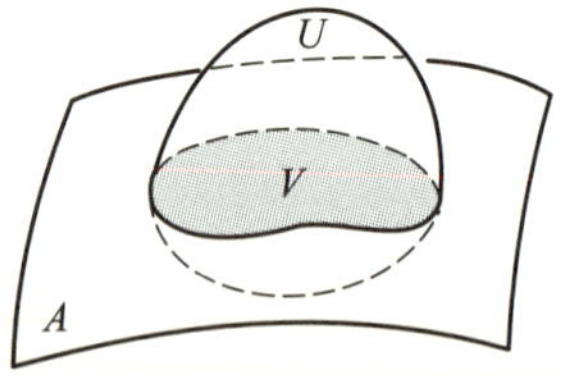

定义2 如果$A\subset E^n$不能表示为$A=U_1\cup U_2$,这里U_1和U_2是A中两个不相交的非空开集,则称A为E^n的**连通集**.

对于连通集有一个十分有用的定理.

定理1 设$A\subset E^n$是连通集,$B\subset A$是A中的开集而且又是A中的闭集,则B必是空集或A本身.

证明 设$B\neq\varnothing$,同时$B\neq A$,则$A=B\cup(A-B)$.因为B是A中闭集,所以$A-B$是A中的开集.于是A是两个不相交的非空开集B和$A-B$的和集,从而与A为连通集相矛盾.

下面的定理说明连通集的连续像也是连通集.为此,先将§2中连续映射的定义推广到集A上.

定义3 映射$f:A\subset E^n\to E^m$,又$p\in A$,如果对任一开球$B_\varepsilon(f(p))$,存在A中包含p的开集V,使得$f(V)\subset B_\varepsilon(f(p))$,则称映射$f$于$p$点在$A$上为连续.如果$f$在$A$上每点都连续,就称$f$在$A$上连续.

对于A上的映射的连续性的判定,读者不难得到与§2相应的结果.

定理2 设$f:A\subset E^n\to E^m$是连续的,A是连通集,则$f(A)$也是连通集.

证明 假设$f(A)$不是连通集,则$f(A)=U_1\cup U_2$,这里U_1和U_2是$f(A)$中不相交的非空开集.因为f是连续的,$f^{-1}(U_1)$和$f^{-1}(U_2)$也是A中不相交的非空开集.但$A=f^{-1}(U_1)\cup f^{-1}(U_2)$,这与$A$为连通的假设矛盾.

关于连通集的结构,在E^1的场合是特别清楚的.也就是说,E^1中的连通集都是“区间型”,即下列类型的集:$a<x<b$,$a\leqslant x<b$,$a<x\leqslant b$,$a\leqslant x\leqslant b$,$x\in E^1$,这里允许$a=b$,$a=-\infty$,$b=+\infty$.

定义4 连续映射$\alpha:[a,b]\subset E^1\to A\subset E^n$称为$A$中的**连接$\alpha(a)$和$\alpha(b)$的弧**.

定义5 如果对$A\subset E^n$中任意二点p、q,总存在A中连接p、q的弧,则称A为E^n中的**道路连通集**.

道路连通的要求一般说来,比连通的要求强,我们有

定理3 设$A\subset E^n$是道路连通集,则A是连通集.

证明 若A不是连通的,则$A=U_1\cup U_2$,这里U_1,U_2是A中不相交的非空开集.设$p\in U_1$,$q\in U_2$,因为A是道路连通的,存在弧$\alpha:[a,b]\to A$使$\alpha(a)=p$,$\alpha(b)=q$.因为$[a,b]$是连通的,由定理2,$B=\alpha([a,b])\subset A$是连通的.置$V_1=B\cap U_1$,$V_2=B\cap U_2$,则$B=V_1\cup V_2$,而V_1和V_2是B中不相交的非空开集,得到矛盾.

定义6 集$A\subset E^n$称为**局部道路连通的**,如果对每一点$p\in A$,及A中包含p的任一开集V,总存在A中包含p的一个道路连通的

开集 $U\subset V$.

简单地说:这意味着 A 的每一点都有一个包含它的任意小的道路连通的 A 中的开集. 例如第三章中定义的曲面 S 就是一个局部道路连通集.因为 S 上每一点都有一个邻域与平面上一开圆域**同胚**[①],而后者是局部道路连通的.由下面的定理可以知道.对曲面而言,连通与道路连通是一致的.

定理 4 设 $A\subset E^n$ 是局部道路连通集,则 A 是连通的充要条件是 A 是道路连通的.

证明 由定理 3,我们这里仅须证明:当 A 是连通集时可推出 A 是道路连通的.设 $p\in A$,A_1 为 A 中所有能用 A 中的弧与 p 连接的这种点的集合.我们证明 A_1 是 A 中的开集.

事实上,设 $q\in A_1$,α: $[a,b]\to A$ 是连接 p 和 q 的弧.因为 A 是局部道路连通的,因此存在 q 在 A 中的邻域 V,使 V 中任意点 r 都能用一弧 β: $[b,c]\to V$ 与 q 连接.于是,A 中的弧

$$\alpha\cdot\beta=\begin{cases}\alpha(t), & t\in[a,b]\\ \beta(t), & t\in[b,c]\end{cases}$$

连接 p 与 r,即 $V\subset A_1$,所以 A_1 是 A 中的开集.

类似地可证明,A_1 的补集也是 A 中的开集.于是,A_1 既是 A 中的开集又是 A 中的闭集,而且由于 A 是局部道路连通的,因此,A_1 非空集.从而由定理 1,$A_1=A$,即 A 是道路连通的.

§4 紧致集

定义 1 A 中的一族开集 $\{U_\alpha\}$,若满足 $\cup U_\alpha=A$,则称 $\{U_\alpha\}$ 为 A 的一个**开覆盖**,这是 $\alpha\in J$,J 是指标集.若开覆盖的集 U_α 是有限个,则称为有限开覆盖.若 $\{U_\alpha\}$ 中的一部分 $\{U_\beta\}$ $(\beta\in J'\subset J)$,仍构成 A 的开覆盖,则称 $\{U_\beta\}$ 为 $\{U_\alpha\}$ 的子覆盖.

定义 2 集 $K\subset E^n$ 称为**紧致集**,如果 K 的任一开覆盖都有一有限子覆盖.

如果集 A 属于 E^n 的一个开球,则称 A 为**有界集**.

下面的定理给出了紧致集的另外两个等价的定义.

定理 1 对集 $K\subset E^n$,下面的三个性质是等价的:

(1) K 是紧致集;

(2) K 的任一无限子集在 K 中至少有一个聚点;

---

① 同胚即两者之间存在一个双方连续的 1-1 映射.

(3) K是有界闭集.

证明 我们用循环证法:(1)⇒(2)⇒(3)⇒(1).

(1)⇒(2) 设$A\subset K$是K的无限子集,而A在K中没有聚点.于是对$q\in K-A$,存在q的邻域V_q,使$V_q\cap A=\varnothing$.对$p\in A$,也存在邻域W_p,使$W_p\cap A=p$.因此$\{V_q,W_p\}(q\in K-A,p\in A)$构成$K$的开覆盖.但这一开覆盖显然没有有限子覆盖,因为无限子集A必须由$\{W_p\}$全体才能覆盖.

(2)⇒(3) 我们必须证明K是有界闭集.K是闭的,因为若p是K的一个聚点,则p必是一个K中不同点组成的序列$\{p_i\}$的极限.从(2),$p\in K$.

K是有界的,否则,作一同心开球序列$B_i(p),B_i\subset B_{i+1},i=1,\cdots,n,\cdots$,我们可得到$K$中一序列$p_1\in B_1,p_2\in B_2-B_1,\cdots,p_i\in B_i-B_{i-1},\cdots,\{p_i\}$显然无聚点,与(2)矛盾.

(3)⇒(1) 设$\{U_\alpha\},\alpha\in J$,是K的一个开覆盖,而$\{U_\alpha\}$没有有限子覆盖.我们将证明这样会得到矛盾.

因为K是有界的,因此K属于一闭的矩形区域

$$B=\{(x_1,\cdots,x_n)\in E^n;a_j\leqslant x_j\leqslant b_j,\ j=1,\cdots,n\}$$

我们用超平面$x_j=(a_j+b_j)/2$去分割B,就得到2^n个小的闭矩形区域.根据假设,至少其中的一个,记为B_1,使$B_1\cap K$不能被$\{U_\alpha\}$中有限个开集覆盖.然后,对B_1用同样的方法分割,再选取一个B_2,使$B_2\cap K$不能被$\{U_\alpha\}$中有限个开集覆盖,依次进行,我们就得到一个闭矩形区域的序列

$$B_1\supset B_2\supset\cdots\supset B_i\supset\cdots$$

任何一个$B_i\cap K$都不能被$\{U_\alpha\}$中有限个开集覆盖,而B_i的最大边的长度是收敛于零的.

现在我们证明存在点$p\in\bigcap B_i$.事实上,将B_i在E^n的j轴上投影,就可得到一序列

$$[a_{j_1},b_{j_1}]\supset[a_{j_2},b_{j_2}]\supset\cdots\supset[a_{j_i},b_{j_i}]\supset\cdots$$

而$(b_{j_i}-a_{j_i})\to0(i\to\infty)$,因此

$$a_j=\sup_i\{a_{j_i}\}=\inf_i\{b_{j_i}\}=b_j$$

即

$$a_j\in\bigcap_i[a_{j_i},b_{j_i}]$$

于是,点$p=(a_1,\cdots,a_n)\in\bigcap_i B_i$.

p点属于K.这是因为p的任一邻域中总包含某个B_i,只要i充分大,因此它包含K中无限个点.即p是K的聚点,而K是闭的,所以$p\in K$.

现在设U_0是$\{U_\alpha\}$中覆盖p的开集,于是存在开球$B_\varepsilon(p)\subset U_0$.另一方面,对充分大的$i$,将有$B_i\subset B_\varepsilon(p)\subset U_0$.于是$U_0$将覆盖$B_i\cap$

K,这与 B_i 的选法矛盾.因此 (3)⇒(1).

与连通集相仿,一个紧致集的连续像也是紧致的.

定理 2　设 $f:K\subset E^n\to E^m$ 是连续映射,K 是紧致集,则 $f(K)$ 也是紧致集.

证明　如果 $f(K)$ 是有限集,自然是紧致集.现在设 $f(K)$ 是无限集.根据定理 1,我们仅须证明 $f(K)$ 的任一无限子集必有一聚点.设 $\{f(p_\alpha)\}\subset f(K)$,是 $f(K)$ 的一无限子集.显然,$\{p_\alpha\}\subset K$ 是 K 的无限子集.因为 K 是紧致的,所以存在一序列 $p_1,\cdots,p_i,\cdots\to q$,$p_i\in\{p_\alpha\}$.根据 f 的连续性,序列 $f(p_i)\to f(q)\in f(K)$.于是 $\{f(p_\alpha)\}$ 有一聚点 $f(q)\in f(K)$.

下面的定理是紧致集的一个非常重要而且有用的性质.

定理 3　设 $f:K\subset E^n\to E^1$ 是连续函数,K 是紧致集,则存在 p_1、$p_2\in K$,使得对 $p\in K$,成立

$$f(p_2)\leqslant f(p)\leqslant f(p_1)$$

即 f 在 p_1 达到极大值,而在 p_2 达到极小值.

证明　根据定理 2,$f(K)$ 是 E^1 中的紧致集.因此是有界闭集.于是存在 $\sup f(K)=x_1$.根据上确界的定义容易看出,x_1 是 $f(K)$ 的一个聚点,但 $f(K)$ 是闭的,因此 $x_1\in f(K)$,即存在 $p_1\in K$,使 $f(p_1)=x_1$.显然,对 $p\in K$ 成立,$f(p)\leqslant f(p_1)=x_1$.即 f 在 p_1 达到极大值.对极小值的存在可用同法证明.

§5　拓扑空间

5.1　拓扑空间的定义

从 §1 中我们知道,E^n 中有一组被称为是开集的子集合 $\{B_r(p)\}$,它们之间满足 §1 定理 2 中的三个条件.这时 E^n 中就有了一个拓扑结构.一般的有

定义　如果 $\mathscr{T}$ 是集 X 中的一个子集族,满足下列公理:

(1) 空集 $\varnothing\in\mathscr{T}$,$X\in\mathscr{T}$;

(2) X 中任意多个属于 $\mathscr{T}$ 中的子集的和集仍属于 $\mathscr{T}$;

(3) X 中有限个属于 $\mathscr{T}$ 中的子集的交集仍属于 $\mathscr{T}$,

则称 X 是具有**拓扑结构 $\mathscr{T}$ 的拓扑空间**,并称 X 中属于 $\mathscr{T}$ 的子集为 X 中的开集.

设 $p\in X$,则包含 p 点的开集称为 p 点的**邻域**.

例 1　如取 X 的子集族 $\mathscr{T}=\{\varnothing,X\}$,显然 $\mathscr{T}$ 满足上述三条公理,这样定义的拓扑称为 X 的**平凡拓扑**.

例2 如取 $\mathscr{T}=\{X$ 中所有子集$\}$,这样定义的拓扑称为 X 的**离散拓扑**.

例3 距离空间中的**度量拓扑**.

如果在集 X 中定义了一个函数 $d:X\times X\to\mathbf{R}$,它满足

(1) 非负性:对任何 $x,y\in X$,有

$$d(x,y)\geqslant 0$$

等号当且仅当 $x=y$ 时成立;

(2) 对称性:对任何 $x,y\in X$,有

$$d(x,y)=d(y,x)$$

(3) 三角不等式:对任何 $x,y,z\in X$,有

$$d(x,y)\leqslant d(x,z)+d(z,y)$$

则称 d 为 X 中的距离,且称 X 为**距离空间**或**度量空间**.

例如 E^n 中的函数

$$d(x,y)=\sqrt{\sum_i (x^i-y^i)^2}$$

即为距离函数,所以 E^n 是一个距离空间.

设 X 为距离空间.对 $x\in X$,实数 $r>0$,称

$$B_r(x)=\{y\in X \mid d(x,y)<r\}$$

为 X 中以 x 为中心、r 为半径的开球.

在距离空间中可取如下的子集族 $\mathscr{T}$:

$U\in\mathscr{T}\Leftrightarrow$ 对 U 中任一点 x,必存在一个开球 $B_r(x)\subset U$,类似于§1定理2的证明,可以验证 $\mathscr{T}$ 满足上述三条公理,所以是一个拓扑结构,称此拓扑为距离空间 X 的**度量拓扑**.这时开球 $B_r(x)$ 当然是开集.在前几节中所讨论的 E^n 中的拓扑即为度量拓扑.

例4 **诱导拓扑**

设 A 是拓扑空间 X 中的一个子集,$\mathscr{T}$ 是 X 的开集全体.如果取 A 中的子集族为

$$\mathscr{T}^A=\{V\cap A \mid V\in\mathscr{T}\}$$

即定义 A 中的开集是 X 中的开集与 A 的交集,则可验证 $\mathscr{T}^A$ 满足上述三条公理.这是因为

(1) $\varnothing=\varnothing\cap A, A=X\cap A$,所以$\varnothing,A$ 都属于 $\mathscr{T}^A$;

(2) 如 $V_\alpha\in\mathscr{T}$,其中 α 属于某一个指标集 J,则由

$$\bigcup_{\alpha\in J}(V_\alpha\cap A)=\left(\bigcup_{\alpha\in J}V_\alpha\right)\cap A$$

知道 A 中任意个开集之和仍为 A 中的开集;

(3) 如 $V_1,V_2\in\mathscr{T}$,则由

$$(V_1\cap A)\cap(V_2\cap A)=(V_1\cap V_2)\cap A$$

知道 A 中两开集之交仍为 A 中的开集.

于是 $\mathscr{T}^A$ 定义了 A 中的一个拓扑结构,我们称它为 X 的**诱导拓扑**.

在前几节的讨论中,E^n 的子集 A 上所取的拓扑即为 E^n 的诱导拓扑.

5.2 拓扑空间中的闭集

设 A 是拓扑空间 X 的一个子集，如果 $X-A$ 为开集，则称 A 为 X 的闭集.

定理 X 中的闭集满足下述性质：

(1) $\varnothing$,X 都是闭集；

(2) 任意个闭集的交集仍为闭集；

(3) 有限个闭集的和集仍为闭集.

证明 (1) 由 $\varnothing=X-X$, $X=X-\varnothing$ 知道 $\varnothing$、X 均为闭集.

(2) 设 F_α 为闭集，$\alpha\in J$，由

$$X-\bigcap_{\alpha\in J}F_\alpha=\bigcup_{\alpha\in J}(X-F_\alpha)$$

知道 $X-\bigcap\limits_{\alpha\in J}F_\alpha$ 为开集，所以 $\bigcap\limits_{\alpha\in J}F_\alpha$ 为闭集.

(3) 设 F_1,F_2 为闭集，由

$$X-(F_1\cup F_2)=(X-F_1)\cup(X-F_2)$$

知道 $X-(F_1\cup F_2)$ 为开集，所以 $F_1\cup F_2$ 为闭集.

于是也可从闭集出发来定义拓扑空间：如 $\mathscr{F}$ 是 X 中的一个子集族，它满足上述定理中的三个条件，则令

$$\mathscr{T}=\{X-F\mid F\in\mathscr{F}\}$$

后，就可定义 X 中的一个拓扑结构.

5.3 拓扑结构的等价性

设集 X 上有两种拓扑结构 $\mathscr{T}$,$\mathscr{T}'$，如果 $\mathscr{T}=\mathscr{T}'$，则称这两种**拓扑结构是等价的**.即一种拓扑的开集必同时为另一种拓扑的开集.

例如对 E^3 中的曲面 S，可定义两种拓扑结构.一种是前述的 E^3 的诱导拓扑，即 S 的开集是 E^3 中开集与 S 的交集.另一种拓扑是度量拓扑，即将曲面上链接 S 中任二点的逐段可微分曲线的长度的下确界作为 S 的距离后，S 就成为一个度量空间，因此 S 就具有了相应的度量拓扑.可以证明曲面上这两种拓扑结构是等价的.

5.4 第二可列基公理

所谓拓扑空间 X 中的**基**是指 X 中的一个子集族 $\mathscr{B}\subset\mathscr{T}$，使得 X 中任何开集 U 总可表为 $\mathscr{B}$ 中集合的和集.

如果基 $\mathscr{B}$ 中至多包含可列个集合，则称拓扑空间 X 满足第二可列基公理.

例 5 设 E^n 中已给出了度量拓扑.如果在 E^n 中选取子集族 $\mathscr{B}$ 为所有球心在有理点(即它的每个坐标都是有理数)，半径是有理数的开球的集合，则 $\mathscr{B}$ 为基，而且这种开球的个数是可列个，于是 E^n 满足第二可列基公理.

5.5 Hausdorff 空间

如对拓扑空间 X 中的任意两点 p、q，总存在包含 p 的邻域 U 及包含 q 的邻域 V，使得 $U\cap V=\varnothing$，则称这个拓扑空间为 Hausdorff **空间**.

例如，对于 E^n 中任何两点 p、q，设它们间的距离为 r，则我们总能用两个不相交的球 $B_{\frac{r}{2}}(p)$，$B_{\frac{r}{2}}(q)$ 把这两点分隔开来，所以 E^n 是 Hausdorff 空间.

同样，读者可以自证：对 E^n 中的曲面 S，取诱导拓扑后，它是一个满足第二可列基公理的 Hausdorff 空间.

5.6 连续映射 同胚映射

设 X、Y 为两个拓扑空间，f 是从 X 到 Y 中的一个**映射**，记为 $f:X\to Y$.

设 $x\in X$，它在映射 f 下的像为 $y\in Y$.如果 Y 中 y 的任何邻域的原像总是 X 中点 x 的一个邻域，则称映射 f 在 x 点**连续**.如对任何 $x\in X$，f 都是连续的，则称 f **在 X 上是连续的**.

进而，如果映射 $f:X\to Y$ 是 X 到 Y 上的一对一的映射（因此逆映射 f^{-1} 存在），而且 f 在 X 上是连续，f^{-1} 在 Y 上也是连续时，则称 f **是 $X\to Y$ 上的同胚映射**.

5.7 向量空间的拓扑

在附录 1 中，我们已经指出，可以把 E^3 中的点与它的位置向量等同起来.这种等同建立了 E^3 到三维向量空间 V^3 的 1－1 的、到上的映射 $f:E^3\to V^3$.如果集 $S\subset V^3$，而 S 在映射 f 下的逆像是 E^3 中的开集，则称 S 为 V^3 中的开集.容易验证，这样规定的开集族构成 V^3 的一个拓扑.这时映射 f 是 E^3 到 V^3 上的同胚映射.类似地，对 n 维向量空间也可以按上述过程给以拓扑.本书中如无特别说明，向量空间的拓扑都是按上述意义下的拓扑.

附录3 微分几何的发展简史

微分几何是数学的一个重要分支,它渗透到各数学分支和理论物理等学科,成为推动这些理论发展的一项重要工具.

在我们开始进入微分几何这个领域时,了解一些微分几何的发展历史和最新的动态是很有必要的.这里,我们着重介绍与本教材内容有关的经典微分几何学部分的发展历史.

经典的微分几何研究三维欧氏空间的曲线和曲面在一点邻近的性质.在微分几何发明的同时,就开始了平面曲线微分几何的研究,而第一个作出重要贡献的是L.Euler(1707—1783).他在1736年引进了平面曲线的内在坐标,即曲线弧长这一概念,从而开始了内在几何的研究.将曲率描述为某一特殊角的变化率也是Euler的工作.他在曲面论方面也有重要贡献,特别值得一提的是他(与Jean Bernoulli(1667—1748)和Daniel Bernoulli(1700—1782)一起)在测地线方面的一些工作,最早把测地线描述为某些微分方程组的解.又在物理问题的推动下,1736年他证明了:在无外力作用的情况下,一个质量如约束在一曲面上运动,它必定是沿测地线运动.

另一个历史人物是G.Monge(1746—1818),在筑城垒这个实际问题的推动下,他1771年开始写了关于空间曲线论的论文,发表于1785年,他用的是几何方法,并反映了他对偏微分方程的兴趣.Monge写了第一本微分几何课本,1807年出版,这课本共印了五版,一直发行到Monge逝世后三十年,足见该书在当时的重要作用.Monge受到纪念不单是由于他本人的贡献,而且还是由于他培养了一批优秀的学生,如P.Laplace(1749—1827)、J.Meusnier(1754—1793)、J.Fourier(1768—1830)、M.Lancret(1774—1807)、A.Ampère(1775—1836)、S.Poisson(1781—1840)、C.Dupin(1784—1873)等.Monge学派的工作,今天来说是难懂的,因为他们完全不用解析的方法,而只是用无穷小来进行思索与研究.虽然Euler在逝世之前研究空间曲线时已引进了解析的方法,但是在25年后Monge的课本中却并未利用它,直到极限论的奠基人之一A.Cauchy(1789—1857)才第一个将曲率与挠率如同我们今日一样用有限量来表示.

F.Frenet(1816—1900)与J.Serret(1819—1885)分别于1847年和1851年独立地得出现在通称的Frenet-Serret方程(或Frenet方程)后,空间曲线论才最后统一起来,而在这以前的空间曲线论是不漂亮的.可惜的是他们的工作出现时并未受到足够的重视,原因之一是那时缺乏我们现在已广泛应用的线性代数语言.例如,他们不去计算法线关于弧长的导数,而去计算法线的方向余弦的导数.在力学理论的推动下,G.Darboux(1842—1917)首先创造了以活动标架概念来统一曲线理论,后来E.Cartan(1869—1951)深有远见地将活动标架法发展到流形理论中去,作出了极有价值的贡献.

C.F.Gauss(1777—1855)的贡献见于1827年他的《弯曲曲面的一般研究》一文.他在微分几何方面的重要贡献,不仅在于他证明了许多惊人的新结果,更重要的是他致力于微分几何全新的探讨,具有非凡的洞察力,抓住了微分几何中最重要的概念和带根本性的内容.在微分几何发展经历了150年历史之久,Gauss建立了由第一基本形式所决定的曲面的内在几何,这是有深远的意义的. Euler已经知道,一个曲面可以用两个变量的参数形式来表示,但是Gauss强调曲面必须用这种形式来描述的重要性,这在理论上比把曲面看作E^3中坐标满足某个条件的点集来得深刻而有发展前途.球面映照在Euler时已经知道,Gauss把它放在他著书中所定义的第一个概念并给予重要的应用. Rodrigues更早发现曲面的面积及球面上对应区域面积之比,但Gauss却是真正的第一个认识到这个极限的重要性,并利用它表示曲面在一点的曲率.

Gauss之前的几何学者将曲面主要看成为无穷条曲线所构成,Gauss则把曲面本身看作一个整体.我们注意到计算曲面曲率的两种方法:一种是外在的,即找出主方向,再计算两曲率线的法曲率的乘积,这是Euler的研究;第二种方法是内在的,即由曲面的第一基本形式确定曲面的曲率,这是Gauss著名的研究.这两者之间有着深奥的差异,Gauss在他的论著*Theorema Egregium*中阐明了这点,他说:"如果一个弯曲的曲面可以展开到任何另外的曲面上去,则每点的曲率是保持不变的(这里'可展'表示映射是1-1的、到上的、且保持距离的)."显然Gauss的内在几何以惊人的步伐将微分几何向前推进,但那时并未被人们所认识.

直到B.Riemann(1826—1866)才进一步发展了Gauss的内在几何学,1854年他在哥丁根大学就职演讲中深刻地揭示了空间与几何两者之间的差别. Riemann将曲面本身看成一个独立的几何实体,而不是仅仅把它看作欧氏空间中的一个几何实体,从而他认识到二次微分形式(现称为黎曼测度)是加到流形上去的一个结构,因此在同一流形上可以有众多的黎曼测度.Riemann以前的几何学家们把黎曼测度(诱导测度)放到E^3的曲面上,而并未认识到它是外加的结构.Riemann意识到这件事是非凡的重要,把诱导测度与外加的黎曼测度两者区分开来,从而开创了黎曼几何,作出了杰出的贡献.其后,Levi - Civita 等人进一步丰富了经典的黎曼几何.

20 世纪二三十年代 E.Cartan 开创并发展了外微分形式与活动标架法,建立起李群与微分几何之间的联系,从而为微分几何的发展奠定了重要基础且开辟了广阔的园地,影响极为深远,并且由此发展了线性联络及纤维丛理论方面的研究.随着 60 年代大范围分析的发展,偏微分方程(特别是微分算子的理论)、多复变函数论等学科的一些最新成就也进入到微分几何之中.

从局部微分几何到黎曼几何、微分流形与纤维丛理论的发展过程可以看到,除了微分几何本身研究中所产生的研究问题外,其他数学学科及物理学、力学等也推动了微分几何的发展.我们特别在这里强调一下理论物理与微分几何的相互影响,黎曼几何与广义相对论的相互推进,既发展了引力理论,也促使微分几何本身进一步发展.近年来,整体黎曼流形的研究也被用到引力理论的研究中去.随着高能物理学的发展,规范场的重要性日益显著,纤维丛几何是规范场研究的一项有力的数学工具.微分几何中一些深入的内容如陈省身示性类、Atiyah-Singer 指标定理等都在研究中起了突出的作用.总之,微分几何在理论物理中的作用愈来愈显示出其重要意义,这是一个值得注意的动向,它必然进一步推进微分几何的向前发展.

索 引

一画

三画

四画

五画

六画

七画

郑重声明

微分几何

Differential Geometry

(修订版)

策划编辑 田 玲
责任编辑 田 玲
书籍设计 张申申
插图绘制 尹文军
责任校对 刘 莉
责任印制 尤 静

图书在版编目(CIP)数据

微分几何 / 苏步青等编. -- 2版(修订版)
. -- 北京：高等教育出版社，2016.11
ISBN 978-7-04-044722-4

Ⅰ.①微… Ⅱ.①苏… Ⅲ.①微分几何-高等学校-教材 Ⅳ.①O186.1

中国版本图书馆CIP数据核字(2016)第020704号

出版发行 高等教育出版社
社址 北京市西城区德外大街4号
邮政编码 100120
购书热线 010-58581118
咨询电话 400-810-0598
网址 http://www.hep.edu.cn
http://www.hep.com.cn
网上订购 http://www.hepmall.com.cn
http://www.hepmall.com
http://www.hepmall.cn
印刷 北京鑫丰华彩印有限公司
开本 787mm×1092mm 1/16

印张 14.75
字数 240千字
版次 1979年6月第1版
2016年11月第2版
印次 2016年11月第1次印刷
定价 26.50元

[物 料 号 44722-00]